注册建造师继续教育必修课教材

公　路　工　程

（适用于一、二级）

注册建造师继续教育必修课教材编写委员会　编写

中国建筑工业出版社

图书在版编目（CIP）数据

公路工程/注册建造师继续教育必修课教材编写委员会编写. —北京：中国建筑工业出版社，2012.1
（注册建造师继续教育必修课教材）
ISBN 978-7-112-13850-0

Ⅰ.公… Ⅱ.①注… Ⅲ.①建筑师-继续教育-教材②道路工程-继续教育-教材 Ⅳ.①TU②U41

中国版本图书馆CIP数据核字（2011）第254696号

本书为《注册建造师继续教育必修课教材》中的一本，是公路工程专业一、二级注册建造师参加继续教育学习的参考教材。全书共分5章内容，包括：公路工程前沿理论和新方法；国内外典型公路工程；公路工程质量与安全生产管理典型案例分析；建造师职业道德与执业相关制度；公路工程的法规、标准和规范。本书可供公路工程专业一、二级注册建造师作为继续教育学习教材，也可供公路工程技术人员和管理人员参考使用。

责任编辑：刘 江 岳建光
责任设计：叶延春
责任校对：张 颖 刘 钰

注册建造师继续教育必修课教材
公 路 工 程
（适用于一、二级）
注册建造师继续教育必修课教材编写委员会 编写
*
中国建筑工业出版社出版、发行（北京西郊百万庄）
各地新华书店、建筑书店经销
北京红光制版公司制版
北京市安泰印刷厂印刷
*
开本：787×1092毫米 1/16 印张：16½ 字数：407千字
2012年1月第一版 2015年6月第八次印刷
定价：**42.00**元
ISBN 978-7-112-13850-0
(21904)
如有印装质量问题，可寄本社退换
（邮政编码 100037）

注册建造师继续教育必修课教材

审 定 委 员 会

主　　任：陈　重　吴慧娟

副 主 任：张　毅　刘晓艳

委　　员：（按姓氏笔画排序）

尤　完　孙永红　孙杰民　严盛虎

杨存成　沈美丽　陈建平　赵东晓

赵春山　逄宗展　高　天　郭青松

编 写 委 员 会

主　　编：逄宗展

副 主 编：丁士昭　张鲁风　任　宏

委　　员：（按姓氏笔画排序）

习成英　杜昌熹　李积平　李慧民

何孝贵　沈元勤　张跃群　周　钢

贺永年　高金华　唐　涛　焦永达

詹书林

办公室主任：逄宗展（兼）

办公室成员：张跃群　李　强　张祥彤

序

为进一步提高注册建造师职业素质，提高建设工程项目管理水平，保证工程质量安全，促进建设行业发展，根据《注册建造师管理规定》（建设部令第153号），住房和城乡建设部制定了《注册建造师继续教育管理暂行办法》（建市［2010］192号），按规定参加继续教育，是注册建造师应履行的义务，也是申请延续注册的必要条件。注册建造师应通过继续教育，掌握工程建设有关法律法规、标准规范，增强职业道德和诚信守法意识，熟悉工程建设项目管理新方法、新技术，总结工作中的经验教训，不断提高综合素质和执业能力。

按照《注册建造师继续教育管理暂行办法》的规定，本编委会组织全国具有较高理论水平和丰富实践经验的专家、学者，制定了《一级注册建造师继续教育必修课教学大纲》，并坚持“以提高综合素质和执业能力为基础，以工程实例内容为主导”的编写原则，编写了《注册建造师继续教育必修课教材》（以下简称《教材》），共11册，分别为《综合科目》、《建筑工程》、《公路工程》、《铁路工程》、《民航机场工程》、《港口与航道工程》、《水利水电工程》、《矿业工程》、《机电工程》、《市政公用工程》、《通信与广电工程》，本套教材作为全国一级注册建造师继续教育学习用书，以注册建造师的工作需求为出发点和立足点，结合工程实际情况，收录了大量工程实例。其中《综合科目》、《建筑工程》、《公路工程》、《水利水电工程》、《矿业工程》、《机电工程》、《市政公用工程》也同时适用于二级建造师继续教育，在培训中各省级住房和城乡建设主管部门可根据地方实际情况适当调整部分内容。

《教材》编撰者为大专院校、行政管理、行业协会和施工企业等方面管理专家和学者。在此，谨向他们表示衷心感谢。

在《教材》编写过程中，虽经反复推敲核证，仍难免有不妥甚至疏漏之处，恳请广大读者提出宝贵意见。

注册建造师继续教育必修课教材编写委员会

2011年12月

《公 路 工 程》

编 写 小 组

组　　长： 孙永红

副 组 长： 单长刚　于　光　袁秋红　周钢（主编）

编写人员： 刘元炜　朱　岳　王学军　张　铭

傅道春　喻小明　蒋中明　刘　鹏

许建盛　唐　军　向　英　吴　永

前　言

根据《注册建造师管理规定》（建设部令第153号）和《注册建造师继续教育管理暂行办法》（建市［2010］192号）以及行业主管部门有关要求，为了做好一、二级注册建造师（公路工程专业）继续教育培训工作，我们组织编写了《注册建造师继续教育必修课教材——公路工程》。

继续教育培训，旨在进一步提高注册建造师职业素质，提高建设工程项目管理水平，保证工程质量安全，促进建筑行业发展。注册建造师应通过继续教育，掌握工程建设有关法律法规、标准规范，增强职业道德和诚信守法意识，熟悉工程建设项目管理新方法、新技术，总结工作中的经验教训，不断提高综合素质和执业能力，以适应公路建设行业健康和谐发展的需求。

培训对象为所有公路工程专业一、二级注册建造师，逾期未注册的建造师，临时注册建造师。

本书共分五章：公路工程前沿理论和新方法；国内外典型公路工程；公路工程质量与安全生产管理典型案例分析；建造师职业道德与执业相关制度；公路工程法规、标准与规范。

第一章主要介绍了公路工程发展趋势和实践探索：公路路基、路面、桥梁、隧道发展趋势和施工新方法，交通工程发展趋势，公路工程设计新理念，节约能源与环境保护，公路工程项目管理新方法。

第二章主要介绍了国内外公路滑坡治理、路面改扩建、公路桥梁及公路隧道等工程施工典型案例，高速公路监控、收费及通信系统工程典型案例，先进经验。

第三章主要介绍了公路路基、路面、桥梁、隧道施工工程质量与安全事故典型案例，事故教训。

第四章主要介绍了建造师执业道德，执业工程规模标准、建造师签章文件和建造师执业管理规定。

第五章主要介绍了《公路水运工程安全生产监督管理办法》（交通部令2007年第1号）；《公路工程标准体系》JTG A01—2002；《公路路基施工技术规范》JTG F10—2006；《公路交通安全设施施工技术规范》JTG F71—2006。

参与本书编写的人员有周钢、王学军、张铭、李松青、傅道春、喻小明、蒋中明、刘元炜、朱岳、贺铭、王晓东、刘燕燕、刘小渝、罗红、吴进良、魏道升、何祎、陈万球、钱绍锦、滕小平、张志峰。

目　　录

1 公路工程前沿理论和新方法

1.1 公路工程发展趋势和实践探索

1.1.1 公路路基发展趋势和施工新方法

1. 概述

公路路基和地基一起作为整个公路的基础，其稳定性是最重要的路用性能之一。针对在设计、施工和管理养护工作中如何提高或保持路基的稳定性，始终是道路建设者们思考和研究的主要课题。进入二十一世纪以来，路基工程技术的研究在地基加固方法、路基结构形式、填料性质、施工工艺和机械设备等各个方面都取得了较大的进步，诸如复合地基、轻质路基、冲击夯实、柔性防护，沉降预测、滑坡预警及治理等新理论、新材料、新工艺越来越多的应用于公路路基工程当中。

2. 复合地基技术

1960 年，国外首次提出了复合地基（Composite Foundation）一词，龚晓南于 1992 年提出了基于广义复合概念的复合地基定义，即“天然地基在地基处理过程中部分土体得到增强，或被置换，或在天然地基中设置加筋材料，加固区是由基体和增强体两部分组成的人工地基”。

复合地基的本质是在荷载作用下，增强体和基体共同承担上部结构传来的荷载。通过地基处理形成复合地基在地基处理形成的人工地基中占有很大的比例，而且呈上升趋势。例如在公路路基工程中，对地基的处理常采用振冲置换法、强夯置换法、砂石桩置换法、石灰桩法、深层搅拌法、高压喷射注浆法、振冲密实法、挤密砂石桩法、土桩、灰土桩法、夯实水泥土桩法、孔内夯扩桩法、低强度桩复合地基法、钢筋混凝土桩复合地基法等均形成复合地基。

复合地基技术在地基处理技术中有着非常重要的地位。但是，相对于设计计算理论比较成熟的浅基础，复合地基设计计算理论正在发展之中，特别是各类复合地基承载力和沉降计算理论和方法还很不成熟，理论落后于工程实践。这就使得复合地基技术在当前使用过程中出现了这样的情况：不少工程采用复合地基主要是为了控制沉降，但是前些年采用复合地基不当造成的工程事故恰恰主要是没有能够有效控制沉降。

展望复合地基的未来，复合地基计算理论、复合地基形式、复合地基施工工艺、复合地基质量检测等方面都具有较大的发展空间。在复合地基计算理论方面，既包括复合地基承载力和沉降计算的一般理论，又指各种形式的复合地基承载力和沉降计算的理论和方法。要发展各种形式的复合地基承载力和沉降计算理论，需要加强以下几点：

（1）对各种形式的复合地基荷载传递机理的研究。

（2）进一步了解基础刚度、桩土相对刚度、复合地基置换率、复合地基加固区深度、荷载水平等对复合地基应力场和位移场的影响，提高各类复合地基应力场和位移场的计算精度。

(3) 增加工程实录、经验的总结。

(4) 特别要重视沉降计算理论的发展，特别要提高桩体复合地基沉降计算精度。

3. EPS路基处理技术

在软弱地基上及其他不良地基上修筑道路，路基的沉降及不均匀沉降是影响工程质量的一个重要因素。除了对地基进行处理，路基本身的结构也值得探讨，1965年，挪威在路面下铺设了5～10cm厚的EPS（expanded polystyrenc聚苯乙烯泡沫塑料，简称EPS）作为隔温层，以满足严寒季节对道路防冻的要求。此后，1972年挪威道路研究所在研究填土施工法时首先用EPS代替填土获得成功，解决了桥台相接路堤的过渡沉降问题。1985年在奥斯陆召开的国际道路会议上公开了该项技术，从此EPS在瑞典、法国、加拿大、日本等国也得到了广泛应用，并取得了许多成功经验，较好地解决了软基过渡段的沉降和不均匀沉降、路堤与桥台相接处的差异沉降等问题。

EPS材料具有超轻性、耐压缩性、自立性、耐水性和施工简单、方便、快捷等优点。EPS作为路基轻质填料代替填土时的设计思想是：应尽量使EPS块体作为填置物后在土基内不增加或少增加应力。当允许填土有一定的下沉量时，则希望EPS块荷重小于会产生这种下沉量的荷载。

在国内的道路工程中，EPS独特的路用性能愈来愈受到青睐。在广东（广州、深圳）、浙江、上海等省市，EPS作为路基轻质填料得到了广泛的应用；浙江省的沪杭、杭宁、甬台温、杭金衢、杭州绕城等高速公路上广泛应用了EPS处理桥头台背回填；沪宁高速公路上海安亭段拓宽工程中大量应用了EPS作为路基拼接段的主要填料；沪宁高速公路江苏段扩建工程试验段中也大量采用EPS作为软土地基的路基填料。

EPS铺筑采用人工铺筑。由于EPS很脆，块体较大，搬运中要注意防折。施工质量控制主要是平整度和联结牢固即可。EPS铺筑的关键是平整度的控制。块体间缝隙20mm以内，高差10mm以内，最下层高10cm砂砾层调平，中间层采用无收缩水泥砂浆调平。整个EPS路堤铺筑进度很快，以100m高速公路路基（路面宽度为28m）填筑、填土高度3m为例，采用EPS进行填筑，大约5d即可完成。

实践证明，EPS有着优良的路用性能，对减少软基的沉降和差异沉降，减少桥台和路基的差异沉降和桥台的侧向压力和位移等有着重要的作用，尽管目前EPS的造价较高，但其诸多的优点说明，在软基上修建高速公路使用EPS是可行的，在国内外具有广泛的应用前景。

4. 路基边坡柔性防护技术

路基边坡防护工程常用的传统技术包括各种结构形式的挡土墙、土钉墙、护坡、护面墙等。这些技术对边坡坡面条件要求较高，而且永久性地毁灭了坡面原有的植被和植被的天然生长条件。为了克服传统方法的诸多技术缺陷，1995年，由瑞士布鲁克集团首创的SNS（Safety Netting System）柔性防护技术被引入国内边坡地质灾害防治领域。这项技术主要采用钢丝绳网、高强度钢丝环形网等新材料来加固边坡或拦截落石，包括主动系统和被动系统两大类型。

主动系统主要构成为钢丝绳网、普通钢丝格栅（常称铁丝格栅）和TECCO高强度钢丝格栅三类。前两者通过钢丝绳锚杆和支撑绳固定方式，后者通过钢筋锚杆（可施加预应力）和钢丝绳锚杆（有边沿支撑绳时采用）、专用锚垫板以及必要时的边沿支撑等固定方式，将作为系统主要构成的柔性网覆盖在有潜在地质灾害的坡面上，阻止塌落石发生和限制崩岩活动范围，防止落石危害，从而实现其防护目的。

SNS 主动防护系统（图 1.1-1）是通过固定在锚杆或支撑绳（张拉绳）上并施以一定预张拉的钢绳网对整个边坡形成连续支撑，其预张拉作业形成了阻止局部岩块或土体移动的预应力，从而阻止落石现象的发生。系统在作用原理上类似于喷锚支护和锚钉墙，但其柔性特征能使系统承担较大的下滑力，并将局部蒋中下滑力向四周均匀传递，以充分发挥整个系统的防护能力。

该系统不仅能起到传统防治的作用，而且能满足对坡面地质灾害防治新技术的基本要求。

SNS 被动防护系统（图 1.1-2）是将以钢丝绳网为主的栅栏式柔性拦石网设置于斜坡上相应位置，用于拦截斜面坡上的滚落石以避免其破坏保护的对象，因此有时也称为拦石网，当设置于泥石流区内时，便可形成拦截泥石流体内固体大颗粒的柔性格栅坝。

图 1.1-1 SNS 主动防护

图 1.1-2 SNS 被动防护

经过多年的发展，SNS 柔性防护技术已在国内公路、铁路、矿山等边坡防护工程中得到应用，解决了一些传统边坡防护措施难以解决的难题，其可靠的安全保障性、施工的快速标准化和利于环保等综合技术经济优势及其新颖而巧妙的防护观念和设计思想使边坡柔性防护系统有着很好的推广前景。

5. 路基冲击碾压技术

冲击压实技术的开发应用，加速了岩土工程压实技术的发展，在解决路基工程质量隐患方面得到广泛应用，有效减少路基的工后沉降与差异沉降，保证路堤的整体稳定性，对碾压成型路基的路床、路堤进行经验性追加冲碾遍数，提高了路基的整体强度与均匀性，对湿陷性黄土地基或软弱地基进行冲击碾压的前处理，使地基满足承载力与稳定的要求；对砂石路面、水泥混凝土路面等旧路应用冲击碾压技术进行改建，可加快施工进度，达到工程质量要求。

冲击压实机是一种利用冲击能量来增强压实效果的高效率新型压实机械。压实机具有高振幅、低频率的压实特点，能对深层路基产生较强的冲击影响，对地基的冲击压力是传统压实工程机械的三倍以上，既可在 0.7～1m 铺层上直接松铺碾压，又可在用常规压实机分层碾压至 1.2～1.5m 厚度之后进行增强补压，对于弃方压实和填方压实都具有明显效果。其作业如图 1.1-3 所示。

同传统压实技术相比，冲击压实有更大的影响深度、更大的击实功能和更宽的含水量要求。

6. 山体客土喷播技术

山区公路建设中，山地由于开挖形成大量裸露的边坡，以往工程界主要针对较陡峭或不稳定的边坡采取一些措施进行加固，生态恢复仅作为附属内容甚至不予考虑。大面积的裸露边坡与周边环境格格不入，对景观造成了很大的破坏，同时坡面裸露也存在水土流失的隐患，无法满足生态环保的要求。公路路堑边坡多为相当贫瘠的风化岩和硬土层，有些坡面还是弱风化岩，传统的湿法喷播和三维网植草的施工工艺不适用，而客土喷播技术（图 1.1-4）借助外来客土材料，为植物提供生长基质，适用于各种坡面，能够在短期内形成植物群落，是一种有效的生态防护手段。

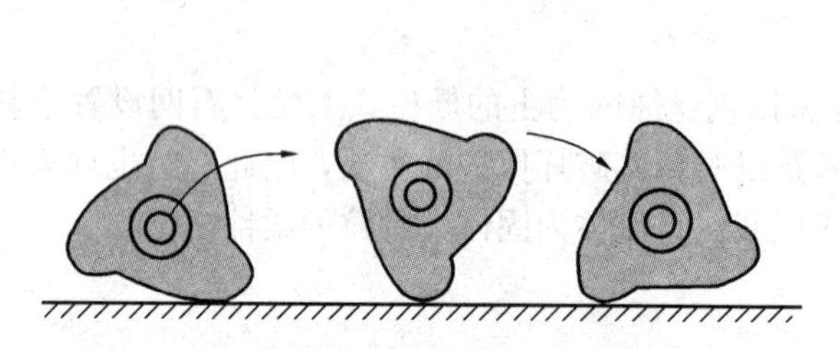
图 1.1-3 冲击压实机作业原理图

图 1.1-4 客土喷播技术效果

客土喷播技术，是将植物生长的基础——土壤与有机基材、高分子勃结剂、保水剂、肥料和种子等按一定比例混合，充分搅拌均匀后，利用专用机械提供的动力，喷射到坡面上，形成适宜植物生长的客土层，种子发芽、生长成坪后，可以对边坡的稳定起到有效的保护，从而达到快速修复生态系统和护坡的目的。客土喷播以重建植被生态系统和生物护坡为目标，是一项兼顾边坡防护和绿化美化环境于一体的生态防护技术。它适用于由各种工程施工形成的裸露坡面（边坡坡度小于 90°），尤其适用于山中式硬度大于 25 的石质（强风化、中风化、弱风化）边坡。

7. 边坡锚固技术

公路边坡岩层和土体的锚固是一种毖锚杆（索）埋入地层进行预加应力的技术。锚杆（索）插入预先钻凿的孔眼并固定于其底端，固定后，通常对其施加预应力。锚杆（索）外露于地面的一端用锚头固定。一种情况是锚头直接附着在结构上，以满足结构的稳定。另一种情况是通过梁板、格构或其他部件将锚头施加的应力传递于更为宽广的岩土体表面。岩土锚固的基本原理就是依靠锚杆（索）周围地层的抗剪强度来传递结构物的拉力或保持地层开挖面自身的稳定。

在岩土锚固工程中，通常将锚杆（索）与锚索统称为锚杆（索）。锚杆（索）是一种将拉力传至稳定岩层或土层的结构体系，其组成部分主要有锚头、自由段和锚固段。其结构如图 1.1-5 所示。

岩土锚固的主要功能是：

（1）提供作用于结构物上以承受外荷的抗力，其方向朝着锚杆（索）与岩土体相接触的点。

（2）使被锚固地层产生压应力或对被通过的地层起加筋作用（非预应力锚杆（索））。

（3）加固并增加地层强度，也相应地改善了地层的其他力学性能。

（4）当锚杆（索）通过被锚固结构时，能使结构本身产生预应力。

(5) 通过锚杆（索），使结构与岩石联锁在一起，形成一种共同工作的复合结构，使岩石能更有效地承受拉力和剪力。

对无初始变形的锚杆（索），要使其发挥全部承载能力则要求锚杆（索）头有较大的位移。为了减少这种位移直至到达结构物所能容许的程度，一般是通过将早期张拉的锚杆（索）固定在结构物、地面厚板或其他构件上，以对锚杆（索）施加预应力，同时也在结构物和地层中产生应力，这就是预应力锚杆（索），如图 1.1-6 所示。

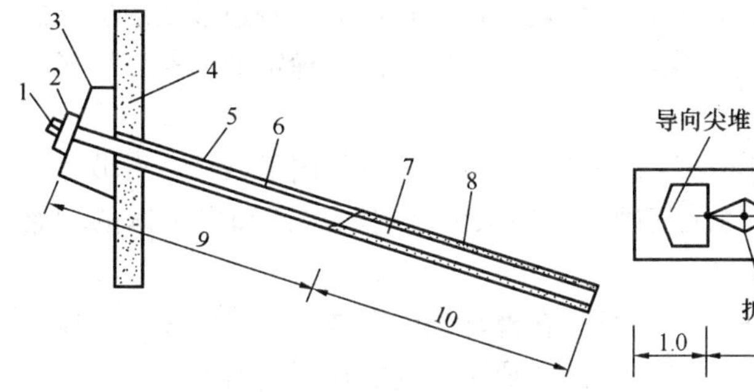

图 1.1-5 锚杆（索）结构示意图

1—台座；2—锚具；3—承压板；4—支挡结构；5—钻孔；6—自由隔离层；7—钢筋；8—注浆体；9—自由段长度；10—锚固段长度

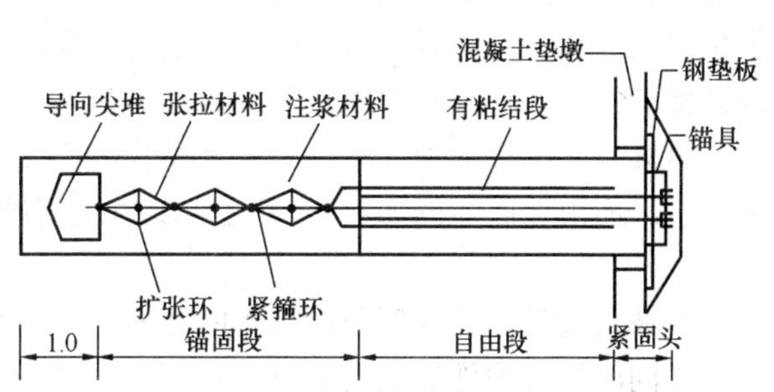

图 1.1-6 锚索结构示意图

（尺寸单位：m）

预应力锚杆（索）由锚头、杆体和锚固体三部分组成。锚头位于锚杆（索）的外露端，通过它最终实现对锚扦（索）施加预应力，并将锚固力传给结构物。杆体连接锚头和锚固体，通常利用其弹性变形的特性，在锚固过程中，对锚杆（索）施加预应力，锚固体位于锚杆（索）的根部，把拉力从杆体传给地层。

预应力锚杆（索）在边坡工程中的应用主要包括图 1.1-7 所示四种：

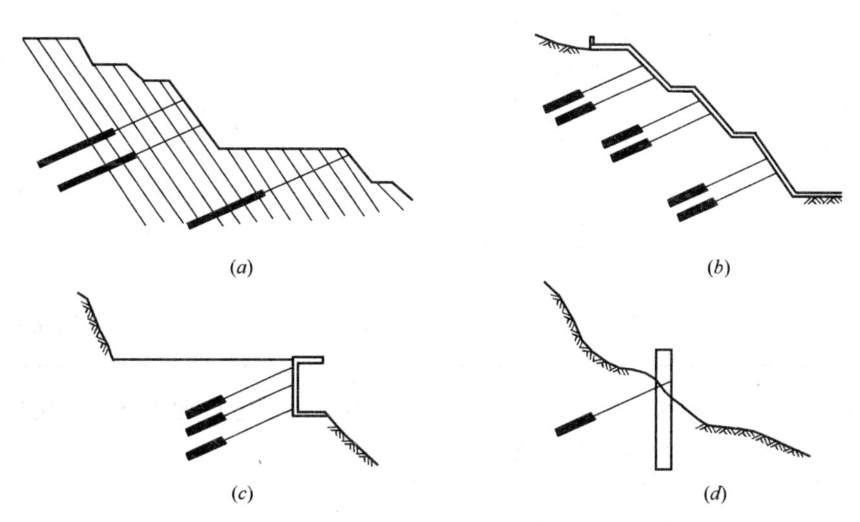

图 1.1-7 预应力锚杆（索）在边坡工程中的应用

(a) 边坡加固；(b) 斜坡挡土；(c) 锚固挡墙；(d) 滑坡防治

8. 公路滑坡治理技术

滑坡在滑动之前表现出一定的稳定性，当岩土体强度逐渐降低或斜坡内部剪应力不断增加时，其稳定性受到破坏。首先在某一部分因抗剪强度小于剪应力而首先变形，产生微小的滑动，以后变形逐渐发展，直至坡面出现断续的拉张裂缝。随着裂缝的增大，其他因素所起的耦合作用越来越明显，致使变形加剧，最后造成滑坡的整体破坏而形成滑坡。滑坡产生滑动的过程是一个十分复杂的过程，它的发生和发展往往由几个因素共同控制，正确分析各因素的作用，是滑坡稳定性评价的基础工作之一，而且可为预测边坡变形破坏的发生时间、发展趋势以及有效的防治措施提供必要的依据。影响滑坡稳定的因素按形成机理条件的不同，分为内部因素和外部因素。

滑坡发生破坏的内部条件是边坡失稳的必要条件，具备了一定的内部条件，滑坡才可能发生。而滑坡破坏的内在因素包括以物质基础、结构条件、空间保证和岩土体的初始应力。

滑坡一般都是在外部条件具备时才发生，而且是在外部条件存在时更可能发生高速运动。不同的外部条件促使滑坡发生机理是不同的，其主要包括地震作用、水的作用、人类活动的触发作用、海啸、风暴潮、冻融等。

预防滑坡灾害的主要目的就是以绕避已有的大型滑坡，不在老滑坡前缘挖方，不在滑坡主滑和牵引段填方、老滑坡区排水，防已滑动滑坡的大滑致灾，防易滑地层发生滑坡等手段来防止滑坡形成巨大灾害。目前常采用的方法主要有绕避、监测预报、清除滑体、排水等，如表 1. 1-1 所示。

滑坡预防措施简表　　**表 1. 1-1**

预防措施			适用范围	作　用
绕避		改移线路 隧道穿山 旱桥通过 易地而建	危害线状工程的滑坡 危害点状工程的滑坡	避免灾害
监测预报		裂缝监测 地表位移监测 地下位移监测 地下水位检测	各类滑坡	减轻灾害损失
排水	地表排水	截、排水沟，自然沟铺砌，防渗等	各类滑坡	切断致灾条件
	地下排水	平孔、垂直钻孔群、盲沟、盲洞等		
清除滑体	按稳定坡率刷坡		山坡低矮的小型滑坡	消除灾害

除表 1. 1-1 中所述各种预防措施外，还可以对斜坡内部进行加固处治。包括对坡面、坡脚的加固和对滑带土（软弱层带）的加固两个方面。

① 对坡面、坡脚加固

对人类工程所影响的坡体，采用必要的坡面、坡脚加固措施，常常能起到事半功倍的效果，这与滑坡治理中“治小、治早”的原则相吻合。目前依据不同的地质条件常用的方法是系统锚杆、素喷、锚喷、锚杆格子梁等工程措施，取得了一定的实效。

这些措施的设计和使用，尚没有统一的规范和标准，多根据经验和现场情况决定。

② 对滑带土加固

用不同方法改变滑带土，提高其强度，增加阻滑力，在一些小型滑坡上曾试用过灌水泥浆、打砂桩、旋喷桩、烧法、电渗排水法、硅化法、沥青法等，也取得成功，但时效性还难以定论，故目前应用还不多。

9. 路基施工工法

公路工程工法是以公路工程为对象，施工工艺为核心，运用系统工程的原理，把先进的技术和科学管理结合起来，经过一定的工程实践形成的综合配套的工程建设施工方法。公路工程工法符合国家公路建设的方针、政策、标准规范，具有先进性、科学性和适用性，保证工程质量与安全，提高施工效率，降低工程成本，节约资源，保护环境等特点。

公路工程工法的关键技术属于公路工程建设行业内领先水平。工法中采用的新技术、新工艺、新材料、新设备在执行公路工程行业标准规范的基础上要有所创新。

公路工程工法主要内容包括有前言、工法特点、适用范围、工艺原理、施工工艺流程及操作要点、材料与设备、质量控制、安全措施、环保措施、资源节约、效益分析和应用实例 12 项。

(1) 前言：概括工法形成的原因和形成过程。其形成过程要求说明关键技术审定结果、工法应用及有关获奖情况。

(2) 工法特点：说明工法在使用功能或施工方法上的特点，与传统的施工方法比较，在工期、质量、安全、造价等技术经济效能等方面的先进性和新颖性。

(3) 适用范围：适宜采用该工法的工程对象或工程部位，某些工法还应规定最佳的技术经济条件。

(4) 工艺原理：阐述工法工艺核心部分（关键技术）应用的基本原理，并着重说明关键技术的理论基础。

(5) 施工工艺流程及操作要点：工艺流程和操作要点是工法的重要内容，是按照工艺发生的顺序或者事物发展的客观规律来编制工艺流程，并在操作要点中分别加以描述。工艺流程重点讲清基本工艺过程，并讲清工序间的衔接和相互之间的关系以及关键所在。

(6) 材料与设备：说明工法所使用的主要材料名称、规格、主要技术指标；以及主要施工机具、仪器、仪表等的名称、型号、性能、能耗及数量。对新型材料还应提供相应的检验检测方法。

(7) 质量控制：说明工法必须遵守执行的国家、地方（行业）标准、规范名称和检测方法，并指出工法在现行标准、规范中未规定的质量要求，以及达到工程质量目标所采取的技术措施和管理方法。

(8) 安全措施：说明工法形成过程中，根据国家、地方（行业）有关安全的法规，所采取的安全措施和安全预警事项。

(9) 环保措施：指出工法形成过程中，遵照执行的国家和地方（行业）有关环境保护法规中所要求的环保指标，以及必要的环保监测、环保措施和在文明施工中应注意的事项。

(10) 资源节约：工法形成过程中，贯彻国家节能工程的有关要求，研发推广能源替代和材料再生等新技术。

(11) 效益分析：从工程实际效果（消耗的物料、工时、造价等）以及文明施工中，综合分析应用本工法所产生的经济、环保、节能和社会效益（可与国内外类似施工方法的主要技术指标进行分析对比）。

(12) 应用实例：说明应用工法的工程项目名称、地点、结构形式、开竣工日期、实物工作量、应用效果及存在的问题等，并能证明该工法的先进性和实用性。

近年来，交通部评审出的路基施工工法见表 1.1-2。

路基施工工法　　表 1.1-2

序号	工法编号	工 法 名 称
1	GGG(皖)A2001-2008	软土路基水泥搅拌桩施工工法
2	GGG(京)A2002-2008	湿陷性黄土路基施工工法
3	GGG(京)A2003-2008	高原多年冻土区路基施工工法
4	GGG(京)A4004-2008	高边坡注浆钢管锚索框格梁施工工法
5	GGG(冀)A1005-2008	电石灰稳定土施工工法
6	GGG(冀)A2006-2008	浅海水域公路工程施工工法
7	GGG(黑)A2007-2008	高寒地区沼泽地带路基下处理施工工法
8	GGG(鲁)A2008-2008	粉喷桩施工工法
9	GGG(晋)A2009-2008	抛石强夯冲击碾压处理高寒湿地公路软基施工工法
10	GGG(浙)A4010-2008	公路路堑段边坡防护客土吹覆施工工法
11	GGG(浙)A1011-2008	大直径(钉型)双向深层水泥土搅拌桩施工工法
12	GGG(豫)A2012-2008	路基轻质填料(EPS)施工工法
13	GGG(中企)A2013-2008	改性包边中膨胀土路堤施工工法
14	GGG(中企)A2014-2008	真空预压联合堆载处理软土地基施工工法
15	GGG(中企)A2015-2008	Y 型沉管灌注桩软基处理施工工法
16	GGG(中企)A2016-2008	石灰改良膨胀土路基施工工法
17	GGG(中企)A2017-2008	风积砂路堤施工工法
18	GGG(冀)A1001-2009	流态水泥粉煤灰台背回填施工工法
19	GGG(粤)A2002-2009	软基路堤水载预压施工工法
20	GGG(浙)A2003-2009	碎石注浆桩施工工法
21	GGG(浙)A2004-2009	低强度水泥混凝土桩软土复合地基施工工法
22	GGG(浙)A2005-2009	预应力管桩桥头软基处理施工工法
23	GGG(中企)A2006-2009	袋装砂井 CFG 桩组合施工工法
24	GGG(中企)A2007-2009	高速公路循环水灌法填砂路基施工工法
25	GGG(中企)A2008-2009	非自重湿陷性黄土路基冲击碾压施工工法
26	GGG(中企)A2009-2009	高速公路下伏采空区全充填压力注浆施工工法
27	GGG(浙)A2010-2009	红砂岩填方路基强夯施工工法
28	GGG(浙)A2011-2009	振动挤密砂桩施工工法

续表

序号	工法编号	工 法 名 称
29	GGG(中企)A2012-2009	深层软土地基预应力PHC管桩静压处理施工工法
30	GGG(中企)A2013-2009	吹砂填筑深层软土路基施工工法
31	GGG(冀)A2014-2009	水泥粉煤灰碎石桩(CFG桩)施工工法
32	GGG(苏)A3015-2009	路肩浅碟式水泥混凝土排水沟滑模施工工法
33	GGG(云)A3016-2009	HW道路新型组合排水沟施工工法
34	GGG(皖)A4017-2009	岩石边坡客土喷播生态防护施工工法
35	GGG(中企)A4018-2009	软土地区薄壁面板加筋土挡土墙施工工法
36	GGG(云)A4019-2009	黏土代替膨润土降低防渗墙弹模施工工法
37	GGG(云)A4020-2009	填石路堤土工格栅包裹时边坡施工工法
38	GGG(鲁)A4021-2009	陡坡悬崖地段土工格室柔性挡墙施工工法
39	GGG(中企)A4022-2009	深孔矩形联排抗滑桩不跳桩开挖施工工法
40	GGG(中企)A4023-2009	挤扩土钉与锚杆施工工法
41	GGG(渝)A6024-2009	城镇石方浅孔控制爆破施工工法
42	GGG(渝)A6024-2009	静态爆破(膨胀破碎)施工工法
43	GGG(中企)A6026-2009	顶进管施工工法
44	GGG(中企)A6027-2009	井点降水施工工法
45	GGG(中企)A1-2010	多排微差挤压深孔爆破施工工法
46	GGG(浙)A1-2010	台阶深孔微差爆破安全施工工法
47	GGG(冀)A1-2010	路基中深孔爆破施工工法
48	GGG(中企)A1-2010	高填方路基填筑施工工法
49	GGG(鲁)A1-2010	低液限粉土路基施工工法
50	GGG(中企)A1-2010	沙漠公路工程施工工法
51	GGG(鲁)A2-2010	河砂与风化料混填路基施工工法
52	GGG(中企)A2-2010	振动沉模大直径现浇薄壁管桩施工工法
53	GGG(中企)A2-2010	大直径沉模薄壁管桩加固软土地基施工工法
54	GGG(黑)A2-2010	级配不良细沙土路基填筑施工工法
55	GGG(浙)A2-2010	泡沫混凝土路堤施工工法
56	GGG(桂)A2-2010	膨胀土路堑边坡柔性挡墙施工工法
57	GGG(中企)A2-2010	夯实水泥土桩台背地基处理施工工法
58	GGG(鲁)A2-2010	软弱土地区水泥土夯实桩施工工法
59	GGG(浙)A2-2010	套管混凝土桩软基处理施工工法
60	GGG(苏)A2-2010	螺纹塑料套管现浇混凝土桩施工工法
61	GGG(浙)A2-2010	单壁螺纹塑料套管现浇混凝土桩施工工法
62	GGG(浙)A2-2010	塑料套管混凝土桩(TC桩)施工工法

续表

序号	工法编号	工 法 名 称
63	GGG(浙)A2-2010	塑排施工回带处理施工工法
64	GGG(浙)A2-2010	橡胶桩尖薄壁筒桩施工工法
65	GGG(鲁)A4-2010	滨海(河)地区土质路堤边坡土钉墙防护施工工法
66	GGG(浙)A4-2010	复杂环境下公路上边坡危岩处理工法
67	GGG(中企)A4-2010	预应力锚索防护劈裂注浆施工工法
68	GGG(浙)A4-2010	三维土工网垫植草灌护坡施工工法
69	GGG(浙)A4-2010	下穿公路U形槽施工工法
70	GGG(黑)A4-2010	寒冷地区路基高边坡锚索防护施工工法
71	GGG(中企)A4-2010	SNS主动防护系统施工工法
72	GGG(鲁)A4-2010	TECCO柔性主动防护系统施工工法
73	GGG(浙)A4-2010	路基边坡光面爆破施工工法
74	GGG(鲁)A4-2010	袖阀管注浆技术施工工法
75	GGG(鄂)A4-2010	微型压浆无砂混凝土钢管桩施工工法
76	GGG(中企)A5-2010	高原高寒草原地区植被防护及恢复施工工法
77	GGG(鲁)A6-2010	路基刚度特性快速控制施工工法

1.1.2 公路路面发展趋势和施工新方法

1. 公路路面发展趋势

为了提高路面通行能力和行车舒适性与安全性，降低工程造价，以适应汽车交通不断增长的需要，当前路面技术发展的趋势主要有以下几方面。

(1) 路面设计理论

经典路面结构分析方法主要包括弹性层状体系理论和弹性地基上小挠度薄板理论，它们都是建立在弹性理论基础之上的，荷载均只考虑静载。

随着道路工程的不断发展，经典路面分析方法的局限性愈来愈突出，对新的分析方法的要求也愈来愈迫切。随着电子计算技术的发展，为使路面设计的理论和方法更接近于实际，已开始建立路面最优化的系统设计方法。

1) 以粘弹性理论为基础的粘弹性层状体系理论

经典的弹性层状体系理论将各个结构层都假定为理想的弹性体，而实际的路面结构，特别是沥青路面在高温时更接近于粘弹性体，在这种情况下采用粘弹性理论模型则更接近实际情况，目前粘弹性理论已开始进入路面设计领域。采用数值方法得到离散解，数值方法的复杂程度将直接影响这一理论在工程实际中的应用。目前国内外出现了多种模拟沥青路面的粘弹性模型，也相继出现了多种数值方法，并开始解决一些实际问题，例如：沥青路面车辙的预估、沥青路面温度应力的分析（基于热粘弹性理论），随着研究的深入，粘弹性理论将全面应用于工程实际中。

2) 由静力学模型向动力学模型的过渡

随着高速公路的修筑和汽车工业的发展，行驶在公路上的载重车的速度也越来越快，建立在原有静力学模型基础之上的经典路面分析方法将越来越不适应工程的需要，向动力学模型过渡将是必然的。其内容主要包括对车辆荷载的研究，对路面结构动力学特性的研究和对路面在车辆荷载作用下动力响应的研究三个方面。

（2）路面面层

沥青路面行车平稳、振动噪声低、利于分期修建、铺筑后能立即开放交通，因而近二三十年来发展较快。有些国家在一般公路上已开始逐步实现全部路面黑色化。我国的高等级公路路面也以发展沥青混凝土路面为主，县乡公路以发展水泥路面为主，有条件的地方也可发展沥青混凝土路面。

改善沥青材料路用性能，提高路面抵抗磨损、滑溜、疲劳、车辙能力的沥青混合料性能，以及提高铺筑工艺的研究，已受到广泛的重视。各国开展了新型高性能沥青混合料的研究。法国首先采用薄沥青混凝土面层，刚开始将其用作养护磨耗层，很快就扩大用作新路面，然后发展为很薄的沥青混凝土面层，近几年又发展为超薄沥青混凝土面层。欧洲其他国家也发生了类似的变化，例如源于德国的碎石沥青胶砂混凝土（SMA）得到推广使用。美国于1987年设立的战略公路研究项目（SHRP），其主要项目的目标是为21世纪准备更好的公路技术，使公路更安全、更耐久。SHRP沥青课题的最终研究成果称为Superpave，即高性能沥青路面的意思，包括一个胶结料规范、混合料设计体系和分析方法。而用Superpave方法设计的沥青混合料也可以叫做Superpave。SHRP的另一主要项目是路面长期使用性能的研究（LTPP），其主要目的是改善路面结构设计方法，总结不同养护措施的实际效益。还有一些国家发展了多孔隙沥青混凝土，提出了长寿命沥青路面。我国于1988年研究开发出了多碎石沥青混凝土，已应用在多条高速公路上，从而提高了沥青混凝土表面层的抗滑性能，特别是表面宏观粗糙度。

从总的趋势看，为了适应汽车交通日趋重型化、大交通量和快速舒适的要求，沥青混合料也向着粗骨架方向发展，而且趋向于粗骨料相互接触、嵌锁。骨料空隙一般是用高含量的胶砂填充形成密实结构；或者保留空隙，在底面层设置黏层防水，这样既可保证混合料有良好的抗车辙能力，又具有很好的耐久性，而且可以降低噪声。在提高路面耐久性方面，有些国家使用复合改性沥青，有的用掺入纤维的方法加厚沥青膜的厚度，提高其粘稠性，以改善混合料的抗疲劳和抗老化性能。

（3）路面基层

多年来许多沥青路面发生严重早期病害，促使人们对此结构提出一些质疑。如半刚性基层的收缩开裂及由此引起的沥青路面反射裂缝不同程度地存在；半刚性基层非常致密，它基本上是不透水或者渗水性很小的材料，半刚性基层沥青路面的内部排水性能差，这是其最大的弱点；半刚性基层有很好的整体性，但是在使用过程中，半刚性基层材料的强度、模量会由于干湿和冻融循环，在反复荷载的作用下因疲劳而逐渐衰减；半刚性基层损坏后没有愈合的能力，且无法进行修补；半刚性基层很难跨年度施工，无论是直接暴露还是铺上一层沥青下面层过冬，都避免不了发生横向收缩裂缝，从而为沥青路面的横向裂缝埋下隐患。

现在许多单位和学者已经开始考虑在中国适当发展柔性基层沥青路面的结构形式，其沥青层厚20～40cm，级配碎石厚30～60cm，比全厚式更经济，在一定年限后，仅需表面维修。

（4）路面材料

针对目前公路交通量迅速增大、车辆载重量增加、超常单轮胎的应用以及普遍的车辆超载现象，同时考虑公路投资效益和养护费用等因素，对传统材料既要改善其性能，又要改善其品种，同时还应开发组合材料，即对现有的材料进行组合，扬长避短，并把生态环境作为引导建筑材料发展的一个重要因素。

1）乳化沥青

高速公路沥青路面的维修养护对乳化沥青的应用提出了更高的要求，国际上许多国家已研究并开发了高分子聚合物改性乳化沥青。随着路网的逐渐形成与完善，低等级道路的升级，乳化沥青的使用量将越来越大；在环保意识不断增强和能源日趋紧张的背景下，乳化沥青占沥青的比例也将越来越高。乳化沥青的使用，除了新建道路外，更重要的应用领域将是预防性养护和矫正性养护。伴随着使用范围的逐步扩大，对乳化沥青的质量要求也越来越高。在乳化技术、胶体磨技术不断发展的基础上，乳化沥青的生产将更趋于专业化，这有利于路面施工工艺和路面质量的提高。

2）改性沥青

SBS 改性沥青将获得更广泛的应用。研究表明，SBS 改性的优越性突出表现在具有双向改性作用，也就是使沥青软化点大幅度提高的同时，又使低温延度明显增加，感温性得到很大改善，而且弹性恢复率特别大，所以理论上能极大地提高沥青混合料的整体性能。并且，根据改性沥青混合料的试验、车辙试验的动稳定度、冻融劈裂试验等指标也得出了 SBS 能大幅度提高沥青混合料性能的结果。由于 SBS 改性沥青优点突出，在将来较长的一段时间内国内改性沥青的发展方向应该以 SBS 作为主要方向。现在，SBS 的价格比以前有了大幅度降低，技术也已经成熟。

3）新型的改性剂

随着国内外公路技术的发展，越来越多的新型改性剂被应用到了公路工程中，针对高速公路上出现的车辙等破坏也开发出了不少的新产品。主要方式是在沥青混合料中使用一些抗车辙的添加剂。使改性沥青混合料具有很好的高温稳定性和抗车辙、抗水剥离能力，以及很高的抗酸性和耐久性。抗车辙剂主要作用原理为：

① 通过形成分散的聚合物晶体使沥青硬化。

② 在矿物性的阵列和含有沥青的灰浆之间形成聚合体搭桥。

③ 沥青和添加剂作用成分之间的物理化学交换作用。

在坚持经济、环保、可持续发展的前提下，新型改性剂的应用将有更大的发展空间。

4）沥青混凝土再生剂

提高沥青混凝土路面耐久性，充分利用再生的旧沥青路面，既保护环境、有效地利用资源，又将带来显著的经济效益。沥青混凝土再生应用技术已经成为国内外沥青混凝土路面的发展趋势。

再生工艺均需在再生沥青混合料中加入各类添加剂，这些添加剂按照用途可分为软化剂和硬化剂两大类。其中应用最多的是软化剂，它主要是用来恢复老化变硬沥青的路用性能。目前软化剂主要有石油基油脂和植物油两类。当旧沥青路面中沥青含量过高，或者采用低黏度沥青作为软化剂导致再生混合料沥青用量过多时，为防止再生后的路面产生车辙变形，则使用硬化剂提高再生混合料的高温稳定性。硬化剂主要采用吸油性材料，如石棉纤维、岩棉纤维、多孔矿料磨制的矿粉等。

2. 沥青混凝土路面的再生应用

沥青混凝土路面的再生利用在美国已是常规技术应用于生产，目前其重复利用率已高达80%。西欧国家也十分重视这项技术，原联邦德国是最早将再生料应用于高速公路路面养护的国家，1978年就将全部废弃的沥青路面材料加以回收利用。芬兰几乎所有的城镇都组织旧路面材料的收集和储存工作，用于各类道路路面工程。法国现在也已开始在高速公路和一些重要交通道路的路面修复工程中推广应用这项技术。

沥青混凝土路面的再生包括在就地热再生、厂拌热再生、就地冷再生等。

（1）就地热再生

就地热再生技术是一种通过再生已老化的沥青铺层，降低新料的用量并恢复路面性能的现场施工方法。也就是说对废旧的沥青混合料直接回收利用，通过加热机和移动式再生列车加热并铣刨旧的沥青路面，添加沥青再生剂或少量的新混合料拌合、摊铺、压实，形成新的路面。在标高受到限制的城镇路段，热再生技术可有效地控制设计标高。

我国开始了就地热再生技术和设备的研究，但主要停留在就地热再生的技术、工艺方法、部分配套设备的研究上，还没有形成较完整的就地热再生的技术、工艺方法和成套设备。随着国外就地热再生技术和设备大量推广应用，2000年以后，国内高速公路养护公司先后引进了国外就地热再生设备，并在中国京沪高速、京津塘高速、沪宁高速进行了推广应用。2004年，中国研制出就地热再生机配套设备加热车，并在高速公路就地热再生维修中进行了配套施工，取得了良好的效果。

1）特点

① 沥青路面混合料就地再生利用，不需要搬运废料过程及废弃物堆放场地，可避免环境污染。

② 旧沥青路面混合料100%得到再生利用，可以节省新混合料的用量，降低工程费用、经济效益显著，同时，减少对环境的破坏。

③ 与其他维修方法相比，施工进度快、周期短，可以快速开放交通。

④ 减少路面材料往返运输量，节约了运输费用，减少了工程配套车辆及其对正常道路运输的干扰。

⑤ 施工中产生的振动、噪声比其他施工方法小，市区可以进行夜间作业。

⑥ 由于使用专用机组进行连续机械化施工，此方法不适用于小型维修工程及难以确保连续机械化施工的工程。

⑦ 此方法是在现场加热旧沥青路面，施工容易受气候的影响，寒冷季节一般不宜施工。

就地热再生是以沥青路面面层为施工对象，一般处理深度不超过60mm，当路面损坏波及基层以下时，原则上不适用（而在国内，多数路面的破坏是由于超载所致，往往深达基层），这是制约就地热再生推广的主要因素之一；沥青就地热再生施工是一个资金、技术密集型工程，一般企业不会轻易进入，这也是制约就地热再生推广的主要因素之一。部分专家认为就地热再生加热温度和搅拌不易均匀，难以达到再生质量要求，主张将地面铣刨后，将铣刨下来的料进行厂拌热再生，也影响了就地热再生的推广。

2）施工设备

在20世纪80年代之前，沥青路面的再生基本采用厂拌再生工艺。20世纪90年代后期，就地热再生方面相继出现了整套的就地热再生设备，如德国维特根 Remixer 4500、加拿大马泰可 AR2000、意大利玛连尼 M. H. R. 120、芬兰卡罗泰康 Roadmix PR0037RM 等。

随着国外就地热再生技术和设备大量推广应用，2000 年以后，河北省路桥公司、上海浦东路桥公司、山东省路桥公司、江苏省高速公路养护公司先后引进了德国维特根 Remixer 4500、加拿大马泰可 AR2000、加拿大达能、芬兰卡罗泰康 Roadmix PR0037RM 等就地热再生设备，并在中国京沪高速、京津塘高速、沪宁高速进行了推广应用。2004 年 8 月中国自主开发的第 1 台热风循环式加热机中联 LR4400 开始进行热再生施工，相继出现了中联重科 LR4500、鞍山森远 LRJ—1、美的威特 6S 等国产设备。

（2）就地冷再生

沥青路面冷再生技术是指将旧沥青路面材料（包括沥青面层材料和部分基层材料），经铣刨加工后进行重复利用，并根据再生后结构层的结构特征，适当加入部分新骨料或细集料、一定量的外掺剂（如水泥、石灰、粉煤灰、泡沫沥青或乳化沥青）和适量的水，在自然环境下连续完成材料的铣刨、破碎、添加、拌合、摊铺及压实成型，重新形成结构层的一种工艺方法。所谓的"冷再生"技术，只是把价格高昂的沥青混合料当作"粒料"来利用，不对沥青混合料进行还原，不能与沥青的热再生相提并论。

采用冷再生技术，可以充分利用原路材料，再生后可获得较高强度的路面结构基层，既节约了能源，又提高了工程质量、降低工程造价，保护了环境。另外冷再生技术施工速度快，在施工过程中可不需要中断交通。此技术适用于道路的翻修、养护与维修。

3. 水泥混凝土路面碎石化

碎石化法也称为破碎压实技术，使用多头破碎机破碎原路面后再压实，作为基层使用。

碎石化是指针对旧水泥混凝土路面被大面积破坏，已丧失了整体承载能力，并且通过局部的挖除、压浆等处治方式已不能恢复其使用功能，且通过加铺方式存在反射裂缝问题或已不能达到结构强度要求的情况下，对旧水泥混凝土板块采用的一种终极处理方法。碎石化后，水泥混凝土路面承载能力降低很多，所以碎石化应在旧水泥混凝土板块不能通过其他方式修复的情况下采用才是合理的。

破碎压实技术完全利用了原有水泥混凝土路面，并作为再生基层使用，构成（柔性）嵌锁基层。但是，需要对原混凝土路面作彻底的破碎处理。其主要特点有：

（1）这种工艺是延缓反射裂缝的最有效的工艺。

（2）具有相当于新建路面的使用性能。

（3）破碎功效高：速度接近 2m/s，而且是单程破碎，不需要反复运行。

（4）原水泥混凝土破碎到碎石和拳石粒径，不能利用原有路面的强度，需要更厚的加铺层。

（5）表面破碎尺寸≤3cm。

（6）可以用于各种混凝土路面。

4. OGFC 透水沥青路面

OGFC 透水性沥青混合料的研究和应用起源于欧洲，20 世纪 60 年代首次在德国铺筑此材料的路面，并称之为 Porous Asphalt（即排水型路面）。美国与日本也对此材料作了很多研究，并称之为Open graded Asphalt Friction Course（即OGFC），也就是开级配沥青排水层。透水性沥青混合料的特点是有较大的孔隙率（18%～25%）和大粒径骨料含量较多。因此，透水性沥青混合料具有一些优良的路用性能，主要有：

（1）良好的透水性能，可有效减少路表积水，避免因积水而引起的“水漂现象”。

（2）粗糙的路表面可得到更大的构造深度与摩擦系数，从而提高了路面的抗滑性能。

（3）由于透水性沥青混合料内部孔隙率较多，可吸收汽车轮胎与路面摩擦所产生的噪声，具有良好的吸声性能。

但是，透水性沥青混合料的多孔性决定了对整体强度和耐久性的更高要求，透水性沥青混合料自身的蓄水能力，可能会在结构内部滞留一部分雨水而影响使用寿命。所以，解决透水性沥青混合料的强度问题，就显得十分重要。

目前我国对此研究尚处起步阶段，在浦东新区的一段道路上，首次进行了探索性的设计及施工实践，对沥青混合料路面的透水和排水性能取得了明显的效果。在这基础上进一步探索研究，并在西藏北路穿越铁路的地道工程中采用了沥青混凝土透水路面方案，建成后的使用情况表明取得了设计预期的良好效果，但仍需进一步研究、优化完善。

5. 半柔性沥青路面

半柔性沥青路面是在沥青混合料基体路面中，灌入以水泥为主要成分的特殊浆剂而形成的路面。半柔性路面具有高于水泥混凝土路面的柔性和高于沥青混凝土路面的刚性，兼具沥青路面和水泥路面二者之所长，它主要从路面综合力学性能、施工工艺及景观装饰效果出发，在抗车辙、抗推移、减少伸缩缝、提高路面材料的应力松弛性能等方面改善路面的使用性能。半柔性路面在材料强度机理方面具有其特有的长处，它利用嵌挤原则，通过骨料之间的相互嵌挤作用和灌入式的水泥胶浆共同形成材料强度，提高了路面抵抗荷载作用的能力，同时，其高温稳定性能大大优于普通沥青混凝土路面，其低温抗裂性能、抗疲劳性能和抗滑耐磨性能也都优于普通沥青混凝土路面。它是一种既保留沥青混凝土路面主要使用品质，又具有水泥混凝土路面部分性能的路面结构形式。同时，具有耐油、耐酸、耐热、耐水、抗滑等特性。

半柔性路面最早为法国专利，称为“salviacim”施工法，日本以“半柔性路面和半柔性路面施工法”为名申请了专利。日本大林道路株式会社、鹿岛道路株式会社以及日本铺道株式会社等多家施工企业在获得此项施工方法的专利权后，各自独立地继续对半柔性路面进行了多项研究。在日本许多高速公路的收费站、停车场、加油站、爬坡路段以及集装箱码头和公共汽车专用线等场所，都进行了相当规模的半柔性铺装。英国、德国、法国、俄罗斯等欧洲国家也开展了这方面的研究并加以应用，证实半柔性路面可以提高路面的高温稳定性并延长使用寿命。

国内对半柔性路面及半柔性路面用混合料的研究已经取得了一些初步的研究成果，但尚未形成成熟的技术和得到大量的推广应用。另外国内也有一些单位开展了半柔性路面设计方法及应用技术研究，通过室内试验和试验路段的研究表明，半柔性路面是修筑公路收费站、停车场、爬坡路段、隧道内路面及城市道路交叉口等场所的理想路面结构形式。然而，由于这种材料发展期尚短，人们对其性质认识不深，加上试验方法、条件各异，使得研究结果有一定差异。

6. 多碎石沥青混凝土

多碎石沥青混凝土（SAC），是我国自主研发成功的粗集料断级配沥青混凝土。多碎石沥青混凝土（SAC）是采用较多的粗碎石形成骨架，沥青胶砂填充骨架中的孔隙并使骨架胶合在一起而形成的沥青混合料形式。多碎石沥青混凝土（SAC）比传统的沥青混合料2.36mm（方孔筛）以上的粗集料多15%，故取名为多碎石。具体组成为：粗集料含量69%～78%，矿粉6%～10%，油石比5%左右。经几条高等级公路的实践证明，多碎石沥青混凝土面层既能提供较深的表面构造，又具有较小的空隙及较深的表面构造，同时又具有较好的抗变形能力（动稳定度较高），可以较好地解决高速公路原沥青混凝土路面面层抗滑性能不足的问题。

7. 路面施工工法

近年来，交通部评审出的路面施工工法见表1.1-3。

路面施工工法 表1.1-3

序号	工法编号	工法名称
1	GGG（京）B4018-2008	沥青玛瑞脂（SMA）路面施工工法
2	GGG（京）B1019-2008	重载交通沥青路面基层贫混凝土施工工法
3	GGG（京）B3020-2008	橡胶沥青加工工法
4	GGG（冀）B4021-2008	GTM设计加聚酯纤维沥青混合料路面施工工法
5	GGG（冀）B4022-2008	STRATA应力吸收层施工工法
6	GGG（赣）B1023-2008	宽幅抗离析大厚度摊铺水泥稳定碎石技术施工工法
7	GGG（京）B3024-2008	热洒布式改性沥青（橡胶沥青）防水粘结层施工工法
8	GGG（京）B3025-2008	橡胶沥青混凝土施工工法
9	GGG（黑）B4026-2008	聚酯纤维加强改性沥青混凝土桥面铺装施工工法
10	GGG（鲁）B3027-2008	冷铺沥青混合料路面施工工法
11	GGG（鲁）B3028-2008	沥青混凝土路面冷接缝施工工法
12	GGG（鲁）B3029-2008	大粒径透水性沥青混合料摊铺离析控制施工工法
13	GGG（鲁）B2030-2008	水泥混凝土路面打裂压稳工法
14	GGG（鲁）B2031-2008	多锤头破碎旧水泥路面施工工法
15	GGG（鲁）B1032-2008	大粒径透水性沥青混合料柔性基层施工工法
16	GGG（鲁）B4033-2008	沥青混合料应力吸收层施工工法
17	GGG（鲁）B2034-2008	滑模摊铺水泥混凝土路面钢筋植入机施工工法
18	GGG（鲁）B3035-2008	沥青路面多步法就地热再生工法
19	GGG（鲁）B2036-2008	水泥混凝土路面滑模施工工法
20	GGG（辽）B3037-2008	纤维改性稀浆封层施工工法
21	GGG（冀）B1038-2008	多孔改性水泥混凝土基层施工工法
22	GGG（浙）B4039-2008	沥青混凝土厂拌冷再生基层施工工法
23	GGG（中企）B1040-2008	“S”型水泥稳定级配碎石基层施工工法
24	GGG（中企）B1041-2008	旧沥青路面水泥稳定就地冷再生基层施工工法
25	GGG（中企）B3041-2008	路面加宽拼接施工工法

续表

序号	工法编号	工法名称
26	GGG（中企）B3043-2008	高等级国产沥青混凝土路面施工工法
27	GGG（鲁）B4104-2008	环氧沥青混凝土钢桥面铺装施工工法
28	GGG（赣）B1028-2009	抗裂大粒径水泥稳定碎石基层施工工法
29	GGG（苏）B1029-2009	多孔玄武岩水泥稳定碎石基层施工工法
30	GGG（冀）B1030-2009	石灰粉煤灰稳定砂路拌施工工法
31	GGG（鄂）B1031-2009	沥青路面基层利用透层、稀浆封层养生施工工法
32	GGG（黑）B2032-2009	高寒地区钢纤维混凝土路面面层施工工法
33	GGG（黔）B2033-2009	连续配筋水泥混凝土路面施工工法
34	GGG（豫）B3034-2009	高速公路沥青路面微表处填补车辙施工工法
35	GGG（豫）B3035-2009	改性乳化沥青单层同步碎石封层罩面施工工法
36	GGG（皖）B3036-2009	超薄高强沥青路面施工工法
37	GGG（皖）B3037-2009	高速公路路面养护超薄磨耗层施工工法
38	GGG（鲁）B3038-2009	多级嵌挤骨架密实型沥青混合料施工工法
39	GGG（冀）B3039-2009	双层摊铺机摊铺沥青路面施工工法
40	GGG（冀）B3040-2009	温拌沥青混合料施工工法
41	GGG（浙）B3041-2009	预拌沥青碎石下封层施工工法
42	GGG（鲁）B3042-2009	沥青混凝土路面裂缝开槽热灌缝施工工法
43	GGG（中企）B4043-2009	钢桥面 ERS 铺装施工工法
44	GGG（中企）B4044-2009	热喷聚合物改性沥青防水粘结层施工工法
45	GGG（中企）B4045-2009	橡胶改性沥青混合料（ARAC-13）上面层施工工法
46	GGG（津）B4046-2009	国产多组分新型环氧沥青混凝土钢桥面铺装施工工法
47	GGG（浙）B4047-2009	SBS 改性沥青混凝土路面施工工法
48	GGG（冀）B4048-2009	OGFC 排水式沥青混凝土路面施工工法
49	GGG（鲁）B4049-2009	公路耐久性沥青路面施工工法
50	GGG（中企）B1-2010	密级配粗粒式沥青稳定碎石 ATB-25 施工工法
51	GGG（甘）B1-2010	高速公路 ATB-25 柔性基层施工工法
52	GGG（辽）B1-2010	电石泥粉煤灰二灰稳定砂砾底基层施工工法
53	GGG（黑）B1-2010	大厚度（≥30cm）水泥稳定土基层整体摊铺施工工法
54	GGG（中企）B2-2010	新型聚合物改性水泥混凝土路面铺装施工工法
55	GGG（湘）B2-2010	三辊轴机组连续配筋水泥混凝土路面裸化施工工法
56	GGG（中企）B3-2010	阻燃沥青混凝土路面施工工法
57	GGG（中企）B3-2010	彩色沥青混凝土摊铺施工工艺
58	GGG（中企）B3-2010	LSPM 沥青混合料施工工法
59	GGG（浙）B3-2010	路面抗裂防水粘结膜施工工法
60	GGG（苏）B3-2010	大孔隙排水式沥青混凝土路面施工工法
61	GGG（中企）B3-2010	排水沥青路面工法

续表

序号	工法编号	工法名称
62	GGG（鲁）B3-2010	降噪、排水沥青混合料（RST改性剂）上面层施工工法
63	GGG（豫）B3-2010	复式微表处超薄桥面铺装层施工工法
64	GGG（鄂）B3-2010	厂拌热再生沥青路面施工工法
65	GGG（鲁）B4-2010	温拌橡胶沥青SMA施工工法
66	GGG（鲁）B4-2010	布敦岩沥青AC-13型沥青混凝土施工工法
67	GGG（中企）B4-2010	掺拌PR-PLASTS沥青混凝土施工工法
68	GGG（中企）B4-2010	添加剂型高模量沥青混凝土施工工法
69	GGG（浙）B4-2010	高模量沥青混凝土路面施工法
70	GGG（中企）B4-2010	EME型高模量沥青混凝土路面施工工法
71	GGG（晋）B5-2010	嵌挤式混凝土块路面浇筑施工工法
72	GGG（中企）B1-2010	密级配粗粒式沥青稳定碎石ATB-25施工工法

1.1.3 公路桥梁发展趋势和施工新方法

1. 公路桥梁工程发展趋势

桥梁是道路的重要组成部分。桥梁的发展与运输业的发展密不可分，每当运输工具发生重大变化就对桥梁在承载能力、结构布局和跨越能力等方面提出新的要求，于是推动了桥梁工程技术的发展。另一方面，整个社会的进步、结构力学和计算力学的发展乃至今年来电子技术的发展都有利地促进了建桥技术水平的不断发展与提高，使之更好地适应交通运输的发展要求。公路桥梁工程发展趋势包括以下几点：

（1）大跨度桥梁向更长、更大、更柔的方向发展。研究大跨径桥梁在气动、地震和行车动力作用下结构的安全和稳定性，将截面做成适应气动要求的各种流线型加劲梁，增大特大跨度桥梁的刚度；采用以斜缆为主的空间网状承重体系；采用悬索加斜拉的混合体系；采用轻型而刚度大的复合材料做加劲梁；采用自重轻、强度高的碳纤维材料做主缆。

（2）新材料的开发和应用。新材料应且有高强、高弹模、轻质的特点，研究超高强硅类和聚合物混凝土、高强双相钢丝钢纤维增强混凝土、纤维塑料等一系列材料取代目前桥梁用的钢和混凝土。

（3）在设计阶段采用高度发展的计算机辅助手段，进行有效的快速优化和仿真分析，运用智能化制造系统在工厂生产部件，利用GPS和遥控技术控制桥梁施工。

（4）大型深水型基础工程。目前世界桥梁基础尚未超过100m深海基础工程，需进行100～300m深海基础的实践。桥梁深水基础的主要特点有：

1）基础所受到的水平力，如水流冲击力、流水压力、船撞力等，都比陆上或浅水基础大得多；

2）深水基础除了考虑环境水的侵蚀，还需要考虑潮汐、洪水以及流水所夹砂石与流冰的直接碰撞、磨损问题；

3）深水基础的稳定性与可靠度，一般常受水文条件控制。对于桥梁深水基础而言，水文条件与地质条件具有同样重要地位；

4）深水基础类型的选择一定要慎重考虑，并做全面的可行性分析，因为它不仅关系到基础造价高低，还直接影响到桥梁工程的成败、质量和工期；

5）深水基础应具有高抗自然灾害的能力，而深水基础的地基勘测均需在水下进行原位勘测，工作条件差，要取得真实、可靠的数据难度大，这就要求其勘测手段更先进、更可靠；

6）水基础属于水下隐蔽工程，其设计与施工必须将水流速度、水深等因素及由深水所引起的其他约束条件联系起来综合分析，并采取相应措施；

7）对于海湾、海峡和近海岛屿间的近海桥梁深水基础，更应考虑海洋环境产生的荷载，如由台风、巨浪、大潮所产生的巨大水平力，应将其作为设计和施工中必须考虑的重要控制条件。

桥梁深水基础的类型主要有：桩基础、管柱基础、沉井基础、组合基础和特殊基础。而桩基础又可按承台分为：水上高承台桩基础、水下高承台桩基础、低承台桩基础以及高低双层承台桩基础。

（5）桥梁建成交付使用后，将通过自动监测和管理系统保证桥梁的安全和正常运行，一旦发生故障或损伤，将自动报告损伤部位和养护对策。

1）通过对使用中桥梁的跟踪检查及其所处环境的监测及时查明结构现存缺陷和质量衰变，并评估分析其在所处环境条件下可能发展势态及其对结构安全运营造成的可能潜在威胁，为养护需求、养护决策提供科学的依据，以达到运用有限的资金获取最佳的效果，确保结构安全运营的目的，也即是设定结构的安全预警线，当结构处于“亚健康”状态时，及时提醒管理者进行针对性的检查，并加强相应的养护维修。

2）设定结构安全预警值。对大桥结构的健康状态、结构安全可靠性进行评估，进而给大桥管理者提供等级预警信息。当桥梁性能退化，超过预警值时，能给出警报，提示需对结构进行及时的安全检查和维修。

3）给出特殊事件交通管制措施控制值。对于台风、地震等特殊环境条件给予预警，以提示管理者进行车辆通行的限制。

（6）重视桥梁美学及环境保护。桥梁是人类最杰出的建筑之一，美国旧金山大桥、澳大利亚悉尼港桥、英国伦敦桥、日本明石海峡大桥、中国上海杨浦大桥、南京长江二桥、杭州湾跨海大桥、香港青马大桥，这些著名大桥都是一件件宝贵的空间艺术品，成为城市标志性建筑。21 世纪的桥梁结构必将更加重视建筑艺术造型，重视桥梁美学和景观设计，重视环境保护，达到人文景观同环境景观的完美结合。

2. 大跨径钢管拱混凝土分级连续泵送施工

巫山长江公路大桥钢管拱肋的主钢管规格为 $\phi1220\times22$（25），按设计文件要求，在钢管拱肋安装焊接完成后，主钢管内需要灌注 C60 混凝土，每根主钢管灌注 C60 混凝土数量约 600m^3，全桥数量为 4800m^3。钢管内混凝土体积较大，需要防止混凝土灌注后干缩与外层钢管脱空，保证管内混凝土灌注后与外层钢管共同受力，形成“环箍效应”。泵送钢管混凝土是修建世界第一的钢管混凝土拱桥所必须解决的一个技术难题，巫山长江公路大桥泵送钢管混凝土的规模和难度都是很大的。

过去钢管混凝土拱桥拱圈钢管内混凝土灌注，均采用分仓、分段充灌，一根拱圈钢弦管内混凝土，需经多次灌注和养生的过程方能形成。其灌注过程较长、工序较繁琐、工作效率低。同时，由于弦管内增添了多道横隔板，将管内混凝土分割成了不连续的段落，使管内混凝土整体性受到影响。

（1）灌注原理：钢管混凝土多级接力连续灌注法，由A、B泵管分二级向上钢管内泵送混凝土。先由A泵管向主管泵送混凝土至B泵管灌入口后，改由B泵管向主管泵送混凝土。在B泵管灌入口处，设置一个特殊装置——切换冒浆口，用以排除两级泵送混凝土间的空气和浮浆，从而保证两级混凝土间的整体性和密实度。

（2）巫山长江大桥每根上弦管混凝土灌注量近600m^3，连续灌注时间约10h。为了确保灌注混凝土体前端稀浆的质量和不致因其初凝而影响灌注质量，灌注完成一段管内混凝土后，可考虑排放掉该段稀浆后，重新灌注新的稀浆和进行下一段管内混凝土灌注。

（3）实桥管内混凝土必须根据工地实际条件和气温、材料情况，认真进行配合比试验。混凝土初凝时间不得小于20h，且坍落度不小于16cm。

3. 悬索桥钢主梁的拼装施工

钢主梁分为工厂制作和现场拼装施工两个节段，现场的吊装架设是悬索桥施工的重要组成部分，它的质量和精度直接关系到桥梁的线形和结构的受力，因此必须对各阶段做好质量控制，提出切实可行的安全措施，确保施工过程的安全。

（1）用移动式起重机架设钢桁梁加劲梁

本法适用于在短节或单根杆件架设时，类似于连续钢桁梁的架设，如图1.1-8。

图1.1-8 移动式起重机吊装图

钢桁梁加劲梁按架设单元分类可分为：单根杆件、桁片（平面桁架）、节段（空间桁架）三种。

单根杆件架设方法就是将组成加劲桁架的杆件搬运到现场，架设安装在预定位置构成加劲桁架。这种架设方法以杆件作为架设单元，可使用小型的架设机械。但杆件数目多，费工费时，工期较长。

桁片架设方法就是将几个节间的加劲桁架按两片主桁架和上、下平联及横联等片状构件运到现场进行架设。桁片的长度一般为2～3个节间，重量不大，架设比较灵活。

节段架设方法就是将上述桁片在工厂组装成加劲桁架的整体节段，用船只运至预定位置，然后用较大起吊能力的吊机垂直起吊逐次连接。架设速度快，工期相对较短，但由于一般需从桥下垂直起吊桁段，故需封航或部分封航。

加劲桁架在架设施工中的连接方法可分为：全铰法、逐次刚接法和有架设铰的逐次刚接法。

全铰法即加劲桁架各节段用铰连接。这种方法架设施工的主梁反应单纯，但架设过程中抗风性能差，在大跨度悬索桥上一般不用。

逐次刚接法是将节段与架设好的部分刚接后，再用吊索将其固定。这种方法架设中抗风稳定性好，刚性大，但架设时在加劲桁架中会产生由自重引起的局部变形和安装应力，需验算其数值并在必要时采取临时措施。

有架设铰的逐次刚接法是前两者的折衷方法，即在应力过大的区段设置减小架设应力的架设铰。

(2) 用缆索吊机架设钢箱梁

对于大跨径悬索桥的主梁常采用钢箱梁，吊装方法通常采用缆索吊机架设（图 1.1-9）。主要有钢箱梁中央扣梁段的安装、跨中梁段的相邻梁段吊装、标准梁段的安装、端部梁段的吊装以及合龙段的安装。

1) 箱梁中央扣梁段的安装

对于大跨度钢加劲梁悬索桥，为了改善跨中短吊索的受力性能及抗弯折能力，一般采用刚性中央扣将主缆和跨中梁段刚性连接。

图 1.1-9 缆索吊机架设钢箱梁

在中央扣梁段安装前，先将中央扣索夹下半部按照设计要求预先用高强螺栓连接好，随钢箱梁一同吊装，吊装到位后用增设的临时吊杆固定在临时索夹上。待钢箱梁线形基本形成后，再进行中央扣索夹上半部的安装及螺栓的紧固，最后撤除临时索夹和临时吊杆。临时吊杆采用刚性拉杆，上下各设有一定的螺纹调节长度。由于临时吊杆一般在桥面铺装前拆除，则其所受拉力全部转移到中央扣索夹上，其无应力长度大于或等于钢箱梁合龙时临时吊杆对应位置主缆与梁的理论高差。

2) 跨中梁段的相邻梁段吊装工艺

跨中 0 号梁段吊装完成后，依次吊装跨中梁段的相邻梁段。为了不干扰已架的梁段，一般调整跨缆吊机，使起吊梁段的端头要离开已架梁段约 200mm。

梁段提升至稍高于桥面高程，用水平牵引设备使梁段就位，安装吊索与箱梁永久吊点钢销，然后安装箱梁顶面临时连接件，最后放松跨缆吊具，使吊索受力，即完成该段梁的吊装。

3) 标准梁段的安装

钢箱梁标准梁段的吊装一般分为陆地吊装和水上吊装。

水上梁段吊装一般由驳船运输到待架位置的下方，并利用收放锚绳对钢箱梁进行较精确的定位。一般定位精度要求在 50cm 以内，下放缆载吊机的吊绳，并将其端部连接的扁担梁与钢箱梁段的吊点销接。准备工作完成后，要认真进行安全检查，然后同时启动跨缆吊机起重千斤顶，徐徐将钢箱梁的荷载由驳船转移到吊机千斤顶上。当梁段大部分重力由千斤顶承载后，调整千斤顶油缸行程，同步起动跨缆吊机上的 4 台千斤顶连续提升，迅速将梁段吊离驳船一定距离后，再次检查梁段的水平情况、吊点的连接和吊机的工作情况。确认一切安全正常后，驳船驶离，继续将梁段同步提升到设计高程，并将吊索与梁段锚座相连接。拆除临时吊点，即完成了一个梁段的安装。

陆地梁段吊装与水上梁装吊装基本一致，唯一不同的是，梁段一般不能在运梁船只上直接起吊，需将梁段运输、安放在陆地的滑移轨道上，然后滑移调整其位置至缆载吊机的垂直下方即可由缆载吊机起吊安装。

4）端部梁段的吊装

端部梁段指的是部分位于索塔横梁上的梁段，因其无法垂直起吊就位，所以必须采用空中荡移方式进行。吊装前将钢箱梁竖向支座按要求安装好。

① 梁段的纵移：端部梁段船运至栈桥前端抛锚定位，用跨缆吊机将梁段从驳船上垂直起吊，使梁段底面略高于栈桥桥面。然后通过索塔承台上布设的牵引装置水平牵引梁段，同时跨缆吊机配合缓缓放松吊索，把梁段水平荡移放置在栈桥轨道上的移位器上。解除起吊系统与钢箱梁的连接，接着起动安装在塔承台处的卷扬机，将梁段牵拉至起点吊位置。

② 垂直吊装：跨缆吊机上行至端部梁段上方定位，下放吊具与梁段挂接提升。当端梁段起吊高度超出设计高度约 30cm 时，将设在岸侧引桥上的辅助卷扬机钢丝绳栓挂在端梁段的吊点上，起动卷扬机将端梁段向塔方向水平牵拉。同时跨缆吊机吊索下放，维持梁段处于水平状态，缓缓落至竖向支座上，与竖向支座连接并用吊索与其挂接后，放松跨缆吊机的吊索。

对于端梁段处于水上的情况，则直接从驳船上起吊梁段，其余程序与陆地上施工相同。

5）合龙段的安装

利用布置在引桥上的辅助卷扬机，将靠近塔处的与合龙段相邻的梁段分别向边跨方向牵拉移动约 70cm，按照标准梁段的吊装程序起吊合龙梁段就位。然后放松两段辅助卷扬机，将预偏的梁段恢复到原位，再将合龙梁段向塔侧端面的临时连接杆件连接好，即完成了全部钢箱的吊装工作。

润扬长江公路大桥和西堠门大桥等桥梁钢箱梁架设就采用此种方法，如图 1.1-10 和图 1.1-11。其中润扬长江公路大桥在猫道改吊完成后，采用两套卷扬机式的跨缆吊机吊装钢箱梁，每套跨缆吊机配备 4 台 210kN 的起重卷扬机，放置于在边跨侧塔根部的平台上，由中跨梁段开始分别向南北侧依次对称吊装钢箱梁。

图 1.1-10　润扬大桥钢筋梁架设

图 1.1-11　西堠门大桥钢箱梁架设

4. 大跨径拱桥整体提升施工

现有的大跨径拱桥的施工工艺和架设方法很多，主要有：缆索吊装施工、悬臂浇筑、悬臂拼装、有支架施工、转体施工和劲性骨架施工等方法，这些方法已日趋成熟，各种施工工艺各有其合理性，但也不同程度地存在一些局限性。

整体提升架设施工是拱桥施工安装中的一种新方法，它架设施工周期短，对于航运繁忙的河道，封航时间短，能基本保证主桥施工期间的通航，对航道的干扰小。

该施工方法主要分为：拱肋节段组拼、拱肋节段上船、浮运、拱肋节段整体提升几个阶段。此种桥梁架设中，主跨主拱中段的架设安装是较为重要的过程，它关系到全桥的线性和质量。主跨主拱中段整体浮运、提升的工艺流程主要有：

拼装场混凝土预制桩基础、承台施工→万能杆件支架、运梁平车、龙门吊安装→在拱肋支架上放样拱肋→拱肋下弦杆安装→腹杆安装→上弦杆安装→接缝焊接，拱肋横撑安装→安装拱肋中段上船滑移支架及滑道，拆除组拼支架，拱肋荷载转移到滑移支架→张拉部分临时系杆→驳船上安装轨道、千斤顶→驳船进场就位，铺设过渡梁、缆绳固定、安装牵引索→千斤顶牵引拱肋滑移上驳船→进行加固并安装前端横撑和临时系杆→预抛锚→航道封航，浮运拱肋到主桥提升塔下→锚艇挂好锚绳，纹拉驳船就位→挂提升索吊耳，分阶段张拉临时系杆、平衡索，驳船同时抽排水作业保持恒定标高→对拱肋施加提升力→拆卸滑移支架与拱肋连接件→同步提升主拱中段离船→匀速提升拱肋就位→驳船撤离→精调拱肋位置、线形后，测量合龙段长度→切割合龙段，栓、焊连接拱肋合龙段。

主拱大段整体提升安装与缆索吊装扣索悬拼施工相比，具有拱肋安装精度高、结构整体性好、工期短、易于保证质量、简化施工、风险小、安全可靠等优点，但该方法需建专用拼装场，动用特型船舶，要有保证船舶浮运的水深，其应用受外界条件的限制。另外设在水中的提升塔需专门的基础，因离河底高度很大，设计刚度相对较大，成本较高，还有遭过往船舶碰撞的风险，需设置临时防撞墩，采取相应的防撞措施。

为了保证航道通航，根据地形、水文地质、航道条件，通常采用了拱肋在桥位附近拼装场拼装支架上低位组拼、主拱肋大段整体浮运、同步液压提升技术整体提升方法架设施工，从而保证了大跨度拱桥拱肋大段整体浮运、提升施工的成功。

广州新光大桥就是采用此种方法架设的。如图 1.1-12 和图 1.1-13 所示。该桥为三跨连续刚构钢拱桥，其拱肋大节段安装合龙技术和提升系统的安装技术取得了创新，将拱桥的建设提高到一个新的水平。

图 1.1-12　新光大桥拱梁合龙段移动到驳船上

图 1.1-13　新光大桥大节段拱助提升架设到位

1.1.4　公路隧道发展趋势和施工新方法

1. 公路隧道工程的发展趋势

随着技术的不断发展和运营的需要，公路隧道的发展趋势是越修越长、越修越宽，技术也越来越难、越来越复杂。公路隧道的修建涉及结构、防排水、岩土、地质、地下水、空气动力、光学、消防、交通工程、自动控制、环境保护、工程机构等多种学科，是一门综合学科。一些新型的公路隧道修筑技术取得了较快的发展，如围岩动态量测反馈分析技术，组合式通风技术，运营交通简易监控技术，新型防水、排水、堵水技术，围岩稳定技术，支护及衬砌结构技术等。

隧道类型按长度分为短隧道（全长 500 m 及以下）、中隧道（500 m 以上至 3000 m）、长隧道（3000～10000 m）和特长隧道（10000 m 以上）四种；按位置分为傍山隧道、越岭隧道、水底隧道和城市地下隧道；按衬砌结构分为直墙式衬砌、曲墙式衬砌、曲边墙加仰拱衬砌等：按隧道内铁路线路数分为单线、双线和多线隧道等。按隧道线路相互关系分为分离式隧道、联体隧道。

近年来，为适应不同地形、地质条件下隧道建设的需要，双线或多线分离式隧道在空间关系上突破了以前分离式隧道的间距要求，逐步发展形成连拱隧道、大跨度隧道、小净距公路隧道、分岔式隧道以及空间交叠隧道等新类型。

（1）小净距隧道

小净距隧道是指并行双洞公路隧道间岩石厚度较小，一般小于 1.5 倍隧道开挖断面宽度的一种特殊隧道结构形式。小净距隧道也是介于普通分离式隧道与连拱隧道的一种结构形式，具有不受地形条件以及总体线路线型的限制，与连拱隧道相比有施工工艺简单、造价较低等特点。

小净距隧道围岩的受力、变形特征与隧道断面形式、断面尺寸、围岩类别、隧道埋深、中夹岩柱体厚度、开挖方式、支护形式和参数选取等众多因素有关。小净距隧道与普通分离式隧道的主要区别是小净距隧道中夹岩柱体的厚度较薄，因施工过程中的多次扰动而成为受力薄弱环节。当围岩类别较低、岩柱较薄时，中夹岩柱体将形成贯通的塑性区，严重影响围岩的稳定性。因此，对于小净距隧道宜根据围岩条件、岩柱厚度等因素选取合理的断面形式、开挖方式和支护参数等。

小净距隧道的施工方法与普通分离式隧道相比差别不大，但由于中夹岩柱体厚度较小，在施工过程中，其是受力薄弱部位，稳定性较差，因此，在施工中对中夹岩柱体的保护将至关重要。小净距隧道施工的难点和重点是合理选取开挖顺序、控制爆破作业，确保隧道开挖过程围岩的稳定，减小两隧道之间由于净距较小引起的围岩变形、爆破震动等不利因素。对于低类别、软弱、破碎围岩来说，重在确定合理的开挖顺序，减少对围岩的扰动；对于高类别、坚硬、完整围岩，重在控制爆破振动对围岩稳定性的影响。图 1.1-14 为小净距隧道施工顺序图，图 1.1-15 为小净距隧道实例图。

（2）大跨度隧道

大跨度隧道是指隧道横断面跨度较大、具有扁平拱形结构的隧道结构形式。大跨度隧道与两车道公路隧道断面相比，具有以下特征：

1）开挖后的应力重分布变得不利。对圆形断面隧道来说，在弹性介质、静水压力场中，开挖后隧道周边的最大主应力是初始应力的 2 倍，如果围岩强度比重分布的应力小，

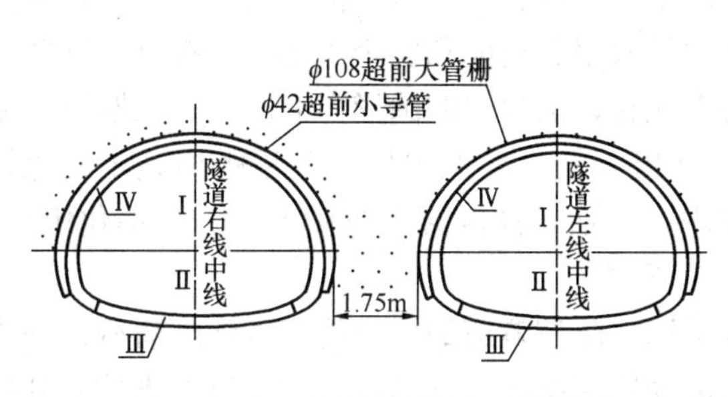

图 1.1-14　小净距隧道施工顺序图

图 1.1-15　小净距隧道实例图

隧道周边围岩将出现塑性化，因此，需要强大的支护结构来控制变形。对扁平的大断面隧道来说，开挖后最大主应力可达到侧压系数 $K=1$ 时初始应力的 3 倍，$K=0.7$ 时的 4 倍，因此与两车道公路隧道相比，即使是岩体强度较高，也会出现塑性化和较大的变形。也就是说，侧压系数小于 1、隧道的扁平度越大时，为保证无支护的自稳条件，就必须要求围岩强度较大。

2）隧道底脚处的应力集中过大，要求较大的地基承载力。研究表明开挖后隧道应力在侧壁处比较大，隧道开挖宽度越大，轴力也越大。因此，底脚的承载力是很重要的。

3）隧道拱顶围岩不稳定性因素大。由于隧道跨度大，隧道开挖后拱顶围岩因为不能有效地形成传力所需的拱形结构，当围岩条件较差时，拱顶容易坍塌。

4）当隧道开挖的跨度与高度越大，则要求产生拱作用的埋深越大，在浅埋情况下，拱不能发挥作用时，就会产生很大的松弛压力。

大跨度隧道施工方法包括基本的施工方法、隧道掘进机法（TBM）、导坑超前法、不稳定围岩的施工方法及各种辅助工法的研究等。

（3）分岔式隧道

分岔式隧道是一种较为新颖而结构特殊的隧道形式，即一端洞口为单洞大拱，中间经过连拱段和小净距段，直到另一端洞口变为分离隧道。分岔式隧道适用于崇山峻岭、地形复杂的山区，空间利用率较高，综合造价低，是目前在特定条件下修建隧道的理想选择之一。图 1.1-16 为分岔式隧道示意图。

分岔式隧道涉及分离段、小净距段、连拱段和大拱段施工，复杂的受力结构、频繁的工序转换给施工带来了一定的难度。

2. 公路隧道盾构新技术

盾构隧道施工技术最早是以穿越江河为目的而开发的，此后，在城市地下工程中得到了广泛的使用。从 20 世纪 80 年代开始，由于人口的增加和城市设施的高度密集化，城市对盾构隧道施工技术的要求越来越高。为了满足在城市繁华地区及一些特殊

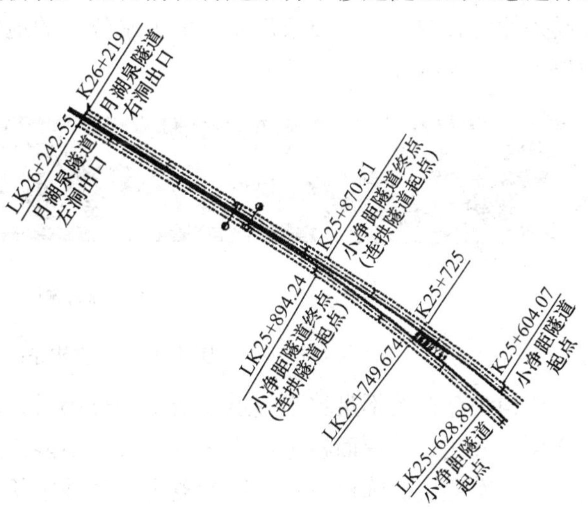

图 1.1-16　分岔式隧道示意图

工程的施工，大量的新型盾构施工技术应运而生。这些新型技术不但解决了一些常规技术难以解决的施工工程问题，而且使得盾构技术的效率、精度和安全性都大大提高。这些新技术主要反映在以下三个方面：施工断面的多元化，从常规的圆形向双圆形、三圆形、方形、矩形及复合断面发展；施工新技术，包括出洞技术、地中接合、长距离施工、急转弯、扩径盾构、球体盾构等；隧道衬砌新技术，包括压注混凝土衬砌、管片自动化组装、管片接头等技术。

盾构法施工是以盾构这种施工机械在地面以下暗挖隧道的一种施工方法。盾构是一个既可以支承地层压力又可以在地层中推进的活动钢筒结构。钢筒的前端设置有支撑和开挖土体的装置，钢筒的中段安装有顶进所需的千斤顶；钢筒的尾部可以拼装预制或现浇隧道衬砌环。盾构每推进一环距离，就在盾尾支护下拼装（或现浇）一环衬砌，并向衬砌环外围的空隙中压注水泥砂浆，以防止隧道及地面下沉。盾构推进的反力由衬砌环承担。盾构施工前应先修建一竖井，在竖井内安装盾构，盾构开挖出的土体由竖井通道送出地面。盾构断面形状分为：圆形、拱形、矩形、马蹄形 4 种。圆形因其抵抗地层中的土压力和水压力较好，衬砌拼装简便，可采用通用构件，易于更换，因而应用较为广泛；按开挖方式不同可将盾构分为：手工挖掘式、半机械挖掘式和机械挖掘式 3 种；按盾构前部构造不同可将盾构分为敞胸式和闭胸式 2 种；按排除地下水与稳定开挖面的方式不同可将盾构分为人工井点降水、泥水加压、土压平衡式、局部气压盾构、全气压盾构等。图 1.1-17 为盾构施工现场照片，图 1.1-18 为盾构系统示意图。

图 1.1-17　盾构施工现场

盾构法的主要优点：除竖井施工外，施工作业均在地下进行，既不影响地面交通，又可减少对附近居民的噪声和振动影响；盾构推进、出土、拼装衬砌等主要工序循环进行，施工易于管理，施工人员也比较少；土方量少；穿越河道时不影响航运；施工不受风雨等气候条件的影响；在地质条件差、地下水位高的地方建设埋深较大的隧道，盾构法有较高的技术经济优越性。

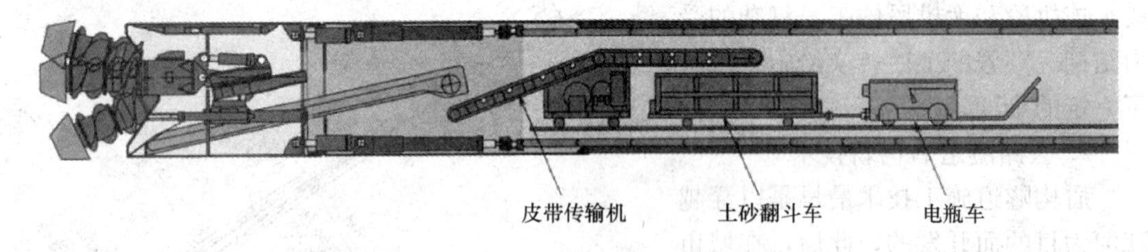

图 1.1-18　盾构系统示意图

盾构法存在的不足：当隧道曲线半径过小时，施工较为困难；在陆地建造隧道时，如隧道覆土太浅，开挖面稳定甚为困难，甚至不能施工，而在水下时，如覆土太浅则盾构法施工不够安全，要确保一定厚度的覆土；竖井中长期有噪声和振动，要有解决的措施；盾构施工中采用全气压方法疏干和稳定地层时，施工条件差，对劳动保护要求较高；盾构法隧道上方一定范围内的地表沉陷尚难完全防止，特别在饱和含水松软的土层中，要采取严密的技术措施才能把沉陷限制在很小的限度内。目前还不能完全防止以盾构正上方为中心土层的地表沉降。在饱和含水地层中，盾构法施工所采用的拼装衬砌要达到整体结构防水性的技术要求较高。

（1）盾构断面的多元化

传统的盾构多以圆形断面为主。这是由于圆形断面具有结构受力均匀、施工方便等优点。但是由于隧道功能要求上的多样化和施工用地方面的问题，使圆形以外的隧道得到了发展。从隧道功能上讲，使用双圆形或眼镜形隧道一次修建双线地铁隧道，具有一次施工互不干扰的特点。而在城市繁华地带无法使用明挖等施工方法时，采用三圆形盾构修建地铁车站具有一定的技术、经济效果。从土地使用上讲，国外的土地所有权包括地下部分（在日本，地下 50 m 范围内的土地使用权属于地面所有者）。所以，为了避免交涉土地使用权而付出大量的费用，公用设施一般在国有公路的下部设置。这样，当公路狭窄而需要隧道断面较大，突出到公路以外时，不得不使用圆形以外的断面，像椭圆形、矩形、方形盾构等。虽然这些断面的结构受力上不如圆形，但是空间利用上往往优于圆形，这也是最近被应用的主要理由之一。

（2）掘进新技术

1）出洞技术（出发）：出洞技术的改进主要集中于对竖井地下连续墙进行改进。由于使用一般的地下连续墙，在出发时需要将墙体开口，并对墙体后部采取加固、降水等措施。为了能够省去这些辅助施工而直接推进，开发了可开挖混凝土墙体，一般称为 NOMST 出洞技术。NOMST 出洞技术是在连续墙的盾构通过部位，代替钢筋而使用盾构机可以直接切削的 NOMST 构件，达到可以直接推进的目的。切削部的混凝土是由使用碳素纤维等高强度加固材料的 NOMST 构件和石灰石粗骨料进行施工。

2）长距离施工：一般认为盾构施工法在施工长度大于 500 m 以后才能发挥较为显著的优势。由于盾构机造价昂贵，加上盾构竖井建造的费用和用地问题，长距离施工一直是一个重要的问题。影响盾构长距离施工的因素主要是刀头、面板、轴承等部件的磨损问题。为了提高盾构隧道的施工距离，主要有两种方法，一是设法提高机械的抗磨损能力；二是进行地下接合（合龙）的技术。通过向面板外周部位堆焊耐磨钢、高硬度钢材；采用先行刀头、轮刀、高低错位刀头以及研究刀头更换技术，使得单个盾构的施工距离越来越长。在日本已有直径 9.5 m 左右的隧道一次施工 4.44km 的记录，而且这一记录正在不断刷新。地中接合则是两台盾构机从不同的两个竖井出发，在中间的某一部位进行合龙的方法，在长距离施工以及海底施工时经常采用。

3）扩径盾构施工法：扩径盾构施工法是对原有盾构隧道上的部分区间进行直径扩展，以满足修建地铁车站和安装其他设备之需要。施工时，先依次撤除原有部分衬砌和挖去部分围岩，修建能够设置扩径盾构机的空间作为其出发基地。随着衬砌的撤除，原有隧道的结构，作用荷载和应力将发生变化，所以必须在原有隧道开孔部及附近采取加固措施。扩径盾构在撤除衬砌后的空间里组装完成后便可进行掘进，为使推力均匀作用于机体尾部的围岩，需要设置合适的反力支承装置。当尾部围岩抗力不足时，需要采用增加围岩强度的措施，也可设置将推力转移到原有管片上的装置。

4）球体盾构施工法：此施工法又称直角方向连续掘进施工法。主要是在难以保证盾构竖井的用地或需要进行直角转弯时使用。球体盾构的施工方法分为纵-横和横-横施工两种。盾构机的刀盘部分设计为球体，可以进行转向。纵-横方向连续掘进施工是从地面开始连续沿直角方向向下开挖到达预定位置后，进行转向，然后实施横向隧道施工的方法。采用这种方法可以省略盾构竖井。横-横方向连续掘进则是先沿一个方向完成施工后，水平旋转球体进行另一个横向隧道的施工，可以满足盾构90°转弯的要求。球体盾构的关键是防水的问题，可旋转的球体与周围的密封必须保证在施工和旋转时不发生渗漏问题。

(3) 隧道衬砌

盾构隧道衬砌技术的发展主要是围绕几个目的，就是管片组装的自动化、高速化、管片制造费用的降低、特殊荷载的承受等目的。衬砌施工高速化的代表方法就是压注混凝土施工法。这一方法主要是在盾构尾部直接浇筑混凝土，通过盾构加压千斤顶对混凝土加压来修筑衬砌，无需使用衬砌管片的施工方法。压注混凝土衬砌的结构可根据围岩条件分为钢筋混凝土结构和素混凝土结构两类。钢筋混凝土结构的施工方法是在盾构尾部绑扎钢筋，在盾构推进的同时压注混凝土，使填充盾尾空隙与混凝土加压同时进行而形成衬砌，而素混凝土结构的施工方法则无需绑扎钢筋。这一施工方法的特点是可以省去管片的制造和组装，并可对混凝土进行加压形成紧贴围岩的衬砌。衬砌自动化施工主要是对传统的螺栓进行改进，采用嵌入式、楔式、销式、嵌合式接头，可以免去人工紧固螺栓而实现自动化机械施工，在人工费很高的发达国家得到较为广泛的使用。最近，尤其是对于环向接头，采用销式进行插入的施工实例有所增加。

管片制造费用的降低，主要表现在两个方面，一是管片自身的制造费用的降低，二是螺栓费用的降低。在日本，由于螺栓的费用一般占到管片费用的30%～40%，所以降低螺栓费用的研究开发相对较多，例如用PC钢棒代替螺栓的做法、管片设计为凹凸互相嵌合的做法以及省略螺栓盒内预埋件的做法等。其他还有减少原材料费、模板费、搬运费等各种各样的方法。但是，不管哪一种新型管片都必须保证管片的安全性。

3. 水下公路隧道施工沉管法

沉管施工法亦称预制管段法或沉放法，先在隧址以外的船台上或临时干坞内制作隧道管段（一般为100m左右），并于两端用临时封端墙封闭起来，制成后用拖轮运到隧址指定位置，在隧位处预先挖好一个水底基槽，待管段定位就绪后，向管段里灌水压载，使之下沉，然后把沉没的管段在水下连接起来，经覆土回填后形成隧道。图1.1-19为沉管隧道示意图。

(1) 沉管隧道的类型与特点

图1.1-19　沉管隧道

沉管隧道按照管段制作方式分为船台型和干坞型两大类。

1) 船台型（钢壳沉管）

先在造船厂的船台上预制钢壳，制成后沿着船台滑道滑行下水，然后在水上于浮态中灌筑钢筋混凝土。这种船台型管段的横断面，一般是圆形、八角形或花篮形的。隧管内只能设两个车道，建造四车隧道时，则需制作二管并列的管段。

2）干坞型（钢筋混凝土沉管）

在临时干坞中制作钢筋混凝土管段，制成后在坞内灌水使之浮起并拖运至隧址沉放。其断面多为矩形，在同一管段断面内可以同时容纳4～8个车道。

（2）管段制造

管段作为隧道的主体工程，造价比率最大。对管段施工最主要的要求：本身不漏水，承受最大水压时不渗漏；管段本身是匀质的，重量对称，否则浮运时将有倾倒的危险；结构牢固。管段有钢壳型（船台型）和钢筋混凝土型（干坞型）两种，构造各异，制造的工艺和工序亦有很大差别。

（3）水底浚挖

水底浚挖工作包括四个内容：①沉管基槽的浚挖；②航道临时改线的浚挖；③浮运（管段）线路的浚挖；④舣装泊位的浚挖。其中，沉管基槽的浚挖最为重要，其挖深和土方量都最大。

1）浚挖程序

一般都采用分层分段浚挖方式。在基槽断面上，分成二或三层，逐层浚挖。在平面上，沿隧道纵轴方向，化成若干段，分段分批进行浚挖。浚挖施工时，要做到一边容许船舶通行，一边进行施工作业，所以粗挖层施工时，应分段进行。挖到主航道时，还须组织夜间作业，以减少对航行的干扰。为了避免最后挖成的管段基槽敞露过久而妨碍沉设施工，细挖层也必须分段施工。一般是挖一段，沉一节，早挖、多挖往往是没有意义的。

2）基础施工

在铺设基础之前，要挖槽坑。挖槽方法及机械和设备的类型完全取决于土壤和水工条件。对于基槽的主要要求是边坡稳定、无大的垂向偏差、槽底干净。基础的施工方法有刮铺法、喷砂法、压砂法（也称流砂法）等三种主要方法。刮铺法是在管段沉放之前进行，而其他两种方法在管段沉放后进行。

（4）管段托运与沉放

为了确定管段在浮运作业中的特性，托运开始之前，要进行实验室水力模型试验和水流分析，以确定托运时在节段上的作用力。托运之前必须检查航道，牵引过程中，要有导航船，用回声探测法检查水深，避免河道障碍物损毁管段。

（5）管段沉没作业

管段沉没作业的全过程可分为以下三大阶段。

1）沉没前的准备

在沉没开始前一、二天，应完成沟槽清淤工作，把管段范围内以及附近的回淤泥砂排除掉。保证管段能顺利地沉没到规定位置，避免沉没途中发生搁浅，临时延长沉没作业时间，打乱港务计划。

2）管段就位

在高潮平潮之前，将“背着”浮箱的管段作业船组拖运到指定位置上，并带好地锚，校正好前后左右位置。此时管段所处位置，可距规定沉设位置10～20m，但中线要与隧道轴线基本重合，误差不应大于10cm。管段的纵向坡度亦应调整到设计坡度。定位完毕后，可开始灌注压载水，至消除管段全部浮力为止。

3）管段下沉

管段下沉的全过程，一般需要2～4h，因此应在潮位退到低潮平潮之前1～2h开始下沉。开始下沉时的水流速度，宜小于0.15m/s，如流速超过0.5m/s，就要另行采取措施。

（6）水下连接

水下压接的主要工序是对位、拉合、压接、拆除封墙。当管段沉放到临时支承上后，用钢丝绳操作进行初步定位，然后用临时支承上的垂直和水平千斤顶精确对位。对位之后，已设管段和新铺设管段还留有间隙，此时，用液压千斤顶驱动锥状螺杆，并插进已设管段上支墩的槽口里，用1500kN的力把新设管段拖靠到已设段上，由于螺杆的拉力，吉那垫圈软舌部被压缩，两节管段初步密贴。接着用水泵抽掉封在隔墙间的水，新管段自由端受到30～45MN静水压力的作用，吉那垫圈硬橡胶部分被压缩，接头完全封住。此时可以拆除隔墙。

沉埋管段之间接头处是一漏水点，需要垫圈和防水层解决。每节管段每隔15～20m要设置伸缩缝，伸缩缝能防止混凝土凝结收缩而产生巨大的拉力，并允许基础不均匀下沉而产生挠曲（产生纵向位移）。伸缩缝也称之为柔性接头。伸缩缝也是一漏水点，需要从结构上解决漏水问题。混凝土本身也会产生裂纹，这些裂纹能造成管段的渗漏，使钢筋锈蚀甚至能危及管段本身，所以管段的防水至关重要。

接缝防水：在边墙和底板之间有施工缝，管段有伸缩缝，这些都是漏水点。在施工缝处除凿毛、灌水泥浆外，通常都要用金属止水带加以保护。

橡胶金属止水带包括一根橡胶带，在其两端粘有镀锌的金属带，当隧道管段收缩时，橡胶带内产生张拉，伸长主要在带的中心平坦部分，而防水能力主要取决于橡胶带两侧的两个球状物对混凝土施加压力的结果，橡胶和混凝土之间并不相互粘结。管段间防水，除了用吉那垫圈压紧外，在接头内侧还要加上保护措施。

4. 公路隧道施工的人工冻结法

地下隧道之间的连接通道冻结法施工是利用人工制冷技术，使地层中的水变冰，把天然土变成冻土，增加其强度和稳定性，隔绝地下水与地下结构的联系，以便在冻结壁的保护下进行联络通道施工的一种特殊施工方法。

制冷技术是用氟利昂作制冷剂的三大循环系统完成的。三大循环系统分别为氟利昂循环系统、盐水循环系统和冷却水循环系统。制冷三大循环系统构成热泵，将地热通过冻结孔由低温盐水传给氟利昂循环系统，再由氟利昂循环系统传给冷却水循环系统，最后由冷却水循环系统排入大气。随着低温盐水在地层中的不断流动，地层中的水逐渐结冰，形成以冻结管为中心的冻土圆柱，冻土圆柱不断扩展，最后相邻的冻结圆柱连为一体并形成具有一定厚度和强度的冻土墙或冻土帷幕。水平冻结加固原理如图1.1-20所示，冻结管安装实例如图1.1-21所示。

在实际施工中，通过水平钻进冻结孔，设置冷冻管，并利用盐水为热传导媒介进行冻结。一般是在工地现场内设置冻结设备，冷却不冻液(一般为盐水)至－22～－32℃。其主要特点有：

（1）可有效隔绝地下水，对于含水量＞10％的含水、松散、不稳定地层均可采用冻结法施工。

（2）冻土帷幕的形状和强度可视施工现场条件、地质条件灵活布置和调整，冻土强度可达4～10MPa，能有效提高工效。

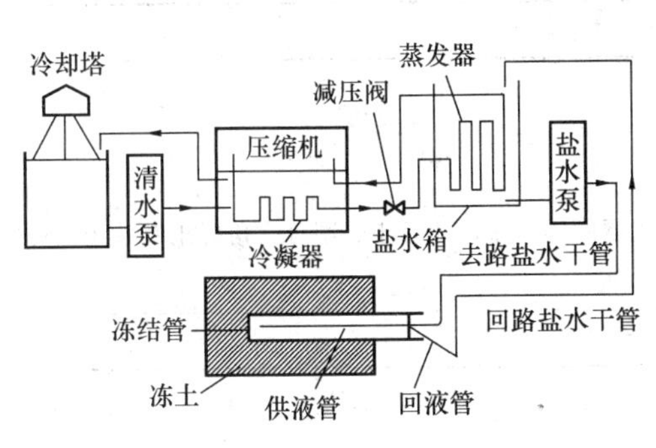

图 1.1-20 水平冻结加固原理示意

图 1.1-21 冻结管安装

（3）冻结法施工对周围环境无污染，无异物进入土壤，噪声小。

（4）影响冻土强度的因素多，冻土属于流变体，其强度既与冻土的成因有关，也与受力的特征有关，影响冻土的主要因素有冻结温度、土体含水率、土的颗粒组成、荷载作用时间和冻结速度等。

5. 隧道围岩分级

岩体工程分类或分级是工程岩体稳定性分析的基础，也是岩体工程地质条件定量化的一个重要途径。岩体工程分类或分级上是通过岩体的一些简单和容易实测的指标，把工程地质条件和岩体力学性质参数联系起来，并借鉴已建工程设计、施工和处理等方面成功与失败的经验教训，对岩体进行归类的一种工作方法。其目的是通过分类或分级，概括地反映各类工程岩体的质量好坏，预测可能出现的岩体力学问题，为工程设计、支护衬砌、建筑物选型和施工方法选择等提供参数和依据。

目前国内外已提出的岩体分类方案有数十种之多，其中以考虑各种地下洞室围岩稳定性的居多。有定性的，也有定量或半定量的，有单一因素分类，也有考虑多种因素的综合分类。各种方案所考虑的原则和因素也不尽相同，但岩体的完整性和成层条件、岩块强度、结构面发育情况和地下水等因素都不同程度地考虑到了。表 1.1-4 公路隧道围岩分级表。值得注意的是，铁路隧道围岩不采用分级指标而采用分类指标。

公路隧道围岩分级表 **表 1.1-4**

围岩级别	围岩或土体主要特征
Ⅰ	坚硬岩、岩体完整，呈整体状或巨厚层状结构
Ⅱ	坚硬岩、岩体较完整，块状或厚层状结构。 较坚硬岩、岩体完整，块状整体结构
Ⅲ	坚硬岩、岩体较破碎，巨块（石）碎（石）状镶嵌结构； 较坚硬岩或较软硬岩层，岩体较完整，块状体或中厚层状结构
Ⅳ	坚硬岩、岩体破碎，碎裂结构； 较坚硬岩，岩体较破碎～破碎，镶嵌碎裂结构； 较软岩或软硬岩互层，且以软岩为主，岩体较完整～较破碎，中薄层状结构。 土体：①压密或成岩作用的黏性土及砂性土； ②黄土（Q1，Q2）； ③一般钙质、钙质胶结的碎石土、卵石土、大块石

续表

围岩级别	围岩或土体主要特征
Ⅴ	较软岩，岩体破碎； 软岩，岩体较破碎～破碎； 极破碎各类岩体，碎、裂状，松散结构； 一般第四系的半干硬至硬塑的黏性土及稍湿至潮湿的碎石土，卵石土、圆砾、角砾土及黄土（Q3，Q4），非黏性土呈松散结构，黏性土及黄土呈松软结构
Ⅵ	软塑状黏性土及潮湿、饱和粉细砂层、软土等

1.1.5 交通工程发展趋势

高速公路的建成后，保持道路的安全畅通、快速和高效与道路的运行管理密切相关，作为运行管理的监控、收费和通信系统也受到管理单位的极大关注；此外，随着计算机通信自动控制技术的发展，高速公路交通监控系统、收费系统、通信系统也朝着智能运输系统方向发展，当前主要发展趋势如下。

1. 交通监控区域化、网络化

经过 20 年高速公路的建设，许多省的高速公路道路纵横交叉、逐渐形成网络，单独的一条高速公路的监控系统已不能充分发挥交通监控的路径诱导和多路径交通流调节控制的作用，也不能够使一个地区高速公路网的通行能力达到最大。在一个省域高速公路范围内设置省监控中心，对全省范围的高速公路网的交通运行情况进行全面监视和协调监控。这样高速公路监控系统向着区域化、网络化监控发展，只有网络化、区域化的监控才能适应高速公路网络交通流的调节和控制。

2. 视频监控系统数字化、网络化

近年来以视音频为主要内容的多媒体信息处理技术，特别是视音频编码压缩技术取得了很大的发展，在视音频数字化、网络宽带化、存储高密化的大趋势下，多媒体技术正进入流媒体的新时期，MPEG 系列标准已成为影响最大的多媒体技术标准，也极大地推动了视频的数字化。高速公路的视频监控也逐步转向视频监控数字化、网络化、智能化。

（1）视频数字监控系统的组成

视频数字监控系统通常由 5 个部分组成：摄像机和编码器、网络及通信传输设施、视频存贮设备、解码器及显示设备、控制及管理系统。

在高速公路视频数字监控系统中主要采用 MPEG2 和 MPEG4 /H. 264 视音频压缩技术国际标准。

（2）视频数字监控方案

高速公路视频数字监控主要涉及收费系统和监控系统。

目前，视频数字监控的实施方案如下：收费系统的视频监视采用在收费站经 MPEG4 编码器编码压缩后在本地 LAN 上用数字录像机 DVR 或视频服务器存贮，本地 LAN 上的计算机工作站只要有相应的解压缩软件就可以在本地监视或浏览，同时此压缩的视频图像也可以经广域网传送至相关的路监控分中心、监控中心局域网上监视或浏览，即只要有网络支持就可以调看。

交通监控系统的沿线摄像机视频信号有三种地点数字化方式：

1）摄像机视频经数字光端机和光纤传至监控分中心后用 MPEG2 编码压缩，供本地观看浏览和向上级中心传送，在监控分中心（所）模拟及数字视频信号都有。

2）在相邻的收费站（或通信站）经 MPEG2 编码压缩与收费视频编码压缩同上 LAN，如前述收费站视频。

3）采用网络摄像机就地编码压缩，用光端机、光纤接至邻近收费（通信）站 LAN 后，传到监控分中心、中心等 LAN 上，分中心、中心可以配置视频服务器对图像进行存贮和管理。

（3）视频智能化管理

随着视频数字监控范围的扩大，众多分散的多级管理机构、存储的视频数据愈来愈多，网络也愈来愈大，维护管理愈来愈复杂，因此在分中心、中心应采用视频智能化管理。

视频智能化管理包括以下功能：

1）控制中心提供系统初始化配置及管理，运行状态的监控和诊断确保系统的最佳运行。

2）视频存储管理，监控图像的录像和回放，通过事件调查管理，转换相关事件的视频及数据到可检索的数据库中。

3）分析处理提供基于规则的事件报警，视频分配及预案的激活。

4）虚拟矩阵，切换实时视频和录像到电视墙、监视器和计算机。

5）提供客户使用 SDK 工具支持集成第三方系统的能力。能为应用程序开发者或系统集成者提供应用编程接口 API，以使视频监视系统可被集成入报警和交通监控系统等；提供直观而友好的中文界面，用户对其可进行个性化定制，以满足自己的要求和偏好，允许用户插入背景、图标和企业标志等。

3. 车辆的定位和移动信息服务应用

交通系统是一个人、车、路及其环境综合作用的复杂而庞大的系统，因此，调控交通运行需要人们从系统的观点出发，将人、车、路等因素综合考虑，将现代通信技术、控制技术、信息技术等综合运用于运输系统管理：一方面使人、车对系统状况有充分了解，从而做出灵活的反应；另一方面使交通管理者能够动态、实时地了解和监控交通系统，使系统和路网发挥最高效率，使人、车和系统能够智能交互通信，实现整个系统的智能化。车辆的位置是交通监控系统的重要信息，使用全球定位系统（GPS）和地理信息系统（GIS）相结合可以实时、准确地提供位置信息，再采用路与车移动通信技术，就能提供移动交通信息服务，实现智能交通系统的一个功能。

4. 信息管理综合化

高速公路本身是连接不同经济地区的干线运输通道，是向社会和使用者提供安全、快速、舒适的道路服务，交通监控系统就是提供这种服务的主要保证之一。目前，高速公路一般都有监控系统，在监控分中心、中心设有值班员不间断地进行交通运行情况、道路情况的监控，以确保管辖范围内高速公路的安全、畅通，监控系统在一条路的运行管理中是起到了“耳”、“目”和“大脑”的作用。此外，要发挥高速公路安全、畅通、环保、和谐的作用，就要加强运行管理，才能提高公路的通行能力和效益。许多管理公司在高速公路的管理中，为了统一、协调地进行运营管理，并减少人员、降低成本，需要将收费系统的监视、变电所及配电系统的监控、计算机网络系统的管理等信息整合在一起，由监控分中心值班大厅集中管理，为运营管理信息化做支持服务。将这些管理信息与监控系统的分中心、中心整合而构建一条路和省域的信息管理系统。

5. 交通信息服务社会化

信息技术及互联网的发展，使人们处于信息社会中，各行业、部门及人的一切活动都离不开信息。人们外出工作、旅行、行驶在高速公路都需要了解交通状况，关心去往目的地的交通及道路状况；当高速公路发生交通事故时，人们要关注事故和救援状况等。为适应以人为本和人们的信息要求，就需要高速公路监控系统提供相关的交通信息。因此，在高速公路建设时应有相应的功能需求和设施，除了沿线信号灯、车道指示标志、可变信息标志和可变限速标志以外，已在高速公路的出入匝道、服务区、停车区等处设信息显示屏，通告道路状况、交通状况、路径诱导提示等信息；并且通过省、市交通广播电台，广播道路和交通状况以及路径诱导提示等信息，在宏观上进行交通流的调控疏导。随着移动通信与手机的大量使用，一般路段取消了传统的紧急电话，需要提供一种补充的救援方法；另外，随着交通信息服务的增加，需要在一个省或一条路设置交通信息服务（呼叫）中心，规定一个特服电话号呼叫，进入对外交通信息服务中心（一个LAN），提供紧急呼叫、道路及交通运行状况查询、收费费率查询等面向社会的各种交通信息服务，包括图文、视、音频等多媒体信息，这些都需要监控、收费、管理信息等系统提供支持，需要相应的功能软件，才能使高速公路成为信息高速公路。

6. 货车计重收费系统

随着交通运输行业的迅猛发展，货运车辆超载超限违章也日渐突出，已经成为危机全国道路交通安全的一个严重问题，对国有资产造成了巨大经济损失。载货类汽车的严重超载超限运输，不仅危害交通安全，缩短汽车本身使用寿命；同时造成了对公路路面的严重损坏，特别是早期疲劳损坏，大大降低了道路的使用寿命。

为解决由于超载超限造成的恶性交通事故，为防止高速公路遭受严重损坏，针对超重运输的危害和泛滥的严重性，国家、交通部及各地交通主管部门已陆续出台了各种法规和条例。目前，治理超载超限的方式主要有两种：超限管理系统和计重收费系统。目前全国大部分省市高速公路实行的是计重收费系统。

计重收费系统：是由一组安装好的传感器和软件的电子装置所组成的独立系统，用以测量动态车辆轮胎力和车辆通过时间，并提供计算轴数、轴重、整车重以及其他诸如速度、轴距、轮数等参数数据，按照既定收费标准进行车辆通行费征收的一种收费方式。

（1）高速公路中低速动态计重收费系统

计重收费系统为室外露天独立设置，在收费车道前置固定安装，可以测量机动车辆各轴的轴型、轴荷载和总载荷。计重收费系统构成按称重设备不同可分为：称台式和弯板式。

1）称台式计重收费系统系统构成

称台式计重收费系统由称重平台、车辆分离器、轮胎（轴）识别器、感应线圈（选配件）、称重费额显示器（选配件）、处理机箱、相应软件以及设备生产厂家认为必须配套的部件等部分组成的独立系统。安置在（或者驰过）称重平台上的车轴的载荷，通过传感器输出信号，经处理机处理后在数字显示仪表上显示，显示内容同时经通讯接口传输给车道控制机。

其构成如图 1.1-22 所示。

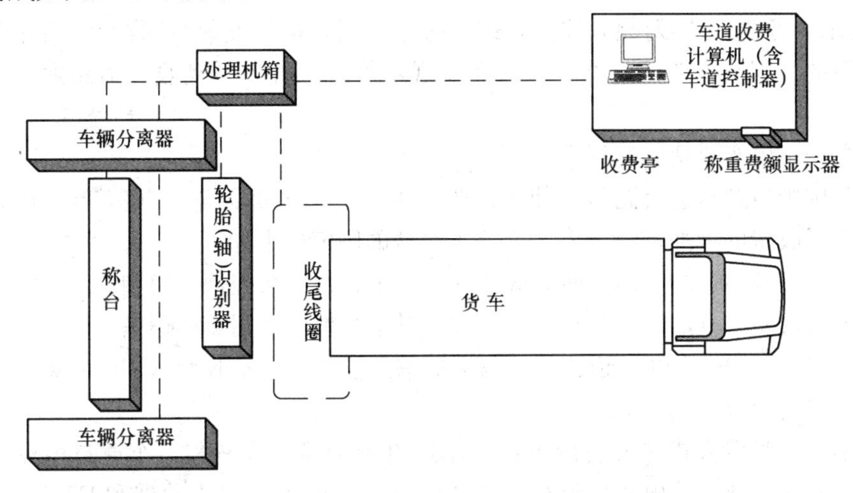

图 1.1-22 称台式计重收费系统构成图

2）弯板式计重收费系统构成

弯板式计重收费系统由 2 块动态弯板式传感器、车辆分离器、轮胎（轴）识别器、感应线圈（选配件）、称重费额显示器（选配件）、处理机箱、相应软件以及设备生产厂家认为必须配套的部件等部分组成的独立系统。安置在（或者驰过）弯板式传感器上的车轴的载荷，通过传感器输出信号，经处理机处理后在数字显示仪表上显示，显示内容同时经通讯接口传输给车道控制机。对于车道收费计算机系统来说，计重收费子系统为一台独立外设。

（2）计重收费系统功能

1）能对静态或中低速（0～40km/h）通过的车辆自动进行称量，检测车辆的轴、轴组及整车重量，并可进行动态和静态称重状态的自动转换，可应付车辆在收费车道内的各种复杂的行驶状况。

2）能对车辆进行自动分离，完全消除由于车辆排队间距较小产生的跟车现象，并能区别半挂车、全挂车、单车并准确分离，保证称重数据与车辆的一一对应。

3）检测车速、车辆加速度及记录车辆通过时间。

4）能按超限车辆判别标准设置超重限值，方便调整，能自行处理称重流程。

5）能对各种不规则行驶状态如 S 行驶、倒车、侧边行驶、加减速、震动等进行正确判别，形成完整的车辆称重信息。

6）能通过标准 RS232/RS485 串行通信口将称重信息传输给车道收费计算机，此接口满足统一的规范要求，数据格式和通信规程满足联网收费的统一要求和规定。

7）具备自动缓存功能，在向收费计算机发送数据失败时自动重发。

7. 电子不停车收费（ETC）

随着社会、经济的快速发展，高速公路网络的逐步形成，社会对收费系统的技术要求将会越来越高，自动化程度较高的收费技术必然逐步取代传统的人工作业方式，ETC 技术正在得到采用。

(1) 电子不停车收费的定义

电子不停车收费简称 ETC（Electronic Toll Collection），是利用自动车辆识别（AVI）技术（可选），以射频微波等方式，通过路侧的信号发射/接收天线与车载电子标签进行车辆的识别及收费信息交换，从而实现不停车条件下自动收取道路通行费的一种技术。

(2) 电子不停车收费国家标准

针对我国国情及高速公路目前使用的收费方式等多方面因素，2007 年我国批准了部分不停车电子收费的标准，关于电子不停车收费的国家标准如下：

1）GB/T 20135—2006　智能运输系统　电子收费　系统框架模型

2）GB/T 20851.1，2，3，4，5—2007　电子收费　专用短程通信

3）GB/T 20610—2006　道路运输与交通信息技术　电子收费（EFC）参与方之间信息交互接口的规范

电子不停车收费方式主要有两种：单车道电子不停车收费和多车道自由流不停车收费。目前，我国高速公路电子不停车收费系统采用能够兼容 IC 卡收费和 ETC 收费的两片式电子标签的组合式（MTC＋ETC）电子收费方案。实现国内半自动收费（MTC）与 ETC 收费相结合的收费系统。

(3) 电子不停车收费的优点

1）车道的通行能力大大提高。表 1.1-5 所示为不同收费方式的通行能力。

不同收费方式的通行能力　　表 1.1-5

收费方式	通行能力
人工收费车道（MTC）	250～500 辆车/h
单车道 ETC	1000～1800 辆车/h
多车道自由流 ETC	＞2000 辆车/h

2）付费更加安全，用户使用更加便捷。在车道用户无需停车交费、无需开窗进行现金付费，加密的自动交易方式。

3）在通行能力提高的基础上，增加了通行费的收入。

4）无需收费员进行收费，全自动的收费方式，降低了运营成本。

5）可以缩小收费站的规模，节约基建费用和管理费用。

(4) 电子不停车收费系统构成

1）车载装置（OBE）：存储车辆自动辨识（AVI）信息（如车辆参数等），一方面完成 DSRC 通信功能，另一方面充当 IC 卡信息转发器，并具备少量显示或指示界面以指示相关状态。

2）路侧装置（RSE）：一般固定安装于收费站，用于获取车载装置信息和写入收费数据，并通过车载装置与 IC 卡进行信息交互实现电子支付流程；此外还提供车道计算机通信接口，进行地面装置（控制机）和车载装置的通信。

3）通行券 IC 卡：主要用于存储支付信息以及支付的辅助性信息（如道路入口处、道路出口点、进入时间、离开时间等），作为电子支付的媒介。

4）收费站车道控制系统；一方面通过路侧装置提供的接口获取车载装置信息，另一

方面配合控制车道装置（如栏杆、交通灯）动作。

后台数据库系统：主要接收车道系统的交易记录，用以结算和清算等处理。电子标签发行、服务网点系统。

电子不停车收费系统构成如图 1.1-23 所示。

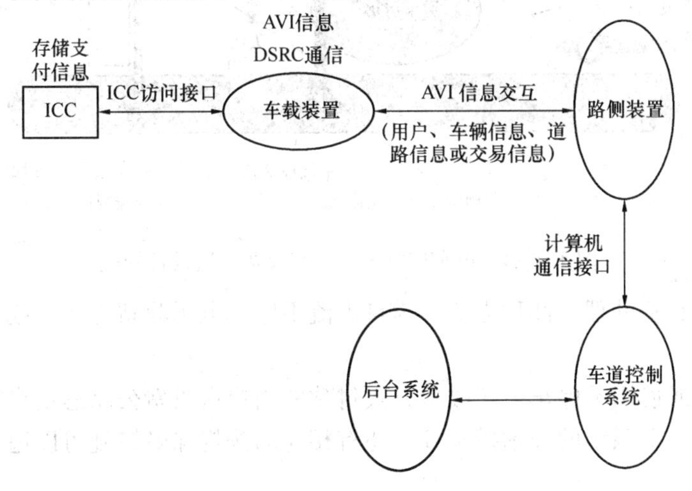

图 1.1-23 电子不停车收费系统构成

(5) 电子不停车收费工作流程与收费方式

系统工作流程如下：当有车载装置（OBE）车辆进入通信范围时，路侧装置（RSE）读写天线与车载电子标签进行通信，若电子标签有效则进行收费交易，交易成功后，系统控制栏杆抬起、通行信号灯变绿、抓拍车辆图像存储、显示器显示收费数据、车辆不停车通行。

电子不停车收费采用非现金支付，收费的方式主要分为两种：单车道电子不停车收费方式和多车道自由流不停车收费方式。

1) 单车道电子不停车收费

单车道电子不停车收费是在收费广场设置不停车收费专用车道，与半自动收费方式（MTC）结合应用。需配备高速自动栏杆等障碍设施，车速受到了一定限制，其构成同电子不停车收费系统。其中车道系统设备主要有：引导指示标志、限速标志、车道分道标线、电子收费车道指示标志，读写器、车辆检测器、通行信号灯、报警器、高速自动栏杆、车道控制机、车道摄像机及视频图像捕获装置等。有条件的可与半自动收费车道连接，并设置转向信号灯等设施。

车载装置为双片式带 IC 卡接口的电子标签，IC 卡可以是记账卡、储值卡或信用卡。

适用于大交通量路网的收费站点处，采用半自动收费方式已经造成较严重的交通延误，扩大收费车道已不经济或不可能；路线或路网内经常性用户的比例较高；地区经济较发达，用户对收费公路的服务水平要求较高等场合应用。

单车道电子不停车收费车道设备构成如图 1.1-24 所示。

2) 自由流不停车电子收费

多车道自由流不停车收费方式是收费系统的方向。自由流不停车电子收费是在没有收费广场、没有任何物理隔离设施的收费公路上，应用电子收费技术完成对多条车道上自由

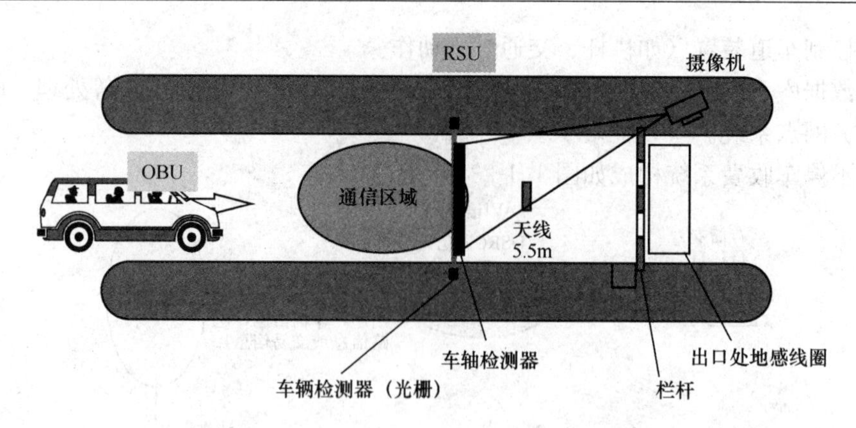

图 1.1-24 单车道电子不停车收费车道设备构成

行驶车辆的自动收费处理，此种方式称为自由流不停车电子收费方式，或多车道不停车电子收费方式。

适用于准备或使用不停车电子收费方式付款的用户占收费公路总用户数量的绝大多数(65%以上)；除收费系统的技术措施外，还有相应的法规保障措施可以追缴非法用户的通行费。

8. 非现金支付在收费系统中的应用

随着经济的发展和交通流量的不断增加，目前的现金收费方式已不能满足车辆通行的需求，为避免高速公路用户携带现金的麻烦；有效防止收费人员的舞弊行为，提高收费站出口处的通行能力，为电子不停车收费培养潜在用户，高速公路非现金支付系统的实施应运而生。非现金支付（包括记账卡和储值卡）应采用非接触式 CPU 卡或双界面 CPU 卡。非现金支付卡用作支付介质的同时，应兼做通行券使用，并且可以与电子标签配合实现电子不停车收费。

(1) 非现金支付系统的结构

非现金支付系统结构基本同联网收费系统，包括收费结算中心、收费（分）中心、收费站，收费结算中心可通过卡子公司与银行相连；也可以使用已有联网收费系统，只是将非现金支付与现金支付从逻辑上虚拟分开并采取相应的安全措施。针对已建高速公路的半自动收费系统，非现金支付系统的实现主要是在收费车道增加能读取预付卡的读写器，并对收费软件进行相应修改。

(2) 预付卡的管理

制发预付卡的主体为当地统一管理机构；一般银行作为代理机构，代理预付卡的受理、充值、扣划等业务。预付卡可分为储值卡和记账卡。

储值卡采用记名方式，可挂失，卡内充值有限额，不计息。用户预先在储值卡上存入一定金额，在通行时扣款，当储值卡上余额不足时，用户可用现金足额交纳通行费。

记账卡限于对信用等级较高的集团用户发行。记账卡采用预付一定押金后消费方式。一个账号可以对应多个记账卡。

(3) 拆分与结算

非现金支付的拆分方式与现金收费一致，实行含税拆分；现金收费和非现金支付的结算宜相对独立。

收费结算中心在银行开立收费专户用于非现金支付系统的结算。银行负责预付卡的资金管理。收费结算中心负责用户通行费信息管理。对储值卡，银行将储值卡用户圈存及现金充值的资金归集到储值专用账户；对记账卡，通过三方（收费结算中心卡管理公司、银行及记账卡用户）协议，由银行代为托收或批量扣款。

收费结算中心与各路公司的资金清算宜由收费结算中心负责，银行负责清算资金的划拨。收费结算中心采集收费站的非现金支付数据进行拆账，与各收费站上报数据核对无误后，将清分数据传送给结算系统；结算系统按照约定的时间算出各业主应得金额，并发送划账指令给卡管理公司；卡管理公司把划账信息发送给银行；银行按照卡管理子公司发送的划账指令（联网收费结算中心须与银行签订非现金支付协议），将收费结算中心在银行专用账户的资金，通过银行内部结算渠道，当天划转到各路公司在银行系统内的存款账户上。

（4）票据管理

储值卡用户充值及记账卡用户批量扣款时，由银行出具充值或划款凭证。记账卡用户在签订协议时选择收费站出具发票或消费后统一开发票。

1.1.6 公路工程设计新理念

1.“安全、环保、舒适、和谐”的设计新理念

2003年，在党的十六届三中全会上，党中央首次明确提出关于科学发展观的概念，也就是“坚持以人为本，树立全面、协调、可持续的科学发展观”。截至2007年底，我国高速公路通车里程达到5.3万km，稳居世界第二，我国公路建设实现了跨越式发展，同时也暴露出环境约束、资源破坏等矛盾。在公路设计和建设中，如何使我国公路建设更好地“以人为本”，走上可持续的科学发展，对我们公路设计提出更高要求。2004年9月，全国公路勘察设计工作会议提出了“六个坚持，六个树立”的公路勘察设计新理念，该理念逐渐成为了我国公路设计、管理、施工的建设理念。其核心是紧紧围绕科学发展观的要求，通过采用灵活设计（“合理选用技术标准”）和创作设计，实现“安全、环保、舒适、和谐”的目标。

（1）坚持以人为本，树立安全至上的理念

交通行业的核心价值是“用户第一，行者为本”。在公路建设中体现“以人为本”的要求，就是要改变“建设就是发展”的传统观念，坚持把“用户需求置于公路工作的核心”，把不断满足人们的出行需求和促进人类的全面发展，作为交通工作的最终目的。在今天，交通事业的发展与进步，不能只看修了多少路，架了多少桥，而是要以能为人们提供什么水准的服务来评判。勘察设计工作的着力点，要把满足人们的出行需要作为根本，在工程本身的细微之处，体现对人的关爱，体现人性化的服务，注重公路安全性、舒适性、愉悦性的和谐统一，为人们提供最大限度的出行便利。

安全是公路设计和建设需考虑的首要因素。国外发展经验证明，国民经济快速增长时期交通安全问题比较突出，我国是人口大国，目前也是“交通事故大国”，对于正处于经济快速发展时期的我国来说，分析把握不同因素对安全的影响，制定和采取相应安全的公路设计策略尤为重要。

安全包括工程实体安全和运行安全两方面。以往，我们对工程实体安全关注较多，也积累了相当丰富的经验，总体上看，只要精心设计，严格施工，工程实体安全基本可以得

到保证。公路运行安全因为牵涉因素多且变化大，相对隐性，在控制上有不确定性。影响运行安全的因素，包括人、车、路、环境和管理等多方面，其中驾驶人素质不高、操作技能差、安全意识不强，是导致我国交通事故的最主要因素。提高运行安全、降低事故损失是一个系统工程，需要全社会、多行业的共同参与和努力，需要规范驾驶人行为、提高车辆性能、改善道路交通条件、严密安全组织管理、形成高效的紧急救援系统等等。从公路设计角度，则应重点消除公路本身引起的使用安全问题，尽可能采取“主动”的预防和容错措施，必要时辅以“被动”的防护措施。

在“主动”措施中，改进线形设计对于提高行车安全最为有效，优良的线形是保证行车安全的根本，可直接消除事故诱因，在现阶段条件下，进行运行车速安全检验和改善长陡纵坡设计是改进线形的有效方法之一；“驾驶人的过错不应以生命为代价”，宽容和人性化的路侧净区可降低交通事故、减轻事故损失，设计中结合具体条件，通过放缓路基边坡、设置可逾越的排水设施等手段，提供足够的路侧净区，既安全又经济；以护栏为代表的安保工程实质是一种“被动性”防护措施，是挽救驾乘人员生命的底线（如临崖路段等），从特定角度来看，一旦安保工程发挥作用，也就意味着交通事故已经发生，损失已经出现，同时不当的安保工程自身也可能成为引发事故的诱因，因此，安保工程的设置应充分论证，避免多此一举、画蛇添足。

(2) 坚持人与自然和谐，树立尊重自然、保护环境的理念

自然界具有调节、生产、信息载体等多重功能，是包括人类在内的一切生物的摇篮，自然界不但支撑着人类物质生活，也丰富和充实着人类精神生活。因此，在公路建设过程中，一定要尊重自然规律，建立和维护人与自然相对平衡的关系，倍加爱护和保护自然，要树立“不破坏是最大的保护”的理念，坚持最大限度地保护，最小限度地破坏、最强力度地恢复、使工程建设顺应自然、融入自然；要把设计作为改善环境的促进要素，摒弃先破坏，后恢复的陋习，实现环境保护与公路建设并举，公路发展与自然环境和谐。换而言之，一方面，要学习和认识自然和生态规律，按规律办事，把公路建设行为限制在自然规律和生态平衡许可的范围内，维护自然界“势”的延续；另一方面，还要充分认识和利用自然界的信息功能和审美价值，营造公路“动”感行驶氛围。

自然界存在不同的“势”的走向和延续。山脉以其固有走势连绵起伏，河流蜿蜒曲折流淌不止，不同的植物群落层峦迭出、绵延无尽。维护自然界“势”的延续，要求公路建设尽可能避免切割自然界“势”的走向和延续，保持自然景观的完整性，降低公路建设对原始地形的、地貌的自然性和稳定性的影响，减小对原始生态环境的破坏。

公路景观以动态景观为主。车辆在公路上行驶，车辆在移动，包括地形、地物、不同种群地表植被等在内的公路外部环境都在不断地变化，也就是说，公路外部环境的形态、质地和色彩都在不断地变化。营造公路“动”感行驶氛围，要求公路自身线性的变化，结构物的形态、质地和色彩的变化，绿化方式的选择等都应充分配合这种外部环境的变化，以自然的、渐进的、连续的手法来选择、利用和创造景观，在保护自然环境的同时，展现和发挥自然环境的审美价值。

(3) 坚持可持续发展，树立节约资源的理念

资源是人类生存和发展的物质基础，也是可持续发展的重要保证。我国人口众多，人均资源相对贫乏，随着人口的增加和经济的发展，我国人均资源占有量少这一状况还将进

一步加剧，人均资源相对不足的矛盾将更加突出。土地供给紧张、粮食安全存在隐患、房屋拆迁和失地农民成为新的不稳定因素。可持续发展的核心和前提是发展，公路交通发展是社会可持续发展的重要内容，也是国民经济和社会发展的重要支撑，在公路建设中要坚持可持续发展，建立节约型社会，就是要正确处理好节约资源和公路建设的关系，从全局、从长远考虑问题，并非不能利用和开发资源，而是应该更加合理和有效地利用资源。

节约资源在公路建设中首先体现在节约用地上。对于我们这个有着13亿人口的，尤其是有着8亿以土地为生的农民的国家来说，土地资源尤其是耕地资源具有超乎寻常的意义，它是广大农民赖以生存的根本，其价值远不止征用时补偿给农民的几万块钱甚至更少，是无法用价格来衡量的，而且，作为可耗竭性质的资源，我们对土地的利用开“源”有限，只能节“流”。因此，在公路建设中应以提高土地使用效率，少占耕地为目的：

1）从规划阶段起，通过合理规划路网、统筹利用线位资源、合理确定规模和方案，提高土地的集约利用程度。

2）在设计上精打细算，以满足功能为前提，精心拟定各断面细部尺寸（排水沟、边沟、截水沟、护坡道、碎落台等），节约每一寸土地。不能为了设计省事，生搬硬套，一坡到底（顶）。

3）研究发挥公路用地潜力的方法和手段，从综合利用角度出发，探索和尝试对硬路肩、边坡等进行二次开发利用的可能性。

节约资源也体现在保护矿产资源和腐殖土等方面。矿产资源是我国宝贵的自然资源，公路压覆矿产，不仅对日后资源的开发和开采造成难度，同时也给公路结构自身安全留下隐患。矿产资源富集区的路线线位布设应以探明地下矿产资源的埋藏和开发情况为基础，原则上不应压覆未开发的资源富集区，在已完成开发的采空区通过时，则应考虑必要的工程处治措施，确保公路自身稳定性。地表腐殖土经过数万年的物理化学作用才得以形成，其中富含大量植物营养成分、种子和根系，是植物赖以生存的条件，故也应将腐殖土视作一种有限的自然资源。事实证明，在公路建设中事先挖移并保护腐殖土、工后回填绿化，是恢复生态环境十分迅速、经济、有效的办法。

（4）坚持质量第一，树立公众满意的理念

质量是工程的生命，更是一个行业的生命。传统上，我们较多地从行业内看公路，在“路中”设计公路，对公路质量认识一般停留在实体质量和功能质量的层面，对外观质量和社会质量重视不够，甚至忽视社会质量。随着科学发展观的确立和公民纳税人意识的不断增强，社会公众开始逐渐关注政府投资的工程建设项目，包括公路使用者、路域居民在内的社会公众开始逐渐成为公路质量评价的主体。这就要求我们要站在整个社会的“路外”来评价公路，不仅需要公路具有安全、耐久的实体质量和高效、方便的功能质量，而且还需要具有可以满足审美要求的外观质量和为沿线居住人群提供方便、降低负面影响的社会质量。

外观质量不佳是公路建设中的通病。考察造成外观质量不佳的原因，不乏工艺落后、施工方法不规范等因素，也有设计不用心、不精细的原因。“视觉传递美，和谐表达美”。良好的外观质量不仅体现在细部结构的精美上，还体现在公路与外部环境的友好配合、公路各组成部分的和谐衔接方面。在理解环境、和谐环境前提下，做好公路与环境的总体配合，展现公路景观美、线形美，是提高公路外观质量的基础；加强总体设计，和谐工程细部的衔接，是提高公路外观质量的途径；配合环境主旨，注重细节创作，体现建筑美、艺术美是提高外观质量的手段。

公路建设不可避免征地、拆迁，必然对沿线社会生活环境带来影响。把握服务社会的原则，提倡公众参与，增加建设项目前期工作的透明度，主动争取社会各界的积极参与、支持和认可，是提高公路社会质量的重要措施。国内外经验表明，在建设项目立项阶段进行系统性的公众参与，充分考虑受影响群体和非政府组织的意见，特别是重视受项目影响最大，也可能是最困难公众群体的意见，对于减少此后可能产生的许多不利于项目建设的问题具有明显的作用。

(5) 坚持合理选用技术标准，树立设计创作理念

"灵活设计（合理选用技术指标）、创作设计"是达到"安全、环境优美、节约资源、质量优良、系统最优"的手段，也是公路勘察设计新理念的精髓。我国地域辽阔，各地条件迥异，不同地区公路乃至同一公路不同路段具有不同环境特征。为保护个性环境，需要灵活设计；为展现环境个性，需要精心创作。

环境具有个性，因此标准指标的选择和运用应有针对性和灵活性。技术标准和设计规范是应用于全国范围的纲领性法规，它必须也只能具有一般性和普遍性的指导意义。灵活设计，是指在全面、系统地理解技术标准和设计规范的基础上，根据个性环境，灵活地运用标准规范中的各项指标。

为保证公路的畅通和使用效率，国家需要对标准指标有所规定。标准规范中对指标的规定一般是考虑较多影响因素后，采用具有典型性和代表性的通用值。而实际情况千差万别，当规定的背景条件发生变化时，基于原始边界条件变化基础上的适度灵活并不违背标准规范对该指标的本质规定，也就是说，原始边界条件的变化为灵活运用指标提供了可能。

标准规范中的指标有主次之分。重要指标，是指对安全、功能有重大影响的指标，如最小圆曲线半径、最大纵坡、视距等；次要指标，是指在满足安全的前提下，主要影响美学或舒适性的指标，如曲线间直线长度等。主要指标在设计中原则应予保证，对于次要指标，当对环境不构成影响时，可采用较高值，当对环境存在影响时，应采用较低值，当对环境和生态影响巨大时，为了保护环境，可突破使用。

(6) 坚持系统论的思想，树立全寿命周期成本的理念

公路系统是隶属于环境系统（自然环境和社会环境）的一个子系统。要做到系统最优，就要把公路放到公路—自然—经济—社会的大系统中去考虑，不但要统筹公路内部各专业间的关系，还要统筹建设、运营、养护的关系，更要统筹公路与环境的关系。以往，我们较多关注公路建设的初期成本，对运营、养护等后期成本关注不够，尤其是对公路对环境破坏所带来的长远损失估计不足。当建设资金受限时，首先省环保绿化、省排水防护，轻者导致服务水平降低、后期维护工作量增加，重者造成公路灾害、工程使用寿命缩短、大修提前，甚至诱发地质病害，引起环境问题，并由此造成不良社会影响。

要树立全寿命周期成本的理念，就是要从项目生命周期的全过程去看待成本，就把公路放到环境和社会大系统中去考察其成本，不但应注重项目初期建设成本，还要注重后期维修和养护成本，不但应看到项目自身成本，还要看到社会成本和环境成本。在可能的条件下宁肯先期投入大一些，也要减少后期费用，延长使用寿命，宁可项目投入多一些，也

要降低对社会和环境的影响，提高综合服务能力。树立全寿命周期成本的理念，就是要坚持科学合理的评价方法，该投入的一定要投入，能节约的一定要节约，在确保安全、满足功能的前提下，通过提高技术含量，通过灵活设计，用好每一分建设资金，达到最佳的技术经济效益。

2. 灵活设计新理念

我国幅员辽阔，各地区地形地貌、人文习俗相差很大。公路设计中一个重要概念就是每一个公路建设项目都具有特殊性（公路个性），包括项目所在地区的地理位置、地形地貌、地质条件、气候气象、社会环境、文化传统、风俗习惯、审美观特点以及公路使用者的需求、面临的挑战与机遇等，这些都构成不同地区特有的公路景观环境，公路设计者所面临的任务就是在运输功能、安全与周围自然和社会环境之间寻求协调和平衡。因此，为适应公路个性，设计中需要实事求是，需要“灵活性”。

(1) 灵活设计的基本概念

灵活设计是以对标准、规范的深刻理解和掌握为根本，在确保公路安全性、功能性的同时，以最大限度维护公路与景观环境的协调为目的（包括公路自身和沿线景观的协调、自然和人文景观的协调，基于包括驾乘人员的生理和心理感受的维护或提高等）。也就是说，我们不应刻意地追求设计指标，或机械地套用标准图，更不是试图去创建一个新的标准。灵活设计的理念是建立在充分掌握和理解现有标准、规范本质的基础之上，在不降低安全性的前提下，通过合理选择标准、灵活运用设计指标，寻求达到更符合公路沿线可持续发展的需要和利益的目标。

因此可以认为，因地制宜、实事求是就是公路灵活设计的精髓。灵活设计对景观应作如下考虑：

1）充分考虑到公路沿线景观和视觉特点。

2）保护原始景观和原始地貌。

3）尊重河流、小溪及自然排水系统。

4）重视边界、护栏、树木形成的线条。

5）尊重历史上形成的小路。

6）认识远处的景观——山脉、河流、湖泊、海洋及地平线。

7）提供良好的视野。

(2) 美国公路设计灵活性的体现

下面以美国公路设计为例，介绍美国公路设计灵活性。

1）标准指标体系的灵活

美国是一个联邦制国家，各州允许制定自己的法律。美国各州公路与运输工作者协会（AASHTO）所制定的《绿皮书》可以视作美国国家设计标准（准则），但是《绿皮书》在序言中开宗明义地指出，“……此书的目的在于向设计人员提供指导方针，对关键性指标给出推荐的设计数值范围 ……，允许充分的灵活性是为了鼓励针对特殊的情况给出切合实际的设计方案……”。《绿皮书》也指出，“……所有的州可以不必将《绿皮书》作为他们的标准，……在遵守总体指导方针的前提下，各州标准指标的制定可以存在差距和不同……”。

美国标准指标体系的灵活性从联邦和各州对最小停车视距的规定中可略见一斑，如表

1.1-6 所示。从表中对最小停车视距的规定可以看出：

①《绿皮书》提供了最小停车视距的数值范围，而三个州都给出了一个最小允许数值。

② 在每种情况下，加利福尼亚州的要求都是最高的。

③ 加州给出了一个更高的设计车速 130km/h 所对应的最小停车视距，而《绿皮书》、俄勒冈州和弗吉尼亚州的标准都没有规定超过 120km/h 设计车速的最小停车视距，暗示不鼓励采用超过 120km/h 的设计车速。

④ 俄勒冈州及弗吉尼亚州允许的最小视距处于《绿皮书》允许的标准值范围的中低值，而这种情况在其他大多数州基本相同。

《绿皮书》与各州设计准则之间的关系　　**表 1.1-6**

设计车速（km/h）	最小停车视距（m）			
	AASHTO①	加州②	俄勒冈州③	弗吉尼亚州④
60	74.3～84.6	85	80	80
80	112.8～139.4	130	120	120
100	157～205	190	160	160
120	202.9～285.6	255	210	210
130	无规定	290	无规定	无规定

① 美国各州公路与运输工作者协会 1994 年版《公路与城市道路几何设计政策》，第 120 页，表Ⅲ-1；②加利福尼亚州运输厅 1993 年 12 月 15 日出版的《几何设计临时公制标准》，第 2 页，表 201.1；③俄勒冈州运输厅 1994 年出版的《公制道路设计指南》，第 92 页，图 410；④弗吉尼亚州运输厅 1994 年 8 月出版的《道路设计指南，卷二（公制）》，第 27 页，表Ⅲ-1。

2）建设方案的灵活

美国的罗得岛州大多数公路沿线有很多的历史、景观和文化资源，在选择建设方案时如果大量改移老路的线形，将会给沿线资源带来负面影响。因此，罗得岛州运输厅所制定的政策尤其具有创新性。为了保护公路沿线的资源，运输厅在选择建设方案时一般倾向采用利用老路进行改造的方案，也就是维持现有公路的平、纵、横断面，仅仅进行重新罩面、修复和更换标志（又称“3R”原则）。

3）超标设计

尽管标准指标体系的灵活、建设方案的灵活已经使设计具有了一定程度的灵活性，但是仍然存在即使使用最低的标准、指标，也会导致较高造价或对周围环境产生较大影响的情况。对于这些情况，美国《公路设计灵活性》允许：

① 重新评估规划阶段的决策。

② 需要时允许降低设计车速。

③ 在受到环境条件严格限制时，经过论证，可以超标设计。

（3）灵活设计是有条件的

设计灵活性使设计人员具有了很大的发挥空间，但是这种发挥并非没有限制。美国《公路设计灵活性》用了很大的篇幅来论述设计的灵活性其实是一个相当严格的灵活，是建立在充分评估和审慎批准基础上的。对于美国国家公路网的项目，要求所有的超标设计必须以一定的方式加以论证并备有论证说明，论证评估的内容应包括：

1）结合交通特性、历史交通事故调查和前后路段状况，评价超标设计对公路运行安全影响。

2）结合公路项目类型、使用功能及交通量等，评价超标设计的功能适用性。

3）评价如果坚持达到标准引起的工程造价，以及对公路自然景观、社会景观或其他景观要素的影响。

4）最后应该评价设计指标需要被降低到何种程度、超标指标的采用可能引起的连锁反应（影响其他指标），以及能否通过降低其他设计要素减轻这一问题。

美国《公路设计灵活性》特别要求，对表1.1-7所列的13项主要影响公路功能、安全的设计控制指标，必须经过政府的正式批准后，方可采用超标设计。

需政府批准方可采用超标设计的13项设计控制指标　　表1.1-7

序　号	指　标	序　号	指　标	序　号	指　标
1	设计车速	6	平曲线	11	超高
2	车道宽度	7	竖曲线	12	竖向净空
3	路肩宽度	8	纵坡	13	横向净距
4	桥梁宽度	9	停车视距		
5	构造物通行能力	10	横坡		

3. 宽容设计新理念

（1）交通事故不应以人的生命为代价

世界卫生组织委托世界银行的研究结果表明，1990年世界范围内总死亡人数为5046.7万人、非正常死亡人数为335.4万人，其中因交通事故死亡99.9万人（医院、卫生部门统计口径，主要因交通事故而死亡的皆归为交通事故死亡；目前国内较权威的估计是每年交通事故死亡约50万人），居人类主要死亡原因的第10位，占总死亡人数的2.0%、非正常死亡的人数的29.8%。有关数据同时显示，在世界的总人口中，每年有近1.9%的人死于交通事故，20世纪全世界因交通事故累计死亡2585万人，比第一次世界大战中死亡的人数还要多。因此，有法国专家发表评论："……汽车同时也是一个伤人性交通工具，它比战车更具危害。战车杀人只发生在战争期间、只发生在战场上、只杀敌人，而汽车杀人不受时间、地点和敌、我、友的限制……"。

道路交通事故类型多种多样。导致交通事故的主要原因包括人（含驾驶人在内的道路使用者）、车（车辆性能）、路（道路交通条件）三方面因素，交通事故所造成的损失则包括人员伤亡、经济损失、社会损失等诸多方面。大量的道路交通事故均伴随着人员（驾驶人等道路使用者）伤亡的代价。提高道路交通安全是一个系统工程，需要同时达到行为安全（Behavioral Safety）、车辆安全（Vehicle Safety）和环境安全（Environmental Safety）。美国将其概括为三个安全战略目标，具体划分为规范驾驶人等公路使用者行为、提高车辆性能、改善道路交通条件、形成高效的紧急救护系统、严密的安全组织管理五部分内容。然而，行为安全（公路使用者素质提高）、车辆安全（车辆性能改善）的提高是一个战略性的长期发展目标，社会发展、科技进步的渐进性决定其必然需要经历漫长的发展过程；此外，任何道路交通事故均不同程度存在着必然性和偶然性，任何发展阶段均无法彻底根除偶然交通事故对人类生命安全的威胁。

道路交通事故“不应该以人的生命为代价”。美国、澳大利亚等发达国家认识到交通事故的规律性和提高行为安全、车辆安全是一项长期艰巨的任务后，提出了从改善环境安全入手，通过优化道路设计，从而弥补行为安全、车辆安全的不足，消除必然交通事故、降低偶然事故概率。从道路设计角度，多个设计控制要素对交通安全存在影响，总体上可归并为两个方面：线形设计和路侧设计。线形设计包括平、纵、横的线形设计，路侧设计包括净区宽度、路侧边坡、排水设施、交通工程等，见表 1.1-8。一般认为，线形设计和路侧设计对提高道路交通安全具有不同的效果；一个基于人、车、路的人性化线形设计可消除特定的必然交通事故；宽容的路侧设计可降低偶然交通事故概率、减轻事故损失；而常规意义的护栏则是挽救驾乘人员生命的底线。

影响道路安全的设计要素　　表 1.1-8

项　目	影响因素	设计要素
线形设计	平曲线	平曲线度/半径
		超高
	竖曲线	纵向坡度
		纵向坡度
		竖曲线坡差/半径
	路基横断面	车道数量
		车道宽度
		路肩形式
线形设计	路基横断面	路肩宽度
		中间隔离带形式
		中间隔离带宽度
路侧设计	路侧	路侧净区
		横向边坡坡度
		排水边沟设计
		路侧隔离墩/栏
		中央分隔带隔离墩/栏

(2) 人性化的线形设计——运行速度理论

人性化线形设计是基于驾驶人行为、车辆性能和道路交通条件的线形设计，其与车速设计体系密切相关。

1) 运行车速和设计车速理论

目前国际上较多采用运行车速、设计车速（计算行车速度）两种设计体系，其中欧洲、澳大利亚等大多数国家采用运行车速，包括我国、美国在内的部分国家采用设计车速（美国在实际设计中已经融合了运行车速理论思想）。设计车速是指在行车条件良好、公路设计特征均能起到控制作用的情况下，一条公路上能保持的最高安全速度，作为公路路线设计的基础指标，设计车速用于规定线形的最低设计标准；运行车速是在单元路段上车辆的实际行驶速度，因不同车辆在行驶过程中可能采用不同车速，通常按统计学中测定的从高速到低速排列的第 85 个百分点车辆行驶速度作为运行车速，有别于设计车速的人为规定特点，运行车速是一个统计学指标，是单元路段状况决定的客观上车辆实际的行驶速度。

多年实践显示，“设计车速”方法本身存在一定缺陷。设计车速对某一特定路段而言是一个固定值，而在实际驾驶行为中，没有任何驾驶人自始至终去恪守这一固定车速，实际行驶速度总是随公路线形、车辆动力性能等各种条件而变化的。只要条件允许，驾驶者总是倾向采用较高速度行驶。因此，仅仅依据路段设计车速确定的线形指标不能满足公路使用者安全行车要求。

2）运行车速理论的核心

相关研究显示，某一路段的运行车速主要受驾驶人行为、交通特征（车辆状况）和公路状况三方面因素影响，驾驶人在公路上的行驶速度是根据自己对车辆性能的了解、对前方公路线形和路况等的直觉判断来调整的，他们不清楚也不必清楚行驶路段的设计车速。运行车速理论的核心正是从这种实际行驶状态出发，针对不同车型，通过降低相邻路段的容许速度差，通过相邻路段所能提供的不同容许速度的级差控制，达到线形协调、消除安全隐患的目的。运行车速理论并不关注局部路段线形指标的高低，甚至这个指标是否突破规范底线都不重要。因此，运行车速理论是从车辆性能和驾驶人行为的实际出发，能够充分保证路线线形与车辆实际行驶速度的协调。

3）运行车速设计内容

运行车速设计的实质是通过控制相邻路段线形指标的协调，使车辆实际运行车速相对均衡，达到行驶安全和舒适。运行车速设计的主要内容包括：

① 两连续平曲线或连续的曲线和直线之间平面指标应均衡，若相临路段运行车速差超限，应进行线形调整，或增大低指标或降低高指标；

② 按路段实际运行速度相应设置缓和曲线、超高以及超高渐变率等。

（3）宽容的路侧设计

1）美国宽容路侧设计理念的发展历程及效果

美国是一个发达国家，经济活动活跃、人员流动频繁、公路里程长、机动车拥有量高（每千人机动车拥有量达 779 辆，我国仅约 40 辆）。但是自 20 世纪 60 年代中期至今，美国历年道路交通事故死亡人数一直在 4 万人上下波动（我国 1999 年为 8.4 万人），考虑机动车数量和行驶里程已增长至原来的 2.5 倍，美国的亿车英里死亡率实际上已降低至原来的一半以下。那么，在世界大量国家和地区，尤其是在亚洲和太平洋地区等发展中国家交通事故死亡率不断攀升的同时，美国是通过什么方法取得了交通事故死亡率明显下降的效果呢？这主要得益于美国始于 20 世纪 60 年代，花费 40 年时间进行完善和推广，到目前已经被全社会和全行业广泛接受的“宽容路侧设计理念”以及相应的规划、设计方法。

美国有关统计资料显示，约 1/3 的道路交通事故是单车冲出路面所致的路侧碰撞事故。考察单车冲出路面的原因，不乏因设计不完善、管理不力等所埋下的安全隐患（如视线不良、路面障碍未及时清除），同时也包括了大量诸如恶劣天气影响，甚至驾驶人失误等偶然因素，但无论是何种因素造成事故，宽容的路侧设计均可避免或减轻路侧事故损失。

2）宽容路侧设计的主要内容

围绕交通事故“不应该以人的生命为代价”的理念，美国宽容路侧设计理念提出了“路侧净区（Clear Recovery Zone）”概念，并将路侧净区设计作为完整设计中的一个重要组成部分。路侧净区设计容许过错车辆一定程度驶离路面，并为驶离路面的车辆提供一个安全返回的空间。路侧净区具体包括净区宽度、净区内边坡坡度、净区内排水设施和交通设施等方面内容。

① 净区宽度

在有条件的路段，包括中间带和路侧，提供足够的横向宽度，使得冲出路面的车辆在这个范围内能够有足够的时间和距离进行操作，转向并且返回路面；

② 宽容的边坡

无论路堑或路堤，边坡坡度不能太陡，不可导致车辆翻车，甚至能够使车辆安全返回(美国大量的研究和实验表明，缓于1∶3的边坡不会导致翻车，但车辆不能自行驶回；缓于1∶4则能使车辆自行返回路面)。

③ 宽容的排水设施

不设突出的拦水缘石、不设不可逾越的边沟，采用宽浅的边沟形式，行道树栽植在净区以外等，不使净区内的排水结构物阻挡或颠覆车辆。

④ 宽容的交通工程

标志的杆柱、护栏等保证安全的设施，其本身不应成为交通安全的隐患。如发生碰撞时，可解体的标志立柱可以被剪断，采用的柔性护栏更有利于消能等。

1.1.7 节能减排和绿色施工新理念

1. 公路工程节能减排

2005年6月及7月，国务院相继出台了《国务院关于做好建设节约型社会近期重点工作的通知》(国发［2005］21号) 和《国务院关于加快发展循环经济的若干意见》(国发［2005］22号)，强调坚持资源开发与节约并重，把节约放在首位。要求紧紧围绕实现经济增长方式的根本性转变，以提高资源利用效率为核心，以节能、节水、节材、节地、资源综合利用和发展循环经济为重点，加快结构调整，推进技术进步，加强法制建设，完善政策措施，强化节约意识，尽快建立健全促进节约型社会建设的体制和机制，逐步形成节约型的增长方式和消费模式，以资源的高效和循环利用，促进经济社会可持续发展。《中华人民共和国节约能源法》于2007年10月28日由中华人民共和国第十届全国人民代表大会常务委员会第三十次会议修订通过，自2008年4月1日起施行。节约资源是我国的基本国策。国家实施节约与开发并举、把节约放在首位的能源发展战略。所谓能源，是指煤炭、石油、天然气、生物质能和电力、热力以及其他直接或者通过加工、转换而取得有用能的各种资源。所谓节约能源(以下简称节能)，是指加强用能管理，采取技术上可行、经济上合理以及环境和社会可以承受的措施，从能源生产到消费的各个环节，降低消耗、减少损失和污染物排放、制止浪费，有效、合理地利用能源。国务院提出，发展循环经济的基本原则是：坚持走新型工业化道路，形成有利于节约资源、保护环境的生产方式和消费方式；坚持推进经济结构调整，加快技术进步，加强监督管理，提高资源利用效率，减少废物的产生和排放；坚持以企业为主体，政府调控、市场引导、公众参与相结合，形成有利于促进循环经济发展的政策体系和社会氛围。

2007年6月3日，国务院同意发展改革委会同有关部门制定的《节能减排综合性工作方案》，该方案指出：《中华人民共和国国民经济和社会发展第十一个五年规划纲要》提出了“十一五”期间单位国内生产总值能耗降低20%左右，主要污染物排放总量减少10%的约束性指标。这是贯彻落实科学发展观，构建社会主义和谐社会的重大举措；是建设资源节约型、环境友好型社会的必然选择；是推进经济结构调整、转变增长方式的必由之路；是提高人民生活质量，维护中华民族长远利益的必然要求。

当前，实现节能减排目标面临的形势十分严峻。去年以来，全国上下加强了节能减排工作，国务院发布了加强节能工作的决定，制定了促进节能减排的一系列政策措施。与此同时，各方面工作仍存在认识不到位、责任不明确、措施不配套、政策不完善、投入不落实、协调不得力等问题。这种状况如不及时扭转，不仅今年节能减排工作难以取得明显进展，“十一五”节能减排的总体目标也将难以实现。

我国经济快速增长，各项建设取得巨大成就，但也付出了巨大的资源和环境代价，经济发展与资源环境的矛盾日趋尖锐，群众对环境污染问题反应强烈。这种状况与经济结构不合理、增长方式粗放直接相关。不加快调整经济结构、转变增长方式，资源支撑不住，环境容纳不下，社会承受不起，经济发展难以为继。只有坚持节约发展、清洁发展、安全发展，才能实现经济又好又快发展。同时，温室气体排放引起全球气候变暖，备受国际社会广泛关注。进一步加强节能减排工作，也是应对全球气候变化的迫切需要，是我们应该承担的责任。

各地区、各部门要充分认识节能减排的重要性和紧迫性，真正把思想和行动统一到中央关于节能减排的决策和部署上来。要把节能减排任务完成情况作为检验科学发展观是否落实的重要标准，作为检验经济发展是否“好”的重要标准，正确处理经济增长速度与节能减排的关系，真正把节能减排作为硬任务，使经济增长建立在节约能源资源和保护环境的基础上。

近年来，围绕公路节能与减排，我国公路建设者们主要在以下方面作出了努力：

(1) 积极推行节能设计、节能施工，采用新型节能材料。

(2) 公路施工及运营期间，注意节约用电。公路照明中，积极推广新型绿色照明节电技术，推广 LED 照明技术，按照绿色照明标准进行公开招标、采购，达到降低投资、提高照度。采用节能新光源，合理布置灯具位置，对路灯照明进行自动控制，节约用电，采用一般照明和局部照明相结合的混合照明和充分利用自然光照等措施，降低照明的能量消耗。隧道照明系统、通风系统、交通信号灯控制系统、交通工程系统均应采用节能设计和节能新工艺、新材料、新措施。减少热量排放及大气污染的排放。

(3) 节约并合理利用水资源。供、用水管网严格查漏堵漏，施工办公场所、收费站、养护管理场所等公共场所应采用免冲厕所，推广节水龙头等节水技术。尽量采用分质供水、一水多用的节水、中水回用改造、冷却水循环使用和水资源综合利用技术，减少了成本支出，向循环经济的模式发展。减少污染水的排放。

(4) 提高了能源和资源的利用效率。公路工程施工时，保证挖掘机、压路机、空压机、摊铺机等各类机械的具有良好的工况，减少油耗及机械零部件的磨损，提供劳动效率。柴油机、内燃机车要采用新型节油技术。尽量将沥青搅拌站燃油加温改造为液化天然气燃烧器加温或者电加温。减少施工机械的尾气排放。

(5) 开发利用新能源和可再生能源。利用太阳能解决收费站、养护管理场所职工生活使用热水。施工时对废机油、废变压器油、废电解液、废旧钢轨、废旧物资回收再生利用。新建工程项目中，扩大对太阳能、地热能等新型能源的利用，减少了石油、煤炭等不可再生能源的消耗。减少废液、固体废物的排放。

(6) 管理用房采暖设计应按国家标准《民用建筑热工设计规范》(GB50176) 的规定执行，并应以耗热量作为建筑节能的控制指标。门窗宜采取下列节能技术措施：选择符合国家规定的节能型门窗、设置密封条以阻止门窗受冷风渗透、增加玻璃层数以改善窗户的保温性能；对墙体宜采取下列节能技术措施：外墙宜采用外保温复合墙或内保温复合墙、宜采用空心黏土砖或空心砌块等墙体材料；屋面保温层宜采用容重小、导热系数小且吸水率较小的保温材料。

（7）少占耕地，节约临时用地及永久建设用地。对项目部、搅拌站、堆料场、施工便道等临时设施用地做好统筹规划、整体安排，用后复耕。

2. 公路工程环境保护及路域生态系统

（1）路域生态系统

公路项目建成以后，随着绿化和生态恢复为主的环保工程的实施，出现了一个新的生态系统，称为“路域生态系统”。它的范围，应包括公路征地范围内的用地，宽约50～70m，数十至数百公里的地带。它的非生物环境包括中央分隔带、土路肩、上、下边坡、排水沟、隔离栅、隧道、桥梁、声屏障等构造及其周围，以及立交区、服务区、管理所等，还有取、弃土场地、临时道路等需要复垦的土地等，生物因子有路域的各种乡土或外来的绿化植物、许多小型哺乳和爬行动物、灌丛中栖息的鸟类、农田迁来的害虫和天敌、排水沟和水体中栖息的两栖类和鱼类等。这一系统中的成分、结构、演替等，比周围自然生态系统单纯，比周围农业生态系统复杂。这里具有以下特点：

1）纵向长距离的线性地域，同时植被呈现单元性的节奏变化。

2）横断面分阶而成条形基地，植被立体三维布置。

3）地区间的联系带来新物种，使沿线生物多样性发生变化，并且在光、湿、热条件变化的综合作用下，引起本地群落的改观。同时也提供了有害生物入侵的途径。

4）模仿自然之生态群落，在人为的帮助下，短期达到稳定的顶级生态群落。

5）沿线生物群落之间的密切联系，会很好地促进植物和动物群落的各种演替过程，从而有利于群落的稳定。

6）生态工程有利于景观美感，有利于交通安全。

7）承受废气、废水等环境压力，突出污染防治作用。

针对“路域生态系统”，明确以提高安全和舒适性，以及美化、生态恢复和优化等为目的，按照事先设计的步骤，采用土木工程材料的同时，注重生物材料，这样进行的设计与实施，被称为“公路生态工程”。它打破了原“绿化”观念带来的一种先主体、再绿化的印象，明确“生态工程”即是主体工程的一部分，有利于这项工作的落实。

“公路生态工程”的理论建立于生态学基本理论的基础上，同时主要针对被破坏的公路沿线环境，强调恢复与优化，因而具有公路行业的特点和很强的实践意义，具有交叉科学的特征。它强调以下的指导思想：

① 工程防护为“骨架”，生物材料为“血肉”，既有土木工程坚实的基础，又发挥生物材料稳定性强、自然优美、生态平衡的特色，两相配合，共同协调，各展所长。

② 用“演替”的长远观点，建立植物和动物的整体有机的生态系统，维持其长期稳定。

③ 在不同条件下，采用人工恢复和自然恢复手段，注重高效、经济。

④ 公路生态绿化工程具有防护和绿化的双重作用，既是国土绿化重要的组成部分，同时要具有防治水土流失等工程病害、保障交通安全的作用，使公路舒适、优美，自然协调地融合于周围环境之中。

（2）公路工程对声环境的影响与防治措施

在公路施工期间，各种作业机械和运输车辆产生施工噪声，对环境产生一定影响。

在筑路施工现场，随着工程进度，采用不同的机械设备。如在路基阶段有：挖掘机、推土机、装载机、凿岩机、平地机、压路机等；在路面阶段有：水泥混凝土拌合设备、沥青混凝土拌合设备、砂浆搅拌机、混凝土切缝机、起重机、沥青摊铺机等；在桥梁和互通立交桥施工中有钻孔灌注桩机等；此外，柴油发电机（施工人员办公生活区供电设施的备用电源）、空压机、轴流风机、破碎机、大吨位载重汽车（整个施工过程）、爆破作业（开山段）等都是强噪声源。

以上大多数施工机械 5m 处的声级在 80～90dB 之间，运输车辆 7.5m 处的声级在 80～86dB 之间，主要施工机械不同距离处的噪声级如表 1.1-9 所示。当多台不同机械同时作业时，声级将叠加，增加值在 1～8dB 之间，视施工机械的种类、数量、相对分布的距离等因素而不同。

除了打桩和爆破作业外，其他施工阶段的一般施工噪声的达标距离，在昼间约需 60m，而在夜间则需 200m，甚至更远。因此，大型施工场地的选址，应尽可能离开居民集中点 200m 以外，否则应停止夜间高噪声作业的施工。

主要施工机械不同距离处的噪声级（单位：dB） **表 1.1-9**

机械名称 \ 距离(m)	5	10	20	40	60	80	100	150	200	300
装载机	90	84	78	72	68.5	66	64	60.5	58	54.5
振动式压路机	86	80	74	68	64.5	62	60	56.5	54	50.5
推土机	86	80	74	68	64.5	62	60	56.5	54	50.5
平地机	90	84	78	72	68.5	66	64	60.5	58	54.5
挖掘机	84	78	72	66	62.5	60	58	54.5	52	48.5
摊铺机	87	81	75	69	65.5	63	61	57.5	55	51.5
拌合机	87	81	75	69	65.5	63	61	57.5	55	51.5

减少公路施工对声环境的影响的防治措施：

1）合理选址

施工人员生活区、大型施工场地以及水泥混凝土拌合场、沥青混凝土拌合场、轧石厂的选址时，应尽可能远离学校、医院、幼儿园、敬老院、居民集中区等环境敏感点，最好在 200m 以上。如果达不到此要求，可对强噪声源采取消声、隔声、减振等措施。

2）选用低噪声低振动的施工工艺

例如用钻孔灌注桩或静压桩代替冲击桩；用多点少量（炸药）代替大剂量爆破；用挖掘机代替爆破。

3）加强施工机械和运输车辆的保养、维修。

4）环境敏感点附近施工防治措施。

在学校、医院、幼儿园、敬老院、居民集中区等环境敏感点附近施工时，应采取如下措施：

① 在施工场界设置临时隔声围护。

② 高噪声作业避开学校的上课时段、医院及敬老院的午间休息时段。

③ 夜间停止包括打桩在内的高噪声（高振动）作业，确需连续作业的，应报当地环保部门批准，并公告居民。

④ 利用学校的固定节假日、寒暑假进行某些特定的高噪声作业。

⑤ 夜间不准开山放炮。

(3) 公路施工对水环境的影响与防治措施

公路施工过程中对水环境的影响主要来自施工作业中的生产污水和施工人员生活污水两方面。施工作业的生产污水主要指工程中各大、中、小桥梁建设过程中钻孔桩污水和施工机械所产生的含油污水。

1) 桥梁施工的影响

桥梁施工中对水体的影响主要是桥桩建设时采用钻孔灌注桩，其对河道水体的影响主要是钻孔扰动河水使底泥浮起，使局部悬浮物（SS）增加，河水变得较为混浊。钻孔作业会产生一定量的钻渣和泥浆，由于钻渣和泥浆含水率高，特别是泥浆的含水率高达90%以上，须进行沉淀和干化等处置。另外，施工船舶将产生含油污水，含油污水量视船舶大小而水量不同，船舶含油污水若直接排入水域中，则会引起施工区域附近水面油污飘浮，影响水质。

另外在桥梁施工过程中，部分河道使用施工船舶，施工船舶的使用将会产生一定量的含油污水，若随意排入水体中，将会引起水体的石油类污染。

2) 施工物料流失的影响

公路建设由于建筑材料堆放、管理不当，特别是易流失的物资如黄沙、土方等露天堆放，遇暴雨时将可能被冲刷进入水体。尤其是在桥梁施工和靠近河道路段施工中容易发生物料流失。同时大桥的建设需要大量的建材，建材的运输量非常大，因此建材在运输过程中的散落，也会随雨水进入附近的水体；而施工中，如水泥拌合后若没有及时使用造成的废弃等，部分建材也会随雨水进入附近的水体。

3) 施工人员生活污水的影响

公路施工时，施工人员集中生活，在特大桥、大桥、互通等大型施工场地，施工人员可达数百人。如果施工营地生活污水直接排放，对附近河道会产生一定的污染。

4) 机修及洗车废水的影响

公路建设中的汽车维修站及施工设备维修站的污水，常含有泥沙和油类物质，若不经过处理直接排入周围水体，必将造成水域的油类污染。

5) 减少公路施工对水环境影响的防治措施

废水中含有有害和有用的物质，在解决废水问题时，主要应考虑的原则有：

① 实施清洁生产，减少废水量

首先从改革生产工艺入手，尽可能减少废水的排放量和废水的浓度，以减轻处理的负担和费用。改革了生产工艺甚至可能消除污染源。

② 开展科学研究，采用先进技术

开发研制技术先进、环境污染小的施工工艺是解决环境污染问题的有效途径，也是达到清洁生产的关键。先进的施工工艺还可缩短工期，使可能引起水体污染的机会减少。

浓度较高的废水，不应只是单纯处理，而应综合利用，在不同车间设置回收和利用设备（不同性质的废水如混合后，就难以进行回收利用了）。在废水处理站里，也应充分考虑回收利用。例如，石油炼厂的含油污水应考虑回收油脂。符合灌溉标准的废水，尽量去灌溉农田。如有可能还应尽量将废水进行循环使用。水在循环使用中所累积的杂质，应采取适当的处理措施去除。

在有些情况下，还可以将废水进行顺序使用，即将某一设备的排水供另一设备的进水使用。例如锅炉水力冲灰系统的用水可以采用任何车间所排的废水，只要这种废水没有臭味，不含挥发性物质。

③ 开展环境宣传，提高环境意识

公路施工过程中引起水污染的诸多工程环节都与人的行为直接有关，如桥梁施工、路基开挖、施工场地清理等工程环节中的废油、施工垃圾、弃土等的处置问题，只有整体施工人员的环保意识得到提高，环境问题才能得到较好解决。

④ 从全局出发，对废水进行妥善处理

选择适宜的工艺。治理污水是水污染防治的最后保障。选择治理工艺时既要技术先进，经济合理，而且要适宜环境状况，因地制宜。如符合灌溉标准的废水，应当尽量考虑用来灌溉农田。对不同功能的受纳水体，应选择不同程度的治理工艺。

（4）公路施工对大气环境的影响与防治措施

公路施工阶段，对空气环境的污染主要来自施工扬尘、施工车辆尾气及路面铺浇沥青的烟气。

1）车辆行驶扬尘对环境的影响

在公路施工过程中，车辆行驶产生的扬尘占总扬尘的60%以上。车辆行驶产生的扬尘，在完全干燥情况下，可按下列经验公式（1.1-1）计算：

$$Q = 0.123(V/5)(W/6.8)0.85(P/0.5)0.75 \tag{1.1-1}$$

式中 Q——汽车行驶的扬尘，kg/(km·辆)；

V——汽车速度，km/h；

W——汽车载重量，t；

P——道路表面粉尘量，kg/m^2。

在同样路面清洁程度条件下，车速越快，扬尘量越大；而在同样车速情况下，路面越脏，则扬尘量越大。因此限制车辆行驶速度及保持路面的清洁程度是减少汽车扬尘的最有效手段。如果施工阶段对汽车行驶路面勤洒水（每天4～5次），可以使空气中粉尘量减少70%左右，从而收到很好的降尘效果。

2）堆场扬尘对环境的影响

公路施工阶段扬尘的另一个主要来源是露天堆场和裸露场地的风力扬尘。由于施工需要，一些建筑材料露天堆放，一些施工作业点表层土壤需人工开挖且临时堆放，在气候干燥又有风的情况下，会产生扬尘。其扬尘量可按堆场起尘的经验公式（1.1-2）计算：

$$Q = 2.1(V_{50} - V_0)3e^{-1.023W} \tag{1.1-2}$$

式中 Q——起尘量，kg/(t·年)；

V_{50}——距地面50m处风速，m/s；

V_0——起尘风速，m/s；

W——尘粒的含水率，%。

起尘风速与粒径和含水率有关。因此，减少露天堆放和保证一定的含水率及减少裸露地面是减少风力起尘的有效手段。粉尘在空气中的扩散稀释与风速等气象条件有关，也与粉尘本身的沉降速度有关。粉尘的沉降速度随粒径的增大而迅速增大。当粒径为 250μm 时，沉降速度为 1.005m/s，因此可以认为当尘粒大于 250μm 时，主要影响范围在扬尘点下风向近距离范围内，而真正对外环境产生影响的是一些微小粒径的粉尘。

3）拌合扬尘对环境的影响

根据公路施工灰土拌合现场的扬尘监测资料分析，当采用路拌工艺施工时，路边 50m 处 TSP 小时浓度小于 1.0mg/m^3。储料场灰土拌合场附近相距 5m 下风向 TSP 小时浓度为 8.10mg/m^3；相距 100m 处，浓度为 1.65mg/m^3；相距 150m 已基本无影响。因此，灰土拌合应尽可能采取设置集中灰土拌合场方式进行，且距环境敏感点 300m 以上，以避免扬尘对环境敏感点的直接影响。

4）沥青烟气对环境的影响

大部分公路采用沥青混凝土路面。沥青混凝土路面施工阶段的空气污染除扬尘外，沥青烟气是主要污染源。在公路工程实施过程中，建设单位在工程招标文件中及在与施工单位的工程承包合同中应对施工单位提供的沥青拌合设备提出具体要求，沥青拌合设备必须带有除尘装置。

公路工程沥青混凝土拌合场的选址应在距村庄、学校等环境敏感点 300m 以上，以避免沥青烟气对这些敏感点的直接影响。沥青混凝土拌合场只要选用先进的生产设备和配有相应的废气处理设施，且选址适当、保证废气处理设施的正常运转，不会对环境带来很大的影响。

沥青铺浇路面时所产生的烟气，其污染物影响距离一般在 50m 之内，因此，当公路建设工地靠近村庄、学校时，沥青铺浇时，应尽量避免风向针对这些环境敏感点的时段，并尽量在保证质量的前提下缩短施工时间，以免对人群健康产生影响。

5）减少公路施工对大气污染防治措施

① 加强汽车维修保养，保证汽车正常、安全运行。

② 加强对施工机械的维修保养，合理安排运行时间，发挥其最大效率。

③ 加强运输管理，保证汽车安全、文明、按规定车速行驶。

④ 科学选择运输路线。

⑤ 运输道路应定时洒水，每天至少两次（上、下班）。

⑥ 粉状材料运输时应罐装或袋装，粉煤灰采用湿装湿运。土、水泥、石灰等材料运输时禁止超载，并盖篷布，如有洒落，应派人立即清除。

⑦ 沥青混凝土应集中拌合，合理安排沥青混凝土拌合场。采用先进的沥青混凝土拌合装置，并配备除尘设备、沥青烟气净化和排放设施。

⑧ 沥青混凝土拌合场不得选在环境敏感点上风向，与其距离应在 300m 以上。

⑨ 筑路材料堆放地点选在环境敏感点下风向，距离 100m 以上。

⑩ 遇恶劣天气堆料场应加篷覆盖。

⑪ 注意合理安排粉煤灰堆存地点及保护措施，减少堆存量并及时利用，必要时设围栏，并定时洒水防尘。

（5）建设项目环境影响评价

公路建设项目环境影响评价，是指对公路建设项目实施后可能造成的环境影响进行分析、预测和评估，提出预防或者减轻不良环境影响的对策和措施，并进行跟踪监测的方法与制度。在我国境内建设的对环境有影响的公路工程建设项目必须编制环境影响评价文件。环境影响评价文件的编制实行分类管理的办法。

① 可能造成重大环境影响的，应当编制环境影响报告书，对产生的环境影响进行全面评价。

② 可能造成轻度环境影响的，应当编制环境影响报告表，对产生的环境影响进行分析或者专项分析。

③ 对环境影响很小，不需要进行环境影响评价的，应当填报环境影响登记表。

环境影响评价大纲由建设单位上报有审批权的环境保护行政主管部门，同时抄报有关部门。有审批权的环境保护行政主管部门负责组织对评价大纲的审查，审查批准后的评价大纲作为环境影响评价工作和收费依据。建设单位根据环境保护行政主管部门对大纲的意见和要求，与评价单位签订合同开展工作。

1）环境影响评价的依据

① 1998 年 11 月 18 日国务院第 10 次常务会议通过，1998 年 11 月 29 日中华人民共和国国务院令第 253 号发布，自发布之日起施行的《建设项目环境保护管理条例》。

② 1999 年 4 月 21 日国家环境保护总局环发［1999］107 号文《关于执行建设项目环境影响评价制度有关问题的通知》。

③ 2002 年 10 月 28 日第九届全国人民代表大会常务委员会第三十次会议通过，同日国家主席令第 77 号公布，自 2003 年 9 月 1 日起施行的《中华人民共和国环境影响评价法》。

④ 2003 年 4 月 11 日中华人民共和国交通部第 3 次常务会议通过，2003 年 5 月 13 日中华人民共和国交通部令 2003 年第 5 号公布，自 2003 年 6 月 1 日起施行的《交通建设项目环境保护管理办法》。

2）环境影响评价的目的

加强公路建设项目环境保护管理，预防公路建设项目对环境造成不良影响，促进公路事业可持续发展。

3）环境影响评价的评价机构

公路建设项目的环境影响评价工作，由建设单位自主选择熟悉公路建设项目施工工艺、污染物排放和生态损害及其防治对策，具备公路建设项目工程分析能力，依法取得相应的资格证书，并向交通管理部门办理备案手续的机构承担。

评价机构应当按照由国家环境保护总局颁发的《环境影响评价资格证书》确定的等级、评价范围，从事公路建设项目的环境影响评价服务，并对评估结论负责。对填写环境影响登记表的单位无资格要求。

任何单位和个人不得为建设单位指定任何机构进行建设项目环境影响评价。

（6）公路竣工环境保护验收

公路建设项目竣工环境保护验收是指公路建设项目竣工后，环境保护行政主管部门依据《建设项目竣工环境保护验收管理办法》，根据环境保护验收监测或调查结果，并通过现场检查等手段，考核该公路建设项目是否达到环境保护要求的活动。

1）公路竣工环境保护验收的依据

① 2001年12月11日经国家环境保护总局第12次局务会议通过，2001年12月20日国家环境保护总局令第13号发布，2002年2月1日起施行的《建设项目竣工环境保护验收管理办法》。

② 2003年4月11日经中华人民共和国交通部第3次部务会议通过，2003年5月13日中华人民共和国交通部令2003年第5号公布，自2003年6月1日起施行的《交通建设项目环境保护管理办法》。

2）公路竣工环境保护验收的目的

加强公路建设项目环境保护管理，监督落实环境保护措施，防治环境污染和生态破坏。

3）公路竣工环境保护验收的验收条件

① 建设前期审查、审批手续完备，技术资料与环境保护档案资料齐全。

② 环境保护设施及其他措施等已按批准的环境影响评价文件和设计文件的要求建成或者落实。

③ 环境保护设施安装质量符合国家和有关部门颁发的专业工程验收规范、规程和检验评定标准。

④ 具备环境保护设施正常运转的条件，包括：经培训合格的操作人员，健全的岗位操作规程及相应的规章制度，原料、动力供应落实，符合交付使用的其他条件。

⑤ 污染物排放符合环境影响评价文件中提出的标准及核定的污染物排放总量控制指标的要求。

⑥ 各项生态保护措施按环境影响评价文件规定的要求落实，项目建设过程中受到破坏并可以恢复的环境已按规定采取了恢复措施。

⑦ 环境监测项目、点位、机构设置及人员配备，符合环境影响评价文件和有关规定的要求。

⑧ 环境影响评价文件提出需对环境保护敏感点进行环境影响验证、施工期环境保护措施落实情况进行工程环境监理的，已按规定要求完成。

4）公路竣工环境保护验收的验收方法

公路建设项目竣工后，建设单位应当向有审批权的（即审批该建设项目环境影响评价文件的）环境保护行政主管部门申请环境保护设施竣工验收，同时报县级以上人民政府交通主管部门。省级以上人民政府交通主管部门按规定组织公路建设项目的竣工验收，应当有交通环境保护机构参加。

公路建设项目的建设单位、设计单位、施工单位、监理单位、环境影响报告书（表）编制单位、环境保护验收调查报告（表）的编制单位应当参与验收。

对填报建设项目竣工验收登记卡的建设项目，环境保护行政主管部门经过核查后，可直接在环境保护验收登记卡上签署意见，作出批准决定。

国家对建设项目竣工环境保护验收实行公告制度。环境保护行政主管部门应定期向社会公告建设项目竣工环境保护验收结果。

5）公路竣工环境保护验收的验收范围

① 与公路建设项目有关的各项环境保护设施，包括为防治污染和保护环境所建成或

配备的工程、设备、设施和监测手段，各项生态环境保护设施。

② 环境影响评价文件和有关项目设计文件规定应采取的其他各项环境保护措施。

3. 公路工程绿色施工

所谓绿色施工，是指工程建设中，在保证质量、安全等基本要求的前提下，通过科学管理和技术进步，最大限度地节约资源与减少对环境负面影响的施工活动，实现环境保护、节能与能源利用，节材与材料资源利用、节水与水资源利用、节地与土地资源保护（以下简称“四节一环保”）。住房和城乡建设部于2007年9月10日印发《绿色施工导则》（建质［2007］223号），该导则指出：我国尚处于经济快速发展阶段，作为大量消耗资源、影响环境的建筑业，应全面实施绿色施工，承担起可持续发展的社会责任。绿色施工是建筑全寿命周期中的一个重要阶段。实施绿色施工，应进行总体方案优化。在规划、设计阶段，应充分考虑绿色施工的总体要求，为绿色施工提供基础条件。实施绿色施工，应对施工策划、材料采购、现场施工、工程验收等各阶段进行控制，加强对整个施工过程的管理和监督。住房和城乡建设部于2010年10月1日起发布实施国家标准《建筑工程绿色施工评价标准》（GB/T50640－2010）。《建筑工程绿色施工评价标准》的主要内容为：

（1）绿色施工基本规定

1）绿色施工评价应以建筑工程项目施工过程为对象，以“四节一环保”为要素进行。

2）推行绿色施工的项目，应建立绿色施工管理体系和管理制度，实施目标管理，施工前应在施工组织设计和施工方案中明确绿色施工的内容和方法。

3）实施绿色施工，建设单位应履行下列职责：

① 对绿色施工过程进行指导。

② 编制工程概算时，依据绿色施工要求列支绿色施工专项费用。

③ 参与协调工程参建各方的绿色施工管理。

4）实施绿色施工，监理单位应履行下列职责。

① 对绿色施工过程进行督促检查。

② 参与施工组织设计施工方案的评审。

③ 见证绿色施工过程。

5）实施绿色施工，施工单位应履行下列职责：

① 总承包单位对绿色施工过程负总责，专业承包单位对其承包工程范围内的绿色施工负责。

② 项目经理为绿色施工第一责任人，负责建立工程项目的绿色管理体系，组织编制施工方案，并组织实施。

③ 组织进行绿色施工过程的检查和评价。

6）绿色施工应做到：

① 根据绿色施工要求进行图纸会审和深化设计。

② 施工组织设计及施工方案应有专门的绿色施工章节，绿色施工目标明确，内容应涵盖“四节一环保”要求。

③ 工程技术交底应包含绿色施工内容。

④ 建立健全绿色施工管理体系。

⑤ 对具体施工工艺技术进行研究，采用新技术、新工艺、新机具、新材料。

⑥ 建立绿色施工培训制度，并有实施记录。

⑦ 根据检查情况，制定持续改进措施。

(2) 绿色施工评价框架体系

1) 绿色施工评价宜按地基与基础工程、结构工程、装饰装修与机电安装工程等三个阶段进行。

2) 绿色施工应依据环境保护、节材与材料资源利用、节水与水资源利用、节能与能源利用和节地与施工用地保护等五个要素进行评价。

3) 针对不同地区或工程应进行环境因素分析，对评价指标进行增减，并列入相应要素评价。

4) 绿色施工评价要素均包含控制项、一般项、优选项三类评价指标。

5) 绿色施工评价分为不合格、合格和优良三个等级。

6) 应采集和保存过程管理资料、见证资料和自检评价记录等绿色施工资料。

7) 绿色施工评价框架体系如图 1.1-25 所示。

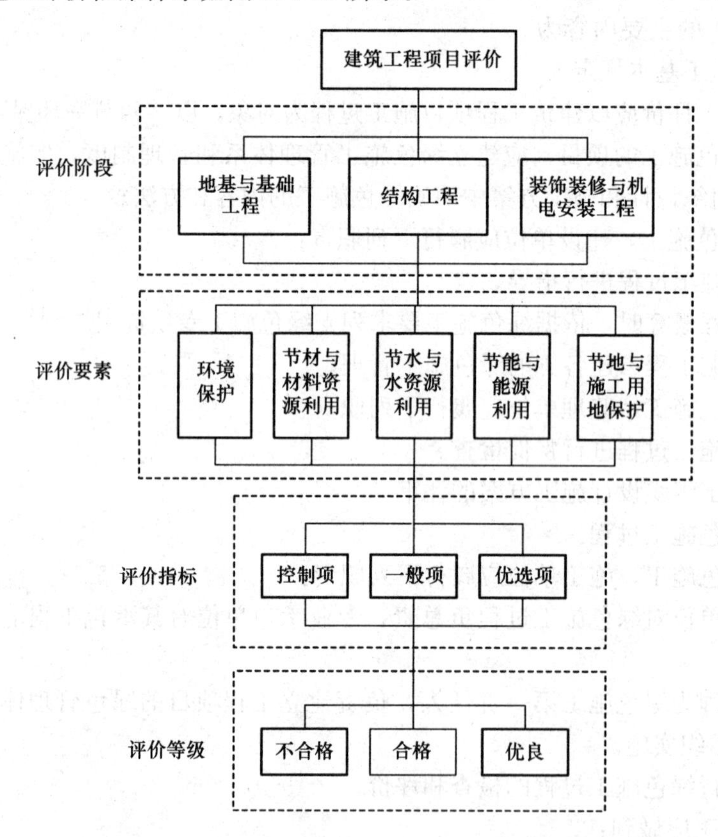

图 1.1-25 绿色施工评价框架体系图

(3) 节材与材料资源利用评价指标

分为控制项、一般项及优选项三部分。

1) 根据就地取材的原则进行材料选择并有实施记录。

2) 机械保养、限额领料、废弃物再生利用等制度健全。

3）材料的选择：

① 施工选用绿色、环保材料。

② 临建设施采用可拆迁、可回收材料。

③ 利用粉煤灰、矿渣、外加剂等新材料，降低混凝土及砂浆中的水泥用量。

4）材料节约：

① 采用管件合一的脚手架和支撑体系。

② 采用工具式模板和新型模板材料，如铝合金、塑料、玻璃钢和其他可再生材质的大模板和钢框镶边模板。

③ 材料运输方法科学，运输损耗率低。

④ 优化线材下料方案。

⑤ 面材、块材镶贴，做到预先总体排版。

⑥ 因地制宜，采用利于降低材料消耗的四新技术。

⑦ 提高模板、脚手架体系的周转率。

5）资源再生利用：

① 施工废弃物回收利用率达到 50%。

② 现场办公用纸分类摆放，纸张两面使用，废纸回收；

③ 废弃物线材接长合理使用；

④ 板材、块材等下脚料和撒落混凝土及砂浆科学利用；

⑤ 临建设施充分利用既有建筑物、市政设施和周边道路。

6）施工采用建筑配件整体化或建筑构件装配化安装的施工方法。

7）主体结构施工选择自动提升、顶升模架或工作平台。

8）建筑材料包装物回收率 100%。

9）现场使用预拌砂浆。

上述评价指标中，1)、2)属于控制项；3)～5)属于一般项；6)～9)属于优选项。

(4) 节水与水资源利用评价指标

分为控制项、一般项及优选项三部分。

1）签订标段分包或劳务合同时，将节水指标纳入合同条款。

2）有计量考核记录。

3）节约用水

① 根据工程特点，制定用水定额。

② 施工现场供、排水系统合理适用。

③ 施工现场办公区、生活区的生活用水采用节水器具。

④ 施工现场对生活用水与工程用水分别计量。

⑤ 施工中采用先进的节水施工工艺。

⑥ 混凝土养护和砂浆搅拌用水合理，有节水措施。

⑦ 管网和用水器具无渗漏。

4）水资源的利用：

① 合理使用基坑降水。

② 冲洗现场机具、设备、车辆用水，应设立循环用水装置。

5）施工现场建立水资源再利用的收集处理系统。

6）喷洒路面、绿化浇灌不用自来水。

7）现场办公区、生活区节水器具配置率达到100%。

8）基坑施工中的工程降水储存使用。

9）生活、生产污水处理使用。

10）现场使用经检验合格的非传统水源。

上述评价指标中，1）、2）属于控制项；3）、4）属于一般项；5）～10）属于优选项。

（5）节能与能源利用评价指标

分为控制项、一般项及优选项三部分。

1）对施工现场的生产、生活、办公和主要耗能施工设备设有节能的控制措施。

2）对主要耗能施工设备定期进行耗能计量核算。

3）不使用国家、行业、地方政府明令淘汰的施工设备、机具和产品。

4）临时用电设施：

① 采取节能型设备（线路、变压器、配变电条文说明）。

② 供电设施配备合理。

③ 照明设计满足基本照度的规定，不得超过+5%～-10%。

5）机械设备：

① 选择配置施工机械设备考虑能源利用效率。

② 施工机具资源共享。

③ 定期监控重点耗能设备的能源利用情况，并有记录。

④ 建立设备技术档案，定期进行设备维护、保养。

6）临时设施：

① 施工临时设施结合日照和风向等自然条件，合理采用自然采光、通风和外窗遮阳设施。

② 临时施工用房使用热工性能达标的复合墙体和屋面板，顶棚宜采用吊顶。

7）材料运输与施工

① 建筑材料的选用应缩短运输距离，减少能源消耗。

② 采用能耗少的施工工艺。

③ 合理安排施工工序和施工进度。

④ 尽量减少夜间作业和冬期施工的时间。

8）根据当地气候和自然资源条件，合理利用太阳能或其他可再生能源。

9）临时用电设备采用自动控制装置。

10）照明采用声控、光控等自动照明控制。

11）使用国家、行业推荐的节能、高效、环保的施工设备和机具。

12）办公、生活和施工现场，采用节能照明灯具的数量大于80%。

上述评价指标中，1)～3)属于控制项；4)～7)属于一般项；8)～12)属于优选项。

（6）节地与土地资源保护评价指标

分为控制项、一般项及优选项三部分。

1）施工场地布置合理，实施动态管理。

2）施工临时用地有审批用地手续。

3）施工单位应充分了解施工现场及毗邻区域内人文景观保护要求、工程地质情况及基础设施管线分布情况，制订相应保护措施，并报请相关方核准。

4）节约用地：

① 施工总平面布置紧凑，尽量减少占地。

② 在经批准的临时用地范围内组织施工。

③ 根据现场条件，合理设计场内交通道路。

④ 施工现场临时道路布置应与原有及永久道路兼顾考虑，充分利用拟建道路为施工服务。

⑤ 采用商品混凝土、预拌砂浆或使用散装水泥。

5）保护用地

① 采取防止水土流失的措施。

② 充分利用山地、荒地作为取、弃土场的用地。

③ 施工后应恢复施工活动破坏的植被，种植合适的植物。

④ 对深基坑施工方案进行优化，减少土方开挖和回填量，保护用地。

⑤ 在生态脆弱的地区施工完成后，应进行地貌复原。

6）临时办公和生活用房采用多层轻钢活动板房、钢骨架多层水泥活动板房等可重复使用的装配式结构。

7）对施工中发现的地下文物资源，应进行有效保护，处理措施恰当。

8）地下水位控制对相邻地表和建筑物无有害影响。

9）钢筋加工配送化和构件制作工厂化。

10）施工总平面布置能充分利用和保护原有建筑物、构筑物、道路和管线等，职工宿舍满足 $2.5m^2$/人的使用面积要求。

上述评价指标中，1)～3)属于控制项；4)、5)属于一般项；6)～10)属于优选项。

(7) 绿色施工评价程序与资料

1）单位工程绿色施工评价应在项目部和企业评价的基础上进行。

2）单位工程绿色施工应由总承包单位书面申请，在工程竣工验收前进行评价。

3）单位工程绿色施工评价应检查相关技术和管理资料，并听取施工单位《绿色施工总体情况报告》，综合确定绿色施工评价等级。

4）单位工程绿色施工评价结果应在有关部门备案。

5）单位工程绿色施工评价资料应包括。

① 绿色施工组织设计专门章节，施工方案的绿色要求、技术交底及实施记录。

② 绿色施工自检及评价记录。

③ 第三方及企业检查资料。

④ 绿色技术要求的图纸会审记录。

⑤ 单位工程绿色施工评价得分汇总表。

⑥ 单位工程绿色施工总体情况总结。

⑦ 单位工程绿色施工相关方验收及确认表。

1.2　公路工程施工项目管理新方法

1.2.1　高速公路工程项目管理模式

1. 山西晋侯高速公路的 BOT 管理模式

(1) 工程概况

山西省晋城至侯马高速公路位于山西省南部，是山西省公路网发展规划“三纵八横”的中南部地区主要通道之一。晋侯高速公路的 BOT 项目——阳城至侯马段，东起晋城市阳城县，西至侯马市，接大运高速，全长 131km，其中一期工程约 67km，建设工期四年。该段高速公路是山西省公路建设史上第一条 BOT 项目。一期工程是关门至侯马段，起点位于翼城县杨家庄（接阳城至关门段终点 K63＋020），经翼城县桥上镇、中卫乡、南唐乡、曲沃县西常乡、安居乡、至终点侯马市店头镇（K130＋101），接大运高速公路店头枢纽，路线全长约 66.738km。工程建设工期为 3 年，营运期为 30 年，于 2005 年 2 月正式开工，2007 年 11 月 6 日建成通车，历时近 3 年。

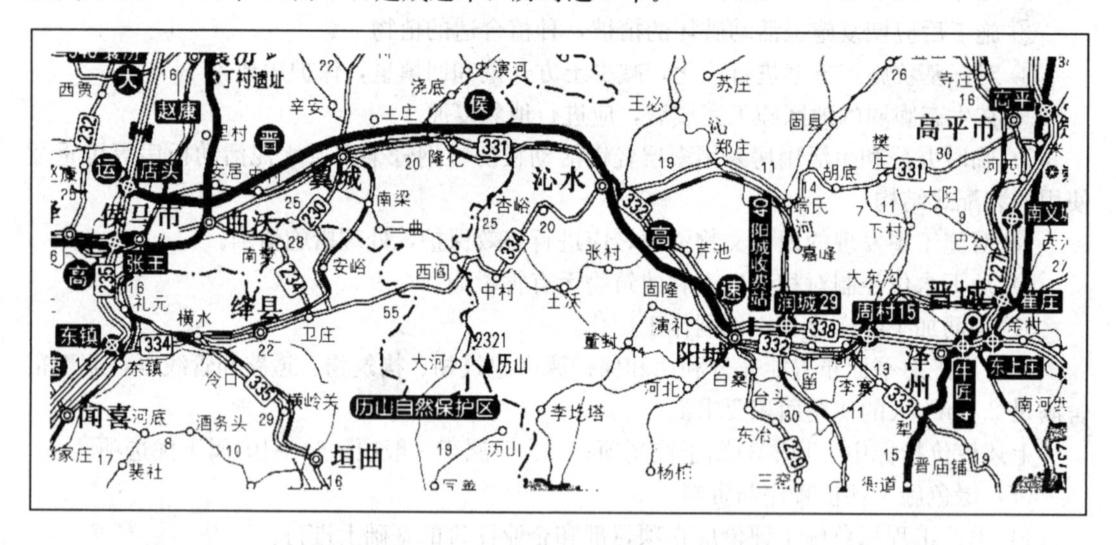

图 1.2-1　山西晋侯高速公路阳城至侯马段路线图

工程内容包括全线的路基、桥涵、隧道、路面、交通工程和绿化工程等。

项目的主体工程设计由山西省交通规划勘察设计院负责，交通工程及沿线设施（包括房建部分）设计由中国公路工程监理咨询总公司负责。

关门至侯马段按双向四车道高速公路标准建设，其中关门至翼城长 17.90km，计算行车速度 80km/h，路基宽度 23.0m；翼城至店头段长 48.838km，计算行车速度 100km/h，路基宽度 24.5m，桥涵与相应区段路基同宽。

全线桥涵设计车辆荷载采用汽车—超 20 级、挂车—120，地震基本烈度 7 度，其余技术指标符合交通部颁发《公路工程技术标准》(JTG B01—2003) 的规定值。

晋侯高速公路阳城至侯马段 BOT 项目的由来和项目业主的变更如下：

1998 年 12 月 31 日，山西省发改委（原山西省计委）对晋侯高速公路关门至侯马段项目建设做出批复，批复资金来源为山西省公路建设资金和银行贷款，建设工期 3 年。

1）由于当时山西省公路建设资金紧张，为多渠道吸纳社会资金，加快山西省公路建设，2001年4月3日，山西省交通厅与山西国能集团（原名中昌集团）签订了《阳城至侯马段建设经营协议书》，约定由山西国能集团以BOT方式全额投资本项目，建设工期4年，经营期30年。

2）2001年5月21日，山西省交通厅发文授权山西国能集团成立项目公司——山西阳侯高速公路公司。

3）2003年6月29日，山西省交通厅发文批准山西国能集团采用BOT方式对外发包建设该项目。2003年11月山西国能集团的该项目公司——山西阳侯高速公路公司作为业主单位进行招标，并与当时的中港集团（现并入中交建设集团）签订了BT（建设—移交）模式的施工总承包合同。

4）2004年2月28日，山西省交通厅与山西国能集团又签订了《晋城至侯马高速公路阳城至侯马段建设经营项目合同》即BOT合同。

5）2004年3月，项目一期工程关门至侯马段举行开工典礼。由于山西国能集团始终无资金投入建设，数年间项目基本处于停滞状态。在此情况下，山西国能集团与施工总承包方——当时的中港集团（现并入中交建设集团）签订了增资扩股合同，中港集团占51%，国能集团占49%。

6）增资扩股后，山西国能集团的资金仍不能到位。经过双方谈判协商，2004年10月10日签订了《山西中港阳侯高速公路有限公司股东投资合同书》，约定中港集团以89.78%，山西国能集团以10.219%的股份设立项目公司，注册资本6.85亿元。

2004年11月23日，山西中港晋侯高速公路有限公司注册登记，作为晋侯高速公路阳城至侯马段建设的最终业主。由中港集团和山西国能集团（原中昌集团）共同投资。中港集团约占90%的股份，山西国能集团约占10%的股份。从此，正式开始了山西第一条高速公路BOT项目的建设。

（2）工程特点

山西晋侯高速公路阳侯段的BOT管理模式的特点。山西省方面，解决了政府建设资金短缺的问题。中交建设集团方面，选择BOT和山西省，是看中了中部崛起的机遇和大型国有企业做强做大的需求。中交建设集团选择了BOT，意味着选择了一种全新的投融资和工程建设的运作方式与理念。

晋侯高速阳侯段作为BOT项目，投资主体由政府变成了企业。这一转变带来的最大变化是协调方式的转变，成为企业协调政府。过去，政府投资，是政府去协调企业，协调地方，一纸行政命令，就可以解决许多问题。而企业投资，由企业协调政府，协调地方，只能用市场经济的手段，比如征地拆迁，晋侯高速全线原批复概算征地拆迁费用为6500万元，实际费用超过2亿元，是原概算的3.5倍。再比如压覆煤矿处理，按照山西省的规定，进行交通等设施建设时，煤作为地下矿产资源不予赔偿，但在晋侯高速沿线经过的8个压覆煤矿，最终都进行了赔偿。原因在于，煤炭资源实行有偿开发，矿主在承包时，已经向政府交纳资源开采费；由于高速公路通过矿区，使煤炭无法开采，所以必须给矿主补偿。晋侯高速阳侯段一期概算投资18亿元，而实际投资近25亿元。

在中国开展BOT项目，完全按照纯国际惯例还不可能，往往有自己的特色。中交建设集团和山西省作为第一次开展BOT项目，必须用一些变通的方法去处理问题和解决矛盾。但需要在探索中逐渐建立有关法律、法规和有关标准体系，这一点是非常重要的。BOT 项目入晋的三个好处是：首先，政府利用社会资本，使改善路网建设的资金短缺问题得到了解决（中交建设集团在该项目一期工程的投资近 25 亿元）。其次，带动了沿线经济的发展；统计显示，工程建安产值 15 亿元以上，地方材料费约占 60%；该项目建设期间，当地队伍参加施工的人数高峰时达 5000 人，经常在工地上施工的人数平均都在 2000 人以上。第三，加强了企业与地方各方面的交流。其实交流是一种文化交流，当遇到问题时，通过各种方式进行交流，既解决了问题，也不断地改变和更新着人们的观念。

运营方面。晋侯高速公路阳城至侯马段于 2007 年 11 月 6 日通车。为了配合阳城至侯马高速公路的运营，2007 年 10 月 8 日，阳城至侯马高速公路 200 多名运营人员集中到运城服务区进行培训，其中 189 名是新招聘的员工。晋侯高速公路阳城至侯马段 30 年的运营，就从这一批朝气蓬勃的年轻人中起步。这次招聘的 189 名运营人员，管理层的学历均在大专以上，学历最高的是硕士；普通员工的学历全在高中以上，而且突出了公司提出的在运营期要实行“属地化管理”的理念，员工中本地人即山西人占到了 95%。

(3) BOT 管理模式简介

BOT，是英文 build-operate-transfer 的简称，译为建造—经营—移交。对 BOT 一般的定义是：政府通过契约授予投资者以一定期限的特许经营权，许可其融资建设和经营。具体运作是：政府确定推行 BOT 的领域或发布具体项目，企业自行可行性研究后向政府提出申请，由政府授权企业来开发项目，建成后由项目公司通过政府的特许运营回收投资和利润，特许期满后将项目送给政府。BOT 是国际上一种特殊的投融资模式。目前，BOT 模式在我国的应用普及率和成熟度尚处于初级阶段。BOT 的演变和衍生形式：

BT（Build-transfer，建造-移交）

ROT（Rehabilitate-Operate-Transfer，修复-经营-移交）

BLT（Build-Lease-Transfer，建造-租赁-移交）

ROMT（Rehabilitate-Operate-Maintain-Transfer；修复-经营-维护-移交）

ROO（Rehabilitate-Own-Operate，修复-拥有-经营）

DOT（Develop-Operate-Transfer，发展-经营-移交）

OT（Operate-Transfer，经营-移交）

SOT（Sold-Operate-Transfer，出售-经营-移交）

1) BOT 的特点

当代资本主义国家在市场经济的基础之上引入了强有力的国家干预。同时经济学在理论上也肯定了“看得见的手”的作用，市场经济逐渐演变成市场和计划相结合的混合经济。BOT 恰恰具有这种市场机制和政府干预相结合的混合经济的特色。

一方面，BOT 能够保持市场机制发挥作用。BOT 项目的大部分经济行为都在市场上进行，政府以招标方式确定项目公司的做法本身也包含了竞争机制。作为市场主体的私人机构是 BOT 模式的行为主体，在特许期内对所建工程项目具有完备的产权。

另一方面，BOT 为政府干预提供了有效的途径，这就是和私人机构达成的有关 BOT 的协议。尽管 BOT 协议的执行全部由项目公司负责，但政府自始至终都拥有对该项目的控制权。在立项、招标、谈判三个阶段，政府的意愿起着决定性的作用。在履约阶段，政府又具有监督检查的权力，项目经营中价格的制订也受到政府的约束，政府还可以通过法律来约束 BOT 项目公司的行为。

2）BOT 的运作方式和风险分担

① BOT 的主要参与人

一个典型的 BOT 项目的参与人有政府、BOT 项目公司、投资人、银行或财团以及承担设计、建设和经营的有关公司。在国际上还有保险公司。

政府是 BOT 项目的控制主体。政府决定着是否设立此项目、是否采用 BOT 方式。在谈判确定 BOT 项目协议时政府也占据着有利地位。它还有权在项目进行过程中对必要的环节进行监督。在项目特许到期时，它还具有无偿收回该项目的权利。

业主是 BOT 项目的执行主体，它处于中心位置。所有关系到 BOT 项目的筹资、分包、建设、验收、经营管理体制以及还债和偿付利息都由业主负责。大型基础设施项目通常专门设立项目公司作为业主，同设计公司、建设公司、制造厂商以及经营公司打交道。

银行或集团通常是 BOT 项目的主要出资人。对于中小型的 BOT 项目，一般单个银行足以为其提供所需的全部资金，而大型的 BOT 项目往往使单个银行感觉力不从心，从而组成银团共同提供贷款。由于 BOT 项目的负债率一般高达 70%～90%，所以贷款往往是 BOT 项目的最大资金来源。

投资人是 BOT 项目的风险承担主体。他们以投入的资本承担有限责任。尽管原则上讲政府和私人机构分担风险，但实际上各国在操作中差别很大。发达市场经济国家在 BOT 项目中分担的风险很小，而发展中国家在跨国 BOT 项目中往往承担很大比例的风险。

② BOT 项目实施过程

BOT 模式多用于投资额度大而期限长的项目。一个 BOT 项目自确立到特许期满往往有十几年或几十年的时间，整个期间分为立项、招标、投标、谈判、履约五个阶段。

立项阶段。在这一阶段，政府根据中、长期的社会和经济发展计划列出新建和改建项目清单并公之于众。私人机构可以根据该清单上的项目联系本机构的业务发展方向做出合理计划，然后向政府提出以 BOT 方式建设某项目的建议，并申请投标或表明承担该项目的意向。政府则依靠咨询机构进行各种方案的可行性研究，根据各方案的技术经济指标决定采用何种方式。

招标阶段。如果项目确定为采用 BOT 方式建设，则首先由政府或其委托机构发布招标广告，然后对报名的私人机构进行资格预审，从中选择数家私人机构作为投标人并向其发售招标文件。对于确定以 BOT 方式建设的项目也可以不采用招标方式而直接与有承担项目意向的私人机构协商。但协商方式成功率不高，即便协商成功，往往也会由于缺少竞争而使政府答应条件过多导致项目成本增高。

投标阶段。BOT 项目标书的准备时间较长，往往在 6 个月以上，在此期间受政府委托的机构要随时回答投标人对项目要求提出的问题，并考虑招标人提出的合理建议。投标人必须在规定的日期前向招标人呈交投标书。招标人开标、评标、排序后，选择前 2—3 家进行谈判。

谈判阶段。特许合同是 BOT 项目的核心，它具有法律效力并在整个特许期内有效，它规定政府和 BOT 项目公司的权利和义务，决定双方的风险和回报。所以，特许合同的谈判是BOT项目的关键一环。政府委托的招标人依次同选定的几个投标人进行谈判。成功则签订合同，不成功则转向下一个投标人。有时谈判需要循环进行。

履约阶段。这一阶段涵盖整个特许期，又可以分为建设阶段、经营阶段和移交阶段。业主是这一阶段的主角，承担履行合同的大量工作。需要特别指出的是：良好的特许合约可以激励业主认真负责地监督建设、经营的参与者，努力降低成本提高效率。

③ BOT项目中的风险

英文风险（risk）一词指的是未来情况的一定程度的不确定性，是预期目标和实际结果之间的差异。而将来实际发生的情况可能比预期的情况糟，但也有可能比预期的情况好。“风险”一词并非单指不利的一面，但稳健的投资者更重视避免不利的情况发生。

BOT项目投资大，期限长，且条件差异较大，常常无先例可循，所以BOT的风险较大。风险的规避和分担也就成为BOT项目的重要内容。

BOT项目整个过程中可能出现的风险有五种类型：政治风险、市场风险、技术风险、融资风险和不可抵抗的外力风险。

政治风险。政局不稳定，社会不安定都将给BOT项目带来政治风险，这种风险是跨国投资的BOT项目公司特别考虑的。投资人承担的政治风险随项目期限的延长而相应递增，而对于本国的投资人而言，则较少考虑该风险因素。

市场风险。在BOT项目的长久特许期中，供求关系变化和价格变化时有发生。在BOT项目回收全部投资以前，市场上有可能出现更廉价的竞争产品，或更受大众欢迎的替代产品，以致对该BOT项目的产出的需求大大降低，此谓市场风险。此外，在原材料市场上可能会由于原材料涨价从而导致工程超支，这是另一种市场风险。

技术风险。在BOT项目进行过程中，由于制度上的细节问题安排不当带来的风险，称为技术风险。这种风险的一种表现是工期增长，工期的增长将直接缩短工程经营期，减少工程回报，严重的有可能导致项目的放弃。另一种情况是工程缺陷，指施工过程中的遗留问题。该类风险可以通过制度安排上的技术性处理减少其发生的可能性。

融资风险。由于汇率、利率和通货膨胀率这些预期外的变化带来的风险，是融资风险。若发生了比预期高的通货膨胀，则BOT项目预定的价格（如果预期价格约定了的话）则会偏低；如果利率升高，由于高的负债率，则BOT项目的融资成本大大增加；由于BOT常用于跨国投资，汇率的变化或兑现的困难也会给项目带来风险。

不可抗拒的外力风险。BOT项目和其他许多项目一样要承担地震、火灾、江水和暴雨等不可抵抗而又难以预计的外力的风险。

④ BOT风险的规避和分担

应付风险的机制有两种。一种机制是规避，即以一定的措施降低不利情况发生的概率；另一种机制是分担，即事先约定不利情况发生情况下损失的分配方案。这是BOT项目合同中的重要内容。国际上在各参与者之间分担风险的惯例是：谁最能控制的风险，其风险便由谁承担。

市场风险的分担。在市场经济体制中，由于新技术的出现带来的市场风险应由项目的发起人和确定人承担。若该项目由私人机构发起则这部分市场风险由项目公司承担；若该项目由政府发展计划确定，则政府主要负责。而工程超支风险则应由项目公司做出一定预期，在BOT项目合同签订时便有备无患。

技术风险的规避。技术风险是由于项目公司在与承包商进行工程分包时约束不严或监督不力造成的，所以项目公司应完全承担责任。对于工程延期和工程缺陷应在分包合同中做出规定，与承包商的经济利益挂钩。项目公司还应在工程费用以外留下一部分维修保证金或施工后质量保证金，以便顺利解决工程缺陷问题。对于影响整个工程进度和关系整体质量的控制工程，项目公司还应进行较频繁的期间监督。

融资风险的规避。工程融资是BOT项目的贯穿始终的一个重要内容。这个过程全部由项目公司为主体进行操作，风险也完全由项目公司承担。融资技巧对项目费用大小影响极大。首先，工程实施过程中分步投入的资金应分步融入，否则大大增加融资成本。其次，在约定产品价格时应预期利率和通胀的波动对成本的影响。若是从国外引入外资的BOT项目，应考虑货币兑换问题和汇率的预期。不可抵抗外力风险的分担。这种风险具有不可预测性和损失额的不确定性，有可能是毁灭性损失。而政府和私人机构都无能为力。对此可以依靠保险公司承担部分风险。这必然会增大工程费用，对于大型BOT项目往往还需要多家保险公司进行分保。在项目合同中政府和项目公司还应约定该风险的分担方法。

综上所述，在市场经济中，政府可以分担BOT项目中的不可抵抗外力的风险，保证货币兑换，或承担汇率风险，其他风险皆由项目公司承担。西方国家的BOT项目，具有两个特别的趋势，在推行和发展我国的BOT项目时，很值得我们借鉴。其一是大力采用国内融资方式，其优点之一便是彻底回避了政府风险和浮动汇率下尤为突出的汇率风险。另一个趋势是政府承担的风险愈来愈少。这当然有赖于市场机制的作用和经济法规的健全。从这个意义上讲，推广BOT的途径，不是依靠政府的承诺，而是深化经济体制改革和加强法制建设。

(4) BOT管理模式的应用

山西晋侯高速公路阳城至侯马段项目最初是山西国能集团与政府签订的BOT模式融资建设合同。在2003年11月山西国能集团的该项目公司——山西阳侯高速公路公司以业主身份采用BT方式进行招标，由当时的中港集团中标，以BT方式进行施工总承包；2004年3月，项目一期工程关门至侯马段举行开工典礼。

BT（建造——移交）与BOT（建造——经营——移交）模式的差异在于有无“经营”环节，这样在移交时就形成不同的结果。BT模式的移交是有偿移交（业主回购）；而BOT模式，因有“经营”环节，可以收回投资和盈利，所以是无偿移交。

下面就山西晋侯高速公路关门至侯马段BT模式的招投标和合同条款以及施工管理中相关的特点和应关注的问题作一简单的介绍。

1) 晋侯高速路投标人须知中BT模式的相关内容（下列序号为投标人须知的序号）

① 招标说明

> **1.3** 招标人就本项目的投融资、建设管理及施工总承包工作通过公开招标方式，选择合适的中标人。中标人负责在工程建设期内在业主及监理单位的监督下就山西晋城至侯马高速公路关门至侯马段工程进行投融资、建设管理及施工总承包工作。本合同工程交工验收合格并签发交工证书后，中标人将符合合同和设计各项要求的完好工程移交给招标人，招标人以合同规定的价格，从交工证书签发后次日起分三年等额支付，完成工程回购。

1.5 本项目回购款来源见投标人须知前附表。(注：招标人自有资金)。

1.6 中标人对工程项目的投融资必须是全额投融资，投标人可以独立的或联合体方式参加本工程的投融资、建设管理和施工投标（接到投标邀请书的投标人之间不能联合）。

② 项目招商条件

承包人为实施本项目而进行的银行贷款提款，须符合本项目进度计划的总体要求，并得到招标人确认后方可进行。

5.5 税收政策

中标人依照国家和山西省有关法律、法规，应到业主指定的地点依法纳税。

5.6 贷款利率和物价风险

投标人在报价中应充分考虑利率风险，合同价格不因贷款利率的调整而调整。

投标人在报价时应自行预测物价上涨因素，在合同实施期间不因物价变化因素而调整合同价格。

5.7 融资的支持

5.7.1 招标人将为中标人提供国有商业银行或股份制商业银行的省级分行及以上级别的银行出具的包括建设期和回购期在内的为期 6 年的全额回购履约保函。投标人（承包人）为实施本项目之投融资在与银行签订贷款合同协议时，应按（由）银行、投标人（承包人）、招标人三方共同签订为准（其中招标人为见证签字人）。

5.7.2 招标人将为中标人提供回购承诺函。

5.8 回购

5.8.1 投标人基于对本工程的建设期投入、资金财务成本及投标人对本项目的期望收益的综合测算和分析，计算出 2005 年本合同工程交工验收合格并签发交工证书后次日起，按三个日历年分期等额回购的数额。建设期和回购期的全部资金（包括资本金和贷款）均按中国人民银行同期贷款利率计息（既不上浮，也不下浮），计入回购款中。

5.8.2 招标人在本合同工程交工验收、并签发交工证书后次日起，按三个日历年分期等额支付，完成回购。

5.8.3 回购款变更的必备条件：

a）本须知第 5.5 款所述税收政策发生变化；

b）国家其他政策性变化对本工程项目有实质性影响时；

c）不可抗力；

d）暂定金额与工程数量的变化引起的工程费用的调整。

5.9 本项目的建筑与安装工程一切险及第三者责任险由招标人办理，将招标人与包括承包人在内的各有关利益方作为保险合同项下的共同被保险人。工程一切险的投保金额为工程量清单第 100 章（不含工程一切险和第三方责任检的保险费）至 700 章的合计金额，保险费费率为 2.5‰；第三方责任险的投保金额为 100 万，保险费费率为 3.5‰。工程量清单第 100 章列有上述保险费的支付细目，投标人根据上述保险费率计算出保险费，填入工程量清单。除上述工程一切险及第三方责任险以外，所投其他保险的保险费均由承包人承担并支付，不在报价中单列。

招标人在办理上述保险投保和理赔的过程中，遇有（如果）需承包人提供资料或其他协助时，承包人应予配合。

另外，承包人及其分包人应根据招标人的要求提供其他恰当的保险。

5.10　本工程下列内容分别立项自行报价，所需费用按总额包干（详见工程量清单第100章）：

（1）竣工文件；

（2）施工环保费；

（3）铁路运营、施工干扰、安全防护、拆迁等；

（4）临时道路修建、养护与拆除（包括原道路的养护费）；

（5）临时工程用地，

（6）临时供电设施架设、拆除、维修：

（7）电讯设施的提供、维护与拆除；

（8）供水与排污设施；

（9）承包人驻地建设。

（注：临时用地计划应得到招标人认可）。

5.11　本工程的不可预见费按10%报价，详见工程量清单。

2）BT模式的合同条款（下列序号为合同条款的序号）

① 管理责权的变更

2.1　设计单位

本工程的设计单位已经由业主按照招标规定选定为山西省交通规划勘察设计院及中国公路工程监理咨询总公司，并签订设计服务合同。

2.2　前期征地和拆迁

本工程的前期征地拆迁管理、施工工作，由业主负责。

② 业主的一般权利和义务

3.1.3　业主应按照第13条和21条规定向承包人支付合同款额。

3.1.4　法律和条例的变动

如果在合同生效日以后，适用于本项目的法律、法规、规章发生了对承包人有重大不良影响的变动，承包人可书面申请调整回购款或者调整本合同的其他条件，业主应当采取相应措施，以使承包人处于与其变动前所处的经济地位和合同权益相同的地位。

3.1.5　从本合同签订之日到回购期届满前，如果国家税收政策在此间发生变化，业主应调整回购款。所做的调整仅限于由承包人支付的税款的变化，而且这种变化未曾包含在合同价款中。

3.1.6　融资的支持

1）业主将为承包人提供国有商业银行或股份制商业银行的省级分行及以上级别的银行出具的包括建设期和回购期在内的为期6年的全额回购履约保函，承包人为实施本项目之投融资在与银行签订贷款合同协议时，应按（由）银行、承包人、业主三方共同签订为准（其中业主未见证签字）。

2）业主将为承包人提供回购承诺函。

③ 承包人的一般权利和义务

融资

5.4 在业主参与并最终获得业主同意的情况下，承包人可以以业主出具的回购承诺函向金融机构融资。融资合同须由承包人与银行签署，业主作为见证人签字。承包人此类融资，只要用于工程本身需要，不得用于工程以外的用途。承包人不得以业主出具的回购承诺函重复融资。

④ 合同价格与支付

合同价格

13.1 合同价格即工程回购款，指依据合同规定，并在中标通知书中写明，包含工程融资、实施与完成以及对任何缺陷的修补所发生的费用及回购期内所发生的财务费用、自有资金的收益等，应付给承包人的金额。

支付

13.3 工程款的支付和回购款的支付按以下规定进行：

13.3.1 对于工程款，承包人为实施本项目而进行的银行贷款提款，须符合本项目进度计划的总体要求，并得到监理工程师和业主确认后方可进行。

13.3.2 对于回购款，按1.1.5.3款的规定，业主根据第13.5款对合同价格调整后，按调整后的合同价格支付给承包人。支付货币按1.1.5.4款规定执行。

（注：1.1.5.3“支付日”从本合同工程交工验收合格并签发交工验收证书之日。）

（注：1.1.5.4“支付货币”均以人民币支付）。

合同价格的调整

13.5 合同价格的调整仅限于以下情况：

a）如果业主争取到税收优惠政策（指重大工程缓征建筑安装营业税、工程回购款免交营业税及附加），投标书中承包人对重大工程缓征建筑安装营业税（如果有）、工程回购款免交营业税及附加所单列报价，按国家有关规定核算后在合同价格总扣除。

b）税收政策的变化或根据第13.6款立法的变更。在此情况下，合同价格应根据有关法律、政策作相应得调整。

c）不可抗力。

d）暂定金额与工程数量的变化引起的工程费用的调整。

①暂定金额部分招标文件的要求以实际发生的费用进行调整（其中工程一切险和第三方责任险的保险费按保险单上实际发生费用进行调整）。

②承包人在投标时所报综合单价不得变动。其数量以实际完成工程量（以监理工程师、业主、承包人代表的共同签名的工程计量单为准）进行调整。

除本款所列情况外，合同价格不予调整。合同价格的调整应于第一次回购前进行。

⑤ 回购款的支付

21.1 回购工程款支付条件：承包人应按合同约定的时间向业主交付合格的工程。业主在每次支付工程款时将再次对本工程进行验收，在验收时如发现质量问题，有承包人无条件负责维修，直至验收合格，且得到相应专业管理部门认可。

21.2 承包人基于对本工程的建设投入、资金财务成本及投标人对本项目的期望收益的综合测算和分析，计算出2005年本合同工程交工验收合格并签发交工证书后次日起，按三个日历年分期等额回购的数额。建设期和回购期的全部资金（包括资金和贷款）均按中国人民银行同期贷款利率计息（既不上浮，也不下浮），计入回购款中。业主在本合同工程交工验收、签发交工证书后次日起，按三个日历年分期等额支付，完成回购。

21.3 业主对承包人超出建设规模和设计标准要求及其自身原因造成的费用增加，不予支付。

3）BT项目的施工管理

地处晋南的山西晋侯高速公路是中交集团（原来的中国港湾集团）的在国内投资建设的第一个由BT项目的承包人转变成BOT的项目业主，同时又是项目承建者。这一新的经营模式与原来的单纯项目承包人的不同，在于需要自己筹措资金，加快资金周转，是为自己干活。重点在于组织体系的保证和制度的建设以及加强分包管理。

运筹帷幄的内部管理团队。山西晋侯高速公路项目部是一支能征善战，赋予创造力的队伍。承包方的晋侯高速公路项目部建设规模大、参与人员多，涉及大量的数据需要有效的集成管理，传统的管理方法已显得吃力了。为及时准确地把握工程的建设信息提高了效率、降低了办公成本，确保高质量、低成本完成工程建设，承包方的项目部建立了严格的合同管理制度。在支付计量中，项目部按照合同规范执行，但与此同时，承包方的项目部也秉承灵活性原则，最大限度为分包单位服务，确保工程的顺利展开。此外，承包方的项目部还积极推行月底核算制度，各职能部门在月底统一将上一月的物资、设备等的使用情况进行汇总，这举措不仅能及时发现存在的问题，同时也为承包方的项目部减耗增效，规范管理提供了强有力的保障。这个项目的实施，对承包方的公司来说，收获的不仅是经济效益，更是对特大型高速公路建设一次具有深远意义的探索，为承包方的公司今后承建此类项目提供了宝贵的建设管理经验。

1.2.2 公路工程代建制管理模式

国道111（北京段）改扩建工程的代建制管理模式

项目代建制是指政府投资部门（投资单位）通过招标的方式，选择社会专业化的项目管理单位（代建单位），负责项目的投资管理和建设组织实施工作，项目建成后交付使用单位的制度。

项目代建制其主要特点：通过公开招标、邀请招标或直接指定等方式选择项目管理公司，作为项目建设期间的代建人，全权负责项目建设全过程的组织管理。

工程项目代建的实质，是将传统管理体制中的“投、建、用合一”改为“投、建、用分开”，割断建设单位与使用单位之间的利益关系，建立三者之间的相互约束监督机制，在相当程度上克服财政性基本建设项目多年来权责不分、无法控制的现象；基本杜绝超规模、超标准、超投资的现象，进一步提高投资效益。

（1）代建工程概况

2007 年 8 月，根据《中华人民共和国合同法》、《北京市政府投资建设项目代建制管理办法（试行）》，为保证市政府投资建设代建项目的顺利实施，充分发挥政府投资效益，严格控制投资概算，北京市路政局委托路桥集团国际建设股份有限公司对国道 111（北京段）磁大路（南六环～庞安路）改建工程项目实施代建。

代建工程位于北京市大兴区，道路全长约 11.6km，起点为南六环磁各庄桥，沿磁大路旧线，经大兴区孙村组团、东西芦垡、魏善各庄镇中心区，下穿京山铁路，经前苑上、后苑上和半壁店乡政府，终点至庞安路。按照一级公路标准建设，红线宽 60m，设计车速 60～80km/h。全线采用两种横断面结构形式：公路段为两幅路，机动车道两上两下，路幅宽 27.75m；城镇段为三幅路，机动车道两上两下，路幅宽 34m。全线新建铁路桥 1 座，泵站 1 处，跨河桥 1 座。同步实施排水、绿化、交通等工程。

（2）代建项目管理范围和内容

本项目代建工程内容为磁大路（南六环～庞安路）改建工程的路基、路面、桥梁涵洞、排水及防护工程、交通工程及沿线设施、水土保持、绿化环保等工程的代建管理服务，代建管理从项目初步设计批复后开始，经施工图设计审查、施工管理、完成交工验收、竣工验收、直至缺陷责任期结束，实行全程代建管理。具体管理范围和内容如下：

1）委托具备资质单位进行施工图审查并报批；

2）依据国家和北京市有关组织工程监理、施工、材料和设备采购的规定招标，不得允许与代建单位有利益关系的单位参与投标；

3）办理开工报告（即施工许可证）及施工中的有关报批手续；

4）签订工程施工、监理合同；

5）协调征地拆迁工作；

6）审核并向委托人和委托人代表上报工程进度、质量报表；

7）编制工程决算和项目竣工文件；

8）负责缺陷责任期的建设和养护管理，并办理交养手续；

9）按照国家规定对工程质量实行终身负责制；

10）负责代建期内的安全管理。

（3）代建人的资格

1）代建人应具有法人资格，具备与项目相适应的资质条件，具体要求如下：

① 是具有独立法人资格、自负盈亏的经济实体；

② 具有和项目投资相适应的承担风险能力；

③ 符合交通部《公路建设项目法人资格标准（试行）》（交公路发【2001】583 号）文件中甲级项目法人资格标准要求的有关项目管理机构和人员条件，具有同类工程建设管理经验和技术水平，满足工程管理的需要。

2）在合同期间，代建人应按照招标人的要求开展代建工作，并按时保质完成代建任务。

3）代建人在近三年内没有因违法违规行为被国家有关部门予以处罚的记录，并在承担建设工作中没有出现重大审计问题、质量事故、不良记录和被国家有关部门予以处罚（需做出有关声明，格式详见后附表格）。

4）代建人应独立参与投标，本项目不接受联合体代建。

5）代建人确定后，一经签订代建合同不得擅自变更或转包、分包。

6）代建人应遵守中华人民共和国现行有关的法律、法规和规章。

（4）代建项目管理目标

1）质量标准：

竣工验收建设项目综合评分达到交通部《公路工程质量验收评定标准》（JTGF80/1—2004）合格以上等级。

2）代建期限：

3 年零 8 个月；其中建设工期 1 年零 8 个月，缺陷责任期 2 年。

（5）代建项目工程费的变更

发生不可抗拒的重大自然灾害、国家或北京市政府重大政策调整、政府要求项目内容或标准、使用功能、建设规模等设计方案有重大变更、受地质等自然条件制约引起重大技术调整，经代建单位提出，委托人批准可办理变更手续，费用增加调增代建工程费，费用减少调减代建工程费。如代建工程费增减，按代建中标水平相应增减代建管理费。以下项目列入项目内容或标准等设计方案有重大变更项。

1）初步设计变更引起的工程量或项目增减。

2）初步设计与施工图设计之间的差异引起的工程量或项目增减。

3）设计不足引起的工程量或项目增减。

4）变更超出规定标准以外部分，按相关规定进行议价。

（6）代建制项目各方的权利

1）项目委托人权利

① 委托人有权对代建项目进行稽查，对违规行为予以纠正。

② 委托人有权对因技术、水文、地质等原因造成的设计变更进行核准。

③ 委托人有权要求代建人赔偿因擅自变更建设内容，扩大建设规模、提高建设标准，致使工期延长、投资增加或工程质量不合格所造成的损失。

④ 委托人有权要求代建人更换不称职的项目部工作人员。

2）代建人权利

① 代建人根据委托人和使用人的授权以及有关法律、法规的规定，有权根据初步设计的批复及有关规定选择专业工作单位，并与其签订合同。

② 代建人根据委托人和使用人的授权以及有关法律、法规的规定，有权管理各类承包合同，并按规定向承包人支付承包费。

③ 代建人根据委托人和使用人的授权以及有关法律、法规的规定，有权对项目建设资金的使用进行管理。

④ 代建人根据委托人和使用人的授权以及有关法律、法规的规定，有权与有关单位商定处理保修、返修内容和费用。

⑤ 代建人根据委托人和使用人的授权以及有关法律、法规的规定，有权进行项目各参与方的协调工作。

⑥ 代建人有权拒绝委托人和使用人提出的本合同约定之外的要求。

⑦ 代建人有权取得代建报酬，并有权按专用合同条款约定从项目投资节余额中提取奖酬金。

3）使用人权利

① 使用人有权对代建项目进行监督，并向委托人反映各种问题。

② 使用人有权对工程变更内容提出意见。

③ 使用人有权对委托人核准的变更结果进行申诉上报。

(7) 代建制项目各方的义务

1）委托人义务

① 委托人应负责协调代建人、使用人及与代建项目有关的各政府行政主管部门的关系。并应在项目代建的实施工作中，履行下列职责：

② 委托人应根据规划提出项目建设的规模、性质、建设标准和使用功能；

③ 委托人应组织项目规划方案、项目建议书、可行性研究报告的编制和初步设计文件及相关的环境评价与水土保持等前期手续的报批；

④ 委托人应公布初步设计概算；

⑤ 委托人应组织审查、批准代建单位上报的施工图预算；

⑥ 委托人应依法负责工程代建实施过程中的招标投标的行政监督；

⑦ 委托人应负责按工程进度拨款，组织审核竣工决算，组织竣工验收，负责建设项目的接养；

⑧ 委托人应建立代建单位信用信息系统；

⑨ 委托人、委托人代表、代建人三方同意按照国家有关法律法规和行业规定进行竣工验收。工程验收合格后，委托人负责组织接收。

⑩ 委托人应按专用合同条款约定向代建人核拨建设资金和代建项目管理费。第十六条 代建项目施工、监理等单位的费用由代建人支付，委托人不直接向施工、监理、材料供应等单位拨付建设资金。委托人应按如下方式、时间、金额向代建人核拨建设资金和代建项目管理费：

A. 每月上报资金使用计划，按工程进度及监理确定的支付比例拨款。

B. 委托人应在15d内就代建人书面提交并要求作出决定的事宜给予书面答复。

C. 委托人应授权一名联系人负责项目的联络工作。

D. 委托人应在代建工作完成后，组织对代建人进行客观、全面、公正的绩效评价。

2）代建人义务

① 代建人在履行本合同义务期间，应遵守国家有关法律、法规，维护委托人和使用人的合法权益，并在代建本项目时履行相应职责。

② 代建人必须在签订代建合同前向委托人提交履约担保金，如履约担保金采用银行保函的方式，则保函应在项目代建期内有效，出具履约保函的银行必须有相应的担保能力。

③ 代建人应组建能够满足项目代建管理服务需要的项目管理部，按照代建工作范围和内容完成代建工作，并向委托人汇报代建工作进展，将汇报材料抄送使用人。

代建人向委托人汇报代建工作进展的方式和时间：每周向委托人代表汇报，具体时间由委托人代表确定。

④ 代建人应按批准的建设规模、建设内容和建设标准实施组织管理，严格控制项目投资，确保工程质量，按期交付使用。代建人不得在实施过程中利用洽商或者补签其他协议随意变更建设规模、建设标准、建设内容和投资额。因技术、水文、地质等原因必须进行设计变更的，应由设计单位填写设计变更单，并经监理单位、施工单位签署意见后，由代建人报委托人核准。

⑤ 代建人应按有关规定选择专业工作单位，并接受委托人和使用人监督。选择专业工作单位的监督管理措施：代建人将施工、监理、设计、咨询、资格预审及招标结果、签订的合同报委托人代表备案。

⑥ 代建人应根据项目进度需要，向委托人提出投资计划申请。

⑦ 代建人应严格执行国家有关基本建设财务管理制度，并接受委托人和使用人监督。

代建人应按照施工进度及时拨付给施工、监理等单位，不得转移、截留和延误。代建项目建设资金专用账户管理方法：

代建人在委托人指定的银行开户，并接受委托人代表的资金监管；

代建人需对从业单位的本工程资金进行监管。

⑧ 代建人应组织工程中间验收、其他专项验收和交工验收，并在项目建成后，协助委托人组织竣工验收，并将验收合格的项目在规定时间内向委托人办理移交手续。

⑨ 代建人应在项目移交前，签订保修服务协议。

⑩ 代建人应根据使用人提出的项目运行管理方案，组织运行管理人员培训。

⑪ 代建人应建立完整的项目建设档案，在代建项目完成后将工程档案、财务档案及相关资料向使用人和有关部门移交。未征得有关方面同意，不得泄露与本工程有关的保密资料。

3）使用人义务

① 使用人应为代建工作提供必要条件

根据项目建议书批复的建设内容、建设规模、建设标准和投资额，按专用合同条款约定提供详细的项目使用需求（或功能需求）报告。

协助代建人办理与代建项目有关的各种审批手续。

② 使用人应对政府资金使用情况进行监督，并负责政府差额拨款投资项目中自筹资金的筹措，按专用合同条款约定向代建人拨款。

③ 使用人应参与项目设计的审查工作，并对专业工作单位的选择过程进行监督。

④ 使用人应对代建项目的工程质量和施工进度进行监督，配合完成工程验收，按有关规定办理项目接收手续。

⑤ 使用人应授权一名联系人负责项目的联络工作。

⑥ 使用人应提出项目运行管理方案，配合代建人组织运行管理人员培训。

(8) 代建制项目各方的责任

1) 委托人责任

① 委托人应全面实际地履行本合同约定的各项合同义务，任何未按合同的约定履行或未适当履行的行为，应视为违约，并承担相应的违约责任。

② 委托人有权就因其他方原因造成的损失提出索赔，如果该索赔要求未能成立，则索赔提出方应补偿由该索赔给他方造成的各项费用支出和损失。

③ 因不可抗力导致合同不能全部或部分履行，委托人同其他各方协商解决。不可抗力包括因战争、动乱、空中飞行物体坠落或非合同三方责任造成的爆炸、火灾，一定级别的风、雨、雪、洪、震等自然灾害。

2) 代建人责任

代建人应全面实际地履行本合同约定的各项合同义务，任何未按合同的约定履行或未适当履行的行为，应视为违约，并承担相应的违约责任。

① 代建人在责任期内如果违法、渎职造成的工程损失，全部由代建人承担。

② 工程质量不合格时，代建单位应组织返工，直至合格为止，由此增加的费用及造成工期拖延由代建单位负责，造成不可修复的缺陷，代建单位应承担赔偿责任。

③ 未按约定期限完成代建工作，对超出合同工期每日按工程合同价的万分之三进行赔偿。

④ 赔偿款从银行履约保函中扣除。履约保函中担保金不足的，相应扣减项目代建管理费。项目代建管理费不足的，委托人可继续向代建人提出索赔要求。

⑤ 工程完工后，代建单位应及时组织交工验收，并承担缺陷责任期的质量和养护责任。

⑥ 公路建设项目代建制实行项目招标制度，总投资以投标人的中标价控制，代建单位承担材料价格变化的市场风险。

⑦ 代建单位所选用的从业单位或供应商不得与其有利益关系，如果与从业单位或供应商发生关联交易的，没收其履约担保金，造成的相应损失超过履约保证金数额的，应当对超过部分予以赔偿。

⑧ 代建单位负责代建期内项目的安全管理，对施工安全负法律责任。

3) 使用人责任

① 使用人应全面实际地履行本合同约定的各项合同义务，任何未按合同的约定履行或未适当履行的行为，应视为违约，并承担相应的违约责任。

② 使用人有权就因其他方原因造成的损失提出索赔，如果该索赔要求未能成立，则索赔提出方应补偿由该索赔给他方造成的各项费用支出和损失。

③ 因不可抗力导致合同不能全部或部分履行，使用人同其他各方协商解决。不可抗力包括因战争、动乱、空中飞行物体坠落或非合同三方责任造成的爆炸、火灾，一定级别的风、雨、雪、洪、震等自然灾害。

(9) 代建人工作要点

1) 代建人组织机构及内部管理办法

代建人应结合本项目代建工作内容和特点，提出适应本项目的组织机构及人员配置，并绘出相应的组织机构框图。

代建人应根据通行的代建行业行为准则、企业的各种管理制度及本项目的具体情况，制定出适应本项目特点的内部管理办法。使参加本项目的所有代建工作人员的行为有所规范，机构运转正常，提高工作效率并奖优罚劣。

2）代建人项目管理具体工作内容（方法）

本项目代建工作以质量为中心，从项目初步设计批复后开始，经施工图设计审查、施工管理、交工验收、竣工验收、直至缺陷责任期结束，实行全过程管理。为达到项目质量目标，代建单位在项目管理中控制质量、投资、进度的措施和方案。

① 组织施工图设计审查，制定控制施工图设计质量及造价的控制的措施；

② 组织监理招标，制定监理服务期管理的内容与措施；

③ 组织施工招标，制定施工全过程管理及缺陷责任期的服务承诺和具体实施措施；

④ 制定协调拆迁及与当地居民及各方关系的方法及措施；

⑤ 制定协调设计、监理、施工及地方各方面关系的具体措施；

⑥ 制定由于代建单位原因，造成工程质量、工期拖延问题承担赔偿责任的承诺：如质量未达到标准，代建单位承担组织返工增加的费用，并赔偿损失；因代建方原因致使工期拖延，对超出合同工期每日按工程合同价的一定比例赔偿；

⑦ 制定执行基本建设程序和技术标准、规范的措施；

⑧ 分析代建项目的重点、难点工程，针对重、难点工程提出的项目管理控制方案；

⑨ 制定代建项目管理中工程质量、进度、费用管理控制措施。

（10）代建项目效果浅析

该代建项目目前仍在实施中，但项目管理模式的改变对公路工程建设项目管理、施工项目管理产生了积极的影响。

1）解决“三超”、遏制腐败

传统建设模式中政府部门集“投资、建设、管理、运营”于一身，独掌“勘探、设计、施工的招投标、物料采购”大权，存在缺少约束、监管失控、责任不明、利益不清、腐败滋生的缺陷，产生了资金浪费、资金挪用、假公济私、行贿受贿等一系列问题，工程项目的使用单位、施工单位和监理单位皆从工程超投资、超规模、超标准中收益，惟一吃亏的角色是国家。

“代建制”模式促使政府投资项目的四个环节彼此分离、互相制约，通过合同约束代建单位。政府行政权力从施工招投标、物料采购两个关键环节退出，代建单位基于法律约束、成本控制利润追逐的考虑，将严格执行合同、建立严密的内控机制。

2）提高质量、落实责任

传统的建设体制，除了存在成本不易控制的弊端之外，建设单位与政府部门是上下级关系，队伍组成人员良莠不齐，缺乏竞争机制。

实行代建制，代建单位具有丰富的项目专业管理经验，能够提高管理水平、降低管理成本、方便监督管理、提高政府投资项目实施情况的透明度。另外，依照《代建合同》的约定，代建单位向政府缴纳履约银行保函，便于从经济上对代建单位的违规行为采取制约。同时，实行代建制，迫使专业单位提高自身水平和服务意识。

3）转变职能、规范投资

实行代建制，政府主管部门将主要从事行业的指导监管工作，具体包括监管资金和制定落实建设市场的有关规定。政府作为投资方，受到合同的约束，一些立项存在问题、资金缺口很大的项目将会受到制约。项目使用单位的责任意识会得到增强，实行“代建制”，项目使用单位从盲目、繁琐的项目管理业务中超脱出来，有助于减少建设实施过程中对建设规模、建设标准变动的随意性，并使项目使用单位从决策角色转变为监督执行角色。

4）降低造价，开拓市场

社会经济的快速发展要求必须充分利用社会资金进行公路建设，代建制的采用为融资创造了有利条件，投资者可以集中精力通过各种渠道作好融资工作；其次，投资者可以通过合同管理的方式对项目投资进行全过程严格的造价控制，千方百计减少浪费和不必要的开支，以达到降低工程造价的目的。我国加入 WTO 后，公路建设市场将成为国际工程承包商和跨国投资公司关注的焦点，代建制的采用，能促使我国逐步与国际惯例接轨，融入全球市场，促使我们的管理理念和水平趋向国际化。

就公路建设市场而言，代建制实施时间不长，公路建设项目代建的成败关键在于项目代建单位的素质、经验和责任心。如何培育公路建设项目代建单位？如何建立项目代建单位的信用评价体系？……这一系列问题必将随着代建制项目的实施不断完善。我们有理由相信：代建制这种项目管理模式对公路工程建设项目管理、施工项目管理的内涵及外延产生积极的影响。

1.2.3　公路工程施工期风险分析

1. 崇明越江通道工程背景

上海长江隧桥（崇明越江通道）工程位于上海东北部长江口南港、北港水域，是我国长江口一项特大型交通基础设施项目，也是上海至西安高速公路的重要组成部分。工程起于上海市浦东新区的五好沟，经长兴岛到达崇明县的陈家镇，全长 25.5km。

经过对桥梁和隧道多方比选，综合地质、水文、河势、通航等建设条件，工程最终确定

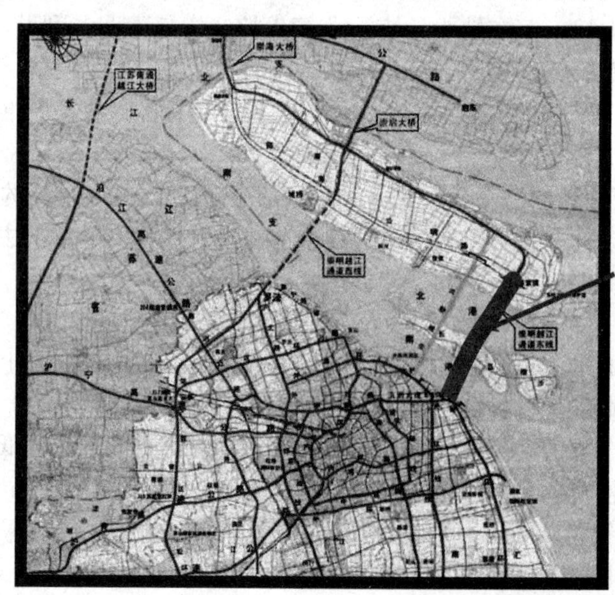

图 1.2-2　崇明越江通道位置图

采用“南隧北桥”方案——以隧道形式穿越南港水域，长约 9km，设计时速为 80km/h；以桥梁形式穿越北港水域，长约 10km，设计方案为技术成熟的斜拉桥桥型，设计时速为 100km/h；长兴岛陆域及两端接线公路长约 6.5km；全线在浦东五号沟、长兴岛、陈家镇等 3 处设置互通式立交。项目总投资约 123.1 亿元。

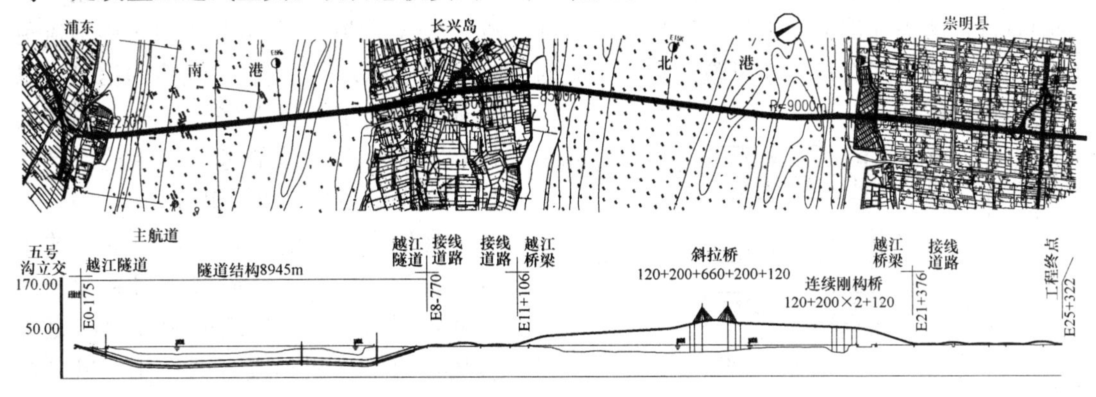

图 1.2-3　崇明越江通道方案

崇明越江通道工程横跨整个长江口水域，规模之大、难度之高已属世界级超大型工程。在其建设过程中存在着大量的不确定性、不可预见的因素，不可避免地面临着各种风险，包括来自自然和人为的原因，并贯穿于工程的规划、设计、施工、运营全过程。本案例主要对其施工阶段进行风险研究，主要目的是：

(1) 选择施工期风险较小的规划设计方案；

(2) 辨识施工期主要风险，采取风险控制，降低风险发生造成的损失。

本研究实施的主要步骤如下：

1) 各工序、工种划分及其风险因素分析；

2) 形成风险评估网络图和相关评估表格；

3) 确定各因素风险程度及其概率或权重；

4) 分项工程风险评估；

5) 总体评估；

6) 风险防范预案。

2. 风险分析的内容和步骤

考察工程事故发生的过程可以发现，在工程事故发生之前，工程已处于一种不安全的状态，我们称之为危险 (hazard)。在这种状态下，工程内部和外部的条件便构成完备的事故链。而事故的结果总是引起各种损失 (loss)，损失主要包括人身健康与安全损失、财产损失、工期延误和环境的破坏等若干方面。

风险分析是研究处理复杂工程系统，辨识其中存在的各种风险，分析这些风险出现的可能性和造成损失的严重程度，提出控制风险的相关措施，以尽可能地防止或降低可能引发的各种灾害和技术手段。

风险分析工作的主要内容包括：

(1) 风险辨识。寻求风险的来源（风险来自哪一种技术？风险发生在哪一个工程生命阶段？风险发生在哪一个工程部位？……)。

（2）风险评估。用定性或定量的分析方法研究风险发生的可能性及其后果的严重程度。

（3）风险评价。给风险评分等级，研究如何处理和对待风险。

在风险分析的基础上，采取措施和对策以排除和降低风险的过程，称为风险控制。建造师有责任考虑和消去在工程建设与运营中可以预见到的各种风险，并做到尽可能地避免风险（如通过方案选择排除风险或提供相应的风险控制措施）；提供有关风险的信息，以便让参与施工各方做好防止灾害的必要准备；把有关风险的考虑、活动记录在案，以保证信息的可追溯性。

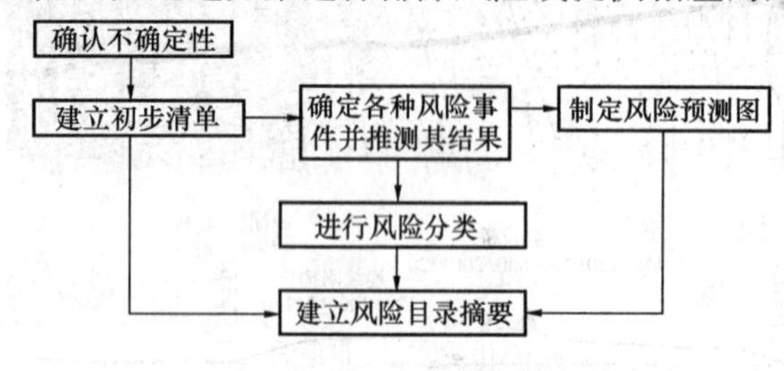

图 1.2-4　风险的辨识的步骤

在风险分析的工作中，最重要的风险的辨识。如果这一阶段未得到相当的重视，那么，所有后续的阶段都将是走过场，而不能起到应有的作用。风险辨识的步骤一般按照图 1.2-4 进行。

风险辨识出来之后，便要对风险进行评估，研究风险作用后果和可能性，可以应用定性和定量的方法进行评估，主要目的是做出处理风险的优先顺序，确定安全等级和标准，进而确认最优的风险控制措施和责任主体。

风险分析的过程如图 1.2-5 所示：

风险分析的方法有多种，如调查和专家评分法、层次分析法、模糊数学法、敏感性分析法、蒙特卡洛模拟法等方法。结合本案例专业特点，尚有结构可靠度分析法、随机有限元分析法、失效概率法、结构损伤理论分析法等。本案例应用的主要的风险分析方法有：

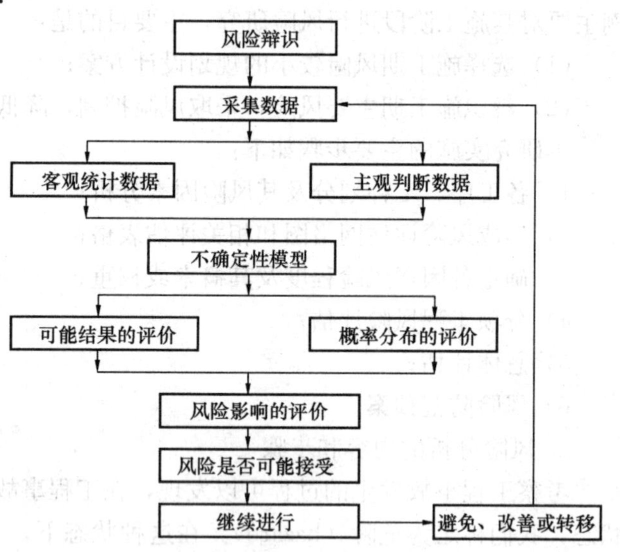

图 1.2-5　风险分析的过程

（1）层次分析法。利用专家的评分构造各级风险因素的判断矩阵，对同层因素间的相对重要性给出评判，可求出各因素的权重值。根据风险概率及后果非效用值，由专家打分法确定底层各风险因素各级后果出现的概率。最后，计算各层次风险因素及整个项目的风险系数，然后，对结构风险影响较大的一些主要因素及其分级排序。

（2）随机有限元的方法。在层次分析法的基础上，将对结构可靠度影响较大的因素取为随机变量，而将对结构影响较小的因素取为常量，利用随机有限元的方法计算各参数的灵敏度和特定极限状态下结构的失效概率，根据结构失效概率的大小来评定结构的风险大小，而参数灵敏度的大小则为结构在施工建造期的施工控制和降低结构在建造期的风险提供指导。

应用上述方法，下面分别对桥梁、隧道施工期风险进行分析。

3. 桥梁施工期工程风险分析

桥梁方案在建设期的主要风险存在于大跨度主桥方面，而桥梁结构施工是一个复杂的动态系统，随着施工阶段的推进，主体结构逐渐增加，结构的抗力与结构响应都是与之相关的，其边界约束条件和结构体系也是随着施工进程不断变化的，一般情况下，最危险的阶段往往是出现在施工过程中。

桥梁施工期的主要风险来自于恶劣天气的影响，其中尤以大风的影响为最，包括以下3个方面：

1）各个施工阶段桥梁结构抵抗风毁事故的能力（颤振、驰振和静力发散），结构风振性能（涡振和抖振）及其对施工进程的影响，结构应急措施及其可靠性；

2）恶劣天气条件下继续施工作业的能力及桥梁结构施工精度和质量保证；

3）桥梁结构几何形状对温度变化非常敏感，温度变化将引起其几何形状的较大改变。

桥梁施工期的风险分析可分为桥梁上部结构和基础施工两个部分，本案例主要讨论上部结构施工期风险。

由于崇明越江通道距离较长，对于上部结构的桥型方案选择，不仅要考虑技术、经济、美观等方面，其施工期的风险也应作为方案选择的重要因素。是采用“悬索桥”，还是采用“斜拉桥”？通过风险分析，可以选择施工期风险较小的方案，并可以指导施工期对风险的控制。下面就特大跨度悬索桥和斜拉桥施工期风险进行分析。

（1）大跨度悬索桥施工风险分析

与其他桥型相比，悬索桥在施工过程中的结构几何形状较难控制，极易产生各种施工误差，这主要是由于如下几个方面的原因：

1）悬索桥是由刚度相差很大的构件（索、吊杆、梁）组成的高次超静定结构，与其他形式的桥梁相比，具有显著可绕的特点。在整个施工过程中，悬索桥结构的几何变化较大。

2）悬索桥结构几何形状对温度变化非常敏感。温度变化会引起悬索桥结构几何形状的较大改变。以虎门大桥的施工过程为例，当温度降低20℃或者温度升高25℃，加劲梁主线相对于全桥完成时（没有温变）的竖向位移分别达到1.57m和2.15m。

3）施工各阶段中消除误差比较困难。在悬索桥施工过程中，主线一旦施工完毕，是无法调整其长度的，而且吊杆的长度也无法像在斜拉桥施工中对斜拉索的重复张拉那样进行调整。

4）悬索桥施工方法和过程的特殊性。在施工阶段，悬索桥结构容易出现风的不稳定性和结构构件应力的超限。

影响特大跨度悬索桥施工期间安全的随机因素很多，应用层次分析法对锚碇、索塔、施工猫道、主缆工程、索鞍、索夹与吊索、加劲梁、钢桥面铺装、伸缩缝安装、竖向支座、抗风支座安装等11个主要环节在施工过程中给桥梁结构所带来的风险进行分析，而对每一个大环节又应细分为若干个小环节来逐一分析。

分析表明：悬索桥施工过程的风险系数为0.64，对悬索桥施工影响最大的因素是：主缆材料弹性模量的误差，悬索桥主塔、主缆的施工误差，二期恒载的误差。

在有限元分析中，将主缆、主梁的弹性模量、横截面面积、二期恒载、结构整体升温、整体降温均取为随机变量，各随机变量的分布形式参照欧洲安全度委员会的规定取值，变异系数主要参照我国施工规范中各参数允许的误差量来确定，其余各参数均当作确定性变量。计算得到的失效概率 $p=2.08\times10^{-4}$。

(2) 特大跨度斜拉桥上部结构施工期工程风险分析

大跨度斜拉桥一般采用悬臂浇注或者是悬臂拼装的方法进行施工，在施工过程中，结构处于大悬臂状态，主塔与主梁均为偏心受压构件，结构的刚性非常低。各种误差对结构内的应力状态、变位以及结构的稳定性能都有很大的影响，所以，与成桥阶段相比，各种误差（主要有索力误差，主梁刚性误差，混凝土自重误差，塔垂直度、主梁的实际中心线误差以及温度、收缩徐变等因素产生的误差）在施工阶段对结构的内力、主梁和主塔的稳定性能、桥梁线形等将产生更大的影响，一般情况下，斜拉桥的最危险阶段都是出现在施工过程中。

应用层次分析法对索塔、拉索、加劲梁、钢桥面铺装、伸缩缝、竖向支座、抗风支座等7个主要环节在施工建造期对结构所带来的风险进行分析。

经分析计算主跨660～575m斜拉桥在施工过程的风险分析系数为0.61。影响最大因素有：结构刚度误差、结构的自重误差、温度影响、桥面临时荷载影响、挂篮变形误差、斜拉索张力误差、挂篮及模板定位误差、预应力束张力误差等。

应用随机有限元法，将拉索、主塔、主梁的弹性模量、横截面面积、梁段自重、二期恒载、斜拉索的张拉力均取为随机变量，分布形式主要参照欧洲安全度委员会的规定进行取值，变异系数主要参照我国施工规范中各参数允许的误差量来确定，其余各参数均当作确定性变量。计算得到的主跨660～570m的斜拉桥的失效概率为 $p=1.83\times10^{-4}$。

(3) 恶劣天气对大跨度桥梁施工的影响

在采取了合适的防护措施的前提下，恶劣天气对大跨度桥梁施工的影响，主要是对施工工期的影响，根据上海市气候中心气象档案馆提供的长江口引水船、宝山区观测站、崇明县观测站1992年～2001年资料，综合分析一年中可能影响工程正常施工的风、雪、雾、冰等不良气象条件对施工工期的影响如下：

1) 最大风速≥8级，桥梁需要停工，年平均大约8～10d。

2) 大雾天气以及当暴雨强度达到一定程度，能见度在200m以内时，对施工产生较大的影响，一年中大雾影响正常施工的天数为8d以上是偏于安全的。

3) 当下雨强度达到一定程度时，将严重影响施工的正常进行，按不利情况考虑，影响施工的天数为10～15d。

4) 雪影响大桥正常施工的情况与下雨天气比较类似，同时遇到大风天气，出现这种情况将严重影响桥梁施工的安全、估计越江通道出现这种情况的天数一般每年不会超过3d，必须采取停工措施。

5) 地面结冰将影响桥梁工程的正常施工、分析最不利情况，估计越江通道出现这种大量结冰的天数一般每年不会超过12d。

基于以上分析，预测崇明越江通道施工期间恶劣天气对施工工期的影响大约为每年45～55d。

(4) 施工期风险比较

悬索桥和斜拉桥施工期风险比较如表1.2-1所示：

悬索桥与斜拉桥施工期风险比较　　表 1.2-1

	悬索桥	660～570 斜拉桥
风险系数（层次分析法）	0.64	0.61
失效概率（随机有限元分析法）	2.08×10^{-4}	1.83×10^{-4}

经过以上分析可以看出：斜拉桥方案风险较低。

(5) 降低桥梁施工期风险的措施

桥梁方案施工期风险归根结底来自各施工阶段结构理想设计状态。

1) 结构设计参数与实际情况的差异。这一差异主要表现为实际施工中所采用的结构材料特性、截面特性和计算荷载等，与设计计算时的取值难以完全相同。

2) 施工误差。由于施工条件的非理想化，往往会使桥梁结构在制作和架设等施工过程中不可免地存在一定的误差，这些误差的合成作用将直接呈现在结构施工的阶段状态。

3) 测量误差。实际测定的结构设计参数含有一定的误差，这一误差是由量测手段和方法所决定的，是系统固有的误差，正是由于它的存在，使得结构实际状态与设计理想状态存在有偏差。

4) 结构计算分析模型与实际情况的差异。在结构设计计算中所做的各种假定或计算前提以及边界约束条件和状态处理等是造成这一差异的主要原因。

所以，要想降低结构施工期的风险，除必须制定合理的施工组织设计、严格施工工艺、结合现场条件及时调整设计和施工方案、遇到突发事件，必须根据现场条件分析原因，采取行之有效的补救措施外，主要手段是建立和完善施工监控系统。一般来讲，完善的监控系统主要由以下几个部分组成：

1) 测量系统

它由结构设计参数试验测定系统和施工过程中结构状态参数监测系统两部分构成。

2) 误差影响因素分析系统

它主要由温度影响误差分析系统和结构设计参数敏感性分析系统组成。

3) 结构状态计算分析系统

它主要由前进分析系统和循环迭代逼近分析系统组成。

4) 结构反馈控制的实时跟踪分析系统

它是实现桥梁结构施工控制的关键。反馈控制是根据结构理想状态、实测状态和误差信息进行分析，制定出可调变量的最佳调整方案，指导现场作业，使施工的结构实际状态最大限度地接近设计理想状态。

(6) 盾构隧道施工期工程风险分析

崇明越江通道工程隧道方案为盾构隧道，其施工特点为：大断面、长距离掘进、高水压、高速施工、管片自动拼装等。虽然针对每个特点的技术环节在以往的工程实例中都能找到成功应用的实例。但是这五个关键技术全部在一个项目中应用还没有先例。因此从这个意义上说，本项目是世界上前所未有的对盾构技术的挑战。研究人员收集分析了国内外几十条隧道施工案例，主要有日本东京湾公路隧道、丹麦斯多贝尔特大海峡隧道、英法海峡隧道、上海延安东路隧道及其复线隧道，这些案例为本工程风险分析提供了参考依据。

1) 盾构隧道施工风险识别

盾构隧道施工风险分析分为施工技术、环境和其他安全问题三个方面，如图 1.2-6 所示。

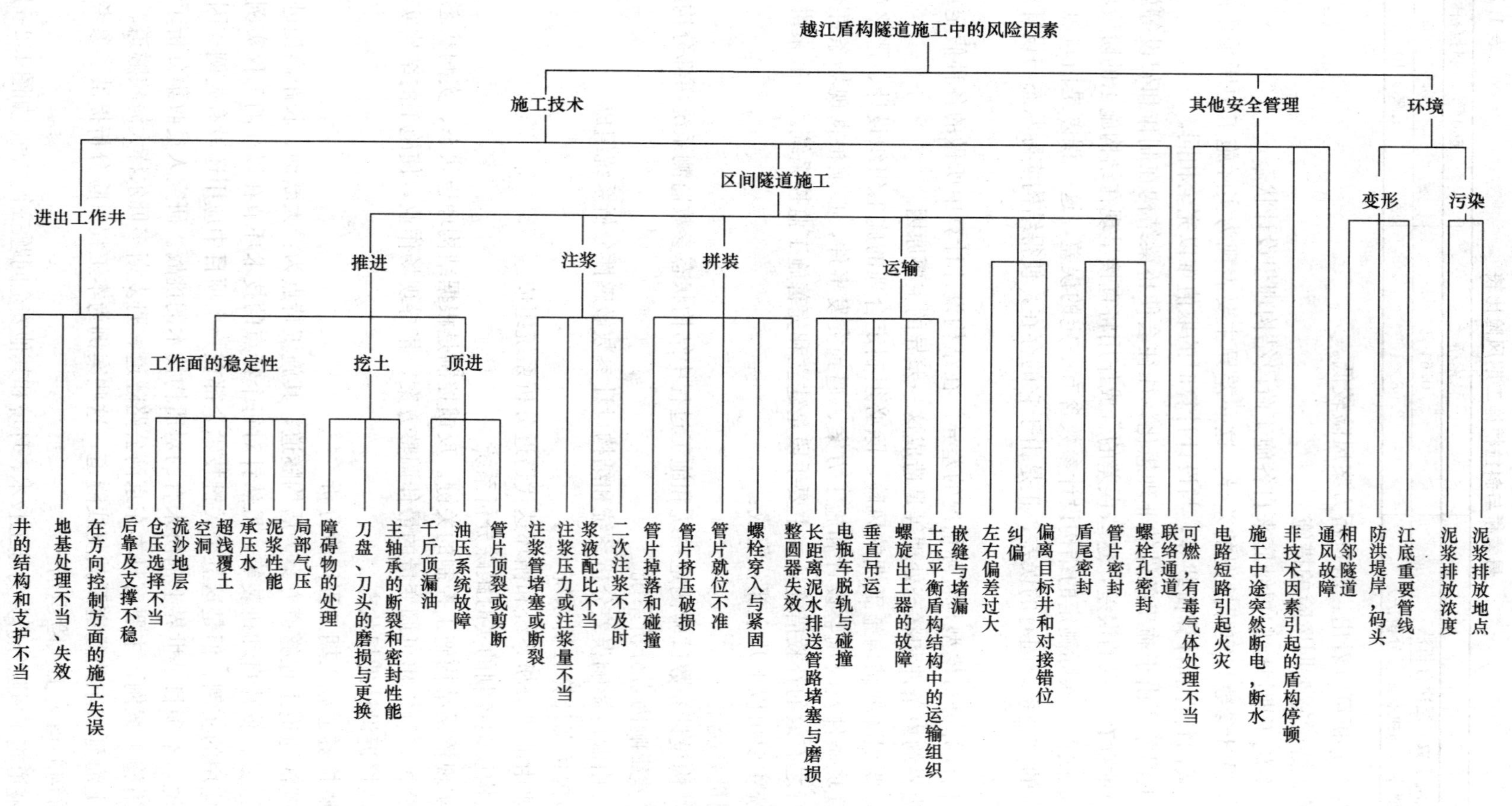

图 1.2-6 风险层次分析框图

2）盾构隧道施工流程中风险分析

为进一步清楚地表示风险存在的环节，更直接地为盾构施工服务，按照盾构实际施工操作流程，标明了泥水盾构施工各关键环节的风险因素，如图 1.2-7 所示。

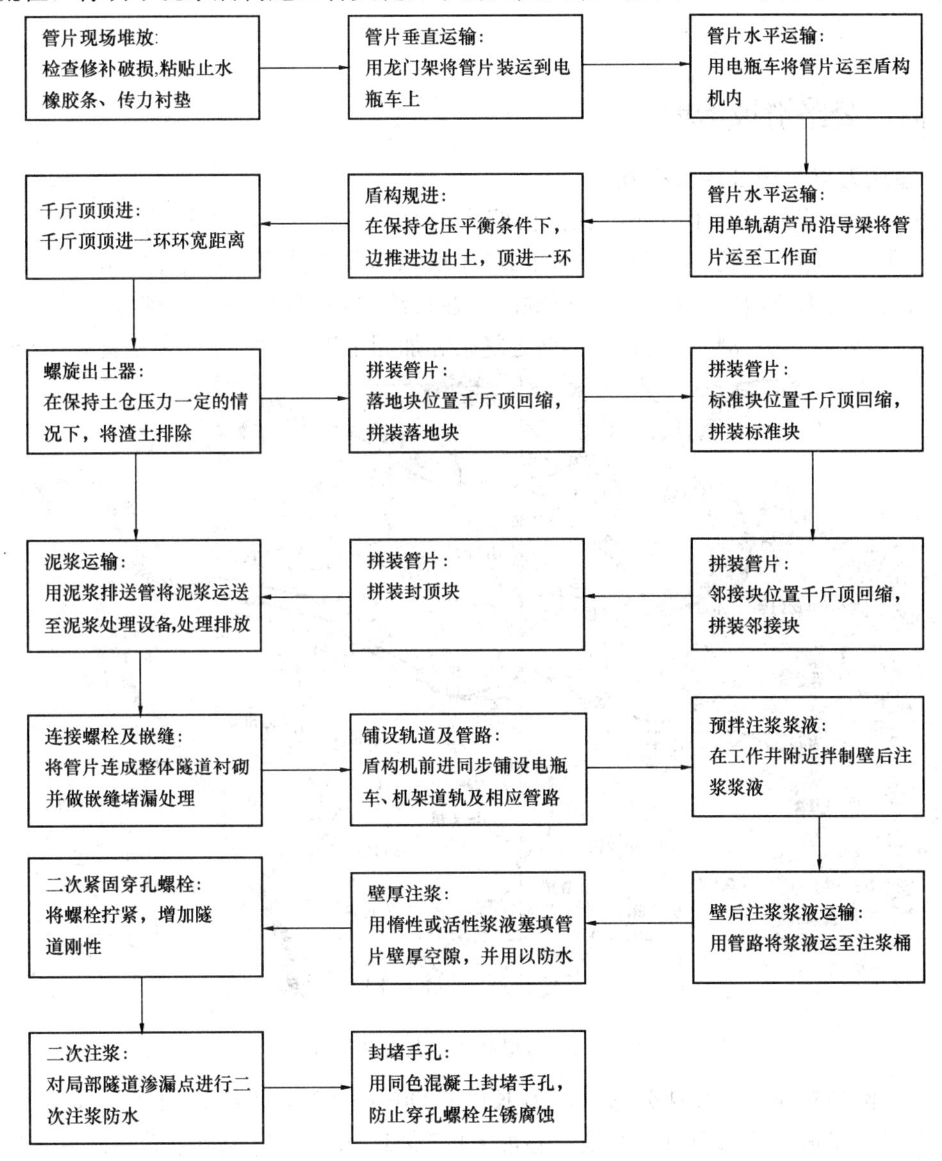

图 1.2-7 盾构法隧道施工流程及其风险分析

针对图 1.2-6 列出的风险因素，利用层次分析法计算分析，根据风险等级评价标准，针对主要风险提出风险控制措施。

4. 小结

通过对工程可行性研究、国内外工程实例的分析比较以及现有的相关技术规范和规程的研究，找出了针对本工程特点的风险源及其在施工过程中的分布，通过计算分析得到了各风险因素的相对概率分布，并给出了各层次或施工分项的风险水平及其对策，另外还就盾构施工过程中可能出现的主要施工故障风险进行评估。

2 国内外典型公路工程

2.1 高速公路滑坡治理

2.1.1 重庆万梁高速公路工程概况

重庆万梁高速公路起于万州区长江公路大桥北，终点位于梁平县城南西侧约 2.5km 的白衣寺附近，路线全长 67.5km，如图 2.1-1 所示。其中孙家槽至金竹林隧道段位于铁峰山背斜与黄泥塘背斜的交接段，岩层顺倾，在长约 12km 的路段，开挖后形成高边坡变形破坏达 31 处，其破坏频率之高、类型之复杂和加固工程结构类型之全是首屈一指的。

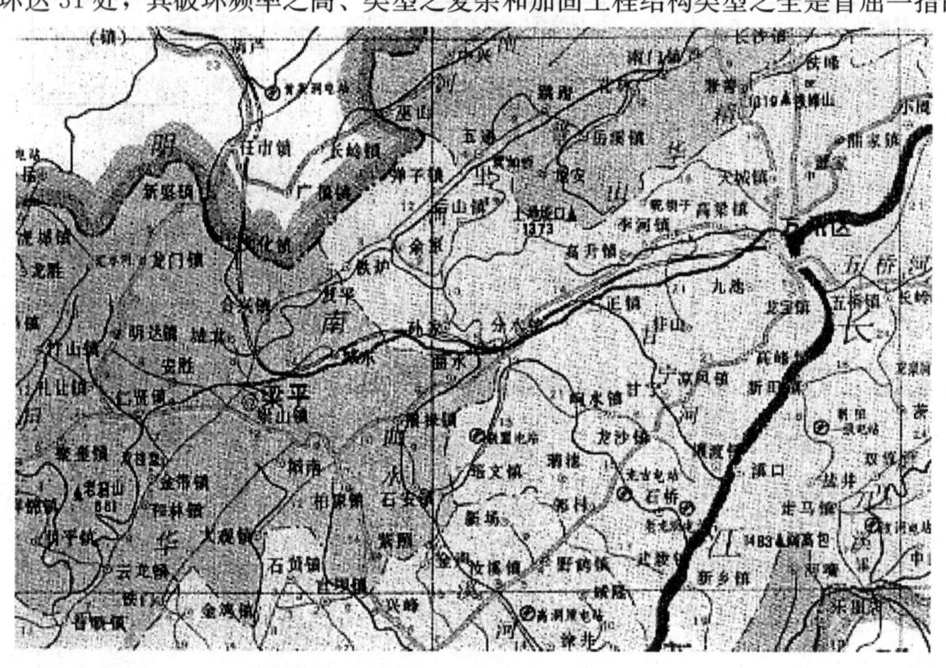

图 2.1-1 万梁高速公路地理位置

安龙东滑坡对应万梁高速公路里程为 K42＋390～＋630，沿线长约 240m，路线在此以路堑形式从淤坡的前部通过，路线中心最大挖深 21.3m。从地貌上来看，该滑坡具有老滑坡特征，坡面呈台阶状，每级台坎均已改造为水田，老滑坡的后缘延伸较远，距中线约 100m。

该段路堑边坡原设计在坡脚设高为 8.0m 的挡墙，以上为三级边坡，坡高均为 10.0m，坡率分别为 1∶0.75、1∶1、1∶1.5，每级边坡间设宽 2.0m 的平台，坡面采用浆砌块石护面墙防护，堑坡最高为 40m。当边坡自东向西开挖刷方至最上两级边坡时，边坡后缘相继出现了 NW40°的拉张裂缝，随着边坡的开挖，裂缝逐渐扩展并不断向堑顶后部山坡的农田发展，坡体的变形迹象更趋严重，坡面上裂缝遍布，已形成的路堑边坡局部坍塌严重，部分地段民房因变形、开裂严重而不得不搬迁，为确保边坡的整体稳定和施工安全，边坡开挖施工被迫停止。

1. 工程所在地地形地貌

本条路线位于四川盆地东北边缘的中低山丘陵区。区内山脉与槽谷的展布受北北东—北东向新华夏系褶皱构造的控制，背斜成山，向斜成谷。背斜山有铁峰山，山岭高程900～1344m；向斜成梁平坝子和丘陵宽谷，高程450～550m。段内主要河流有高滩河、普里河、汝溪河及襄渡河，其河段弯曲，路线均走行于上述河流的上游，均属于长江支流水系。

双河口至蓼叶河（K38＋38～K52＋000）属构造剥蚀低山斜坡地区，斜坡较缓，自然坡度为12°～18°，坡面走向近东西，冲沟发育，植被一般。一般高程550～750m，最高点亭子垭约900m。

2. 地层岩性

该段路线内与滑坡发育关系密切的地层主要有：第四系（Q_4^{d+dl}）砂质黏性土，侏罗系中统新田沟组（J_2x）大面积出露于蓼叶河、茨竹槽以东至龙井湾及长耳梁至白杨湾一带。该套地层以泥岩、砂岩为主，连续沉积于自流井组之上，为灰、黄灰色中至厚层长石岩屑砂岩，岩屑长石石英砂岩，岩屑石英砂岩，由灰、深灰色页岩、泥岩组成，砂、页岩常呈互层状态：一般是上部以砂岩为主，中部砂、页岩互层，下部砂岩为主，下部砂岩往往具有斜层理和交错层理，局部具有波痕构造；并夹介壳砂岩和介壳灰岩透镜体。具体岩性如下所述。

(1) 第四系坡残积成因砂质黏性土（Q_4^{d+dl}）：棕褐或褐黄色及灰黑色，软塑～可塑，夹有碎石或块石，中密，物质成分为泥岩、砂岩的破碎及风化物，土质略具黏性，有砂感，该土层厚度一般为2～3m，坡体表面大部分被砂质黏性土所植盖。

(2) 泥岩（J_2x）：灰褐、褐黄或灰色，岩层较破碎，具有泥质、粉砂质结构，节理、裂隙较发育，矿物成分以黏土为主．岩层呈碎块石夹泥或泥夹碎石块。

(3) 页岩或炭质页岩（J_2x）：灰黑色，粉砂、泥质胶结，页理发育，薄层构造，岩层十分破碎，呈泥状，夹有少量碎石。

(4) 砂岩（J_2x）：灰、深灰色，岩层较完整，粉砂状结构，砂泥质胶结，岩性较坚硬，构成坡体的基底。

3. 地质构造

万梁高速公路所处的区域，地质构造属新华夏系四川沉降带川东褶皱的北端，路线通过的褶皱有梁平向斜、黄泥塘背斜、铁峰山背斜、万县向斜。经调查测绘，铁峰山背斜的南东翼（K36＋170～K36＋420）见两条逆断层，断层走向NE60°～75°，倾向NW，倾角大于45°，断层破碎带影响宽度100～120m。K38～K52段处于黄泥塘背斜北东端与铁峰山背斜呈反“S”鞍状相接。背斜狭窄，倾角高陡，两翼不对称，南东翼倾角50°～87°，并常有直立倒转。北西翼倾角10°～50°，多构成顺层的直线形单面山坡。如图2.1-2所示。

(1) 黄泥塘背斜

黄泥塘背斜位于梁平向斜及拔山寺向斜之间。由梁平县八角庙、团地坝一带进入测区，向南西延至垫江县界牌场一带倾伏。南西端与卧龙河背斜斜列，其间被高峰场小向斜隔开。北东端与铁峰山背斜呈反“S”形弯曲的鞍状相接，全长80km，轴向NE42°。北

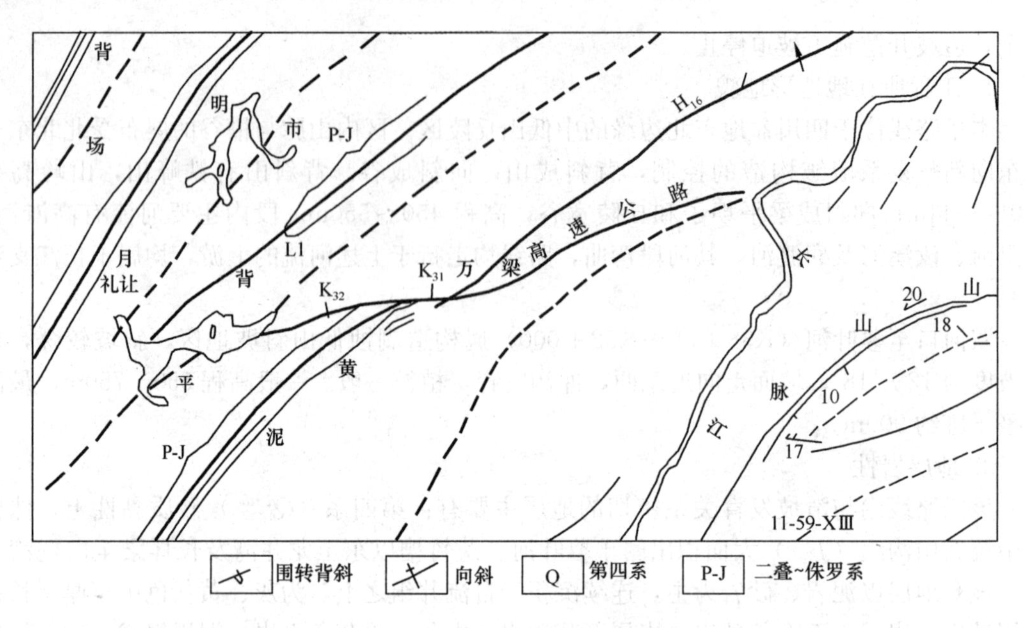

图 2.1-2 区域地质构造纲要图

东端向东偏转，南西端向西偏转，整个轴线呈平缓的“S”形，轴部最老地层为嘉陵江组，在黄泥塘至太平场一段出露最厚达 400m，向南西逐渐倾伏，陆续由雷口坡组至自流井组组成轴部。两翼为雷口坡组至下沙溪庙组，该背斜北东段较开阔，南西段狭窄而呈尖棱状。两翼不对称，南东翼陡，倾角 70°～80°，常直立倒转，仅在北东段大堰塘一芦家清一带变缓为 10°～50°，并伴随有次级小褶曲。北东翼较缓，倾角 15°～41°，为线形尖棱至半箱状背斜。背斜中段发育一条走向逆断层。

（2）铁峰山背斜

铁峰山背斜为一南东翼直立倒转、北西翼缓倾的斜歪狭长背斜，全长约 114km，呈突向北北西的弧形，轴向 NE50°～60°，轴部地层为中三叠系巴东组，两翼为中、下侏罗系。

南西段：同黄泥塘背斜斜鞍相接部位，下侏罗系珍珠冲组内发育平行主轴的较缓小褶皱向黄泥塘背斜过渡。大垭口、铁峰山一带，背斜轴部巴东组内见多组平行主轴的次级褶皱。背斜北西翼缓，倾角一般 8°～30°，有的达 47°，地貌为一大斜坡；南东翼陡，倾角一般 45°～87°。靠近核部大部直立倒转，岩层挠曲，并有小规模错动现象。

中段：铁峰山至云安厂，巴东组内发育一些断距甚小的压性断裂，断面倾向北西；许多平行主轴的小褶皱，随高点的变化呈不协调形态，有的褶皱强度接近主背斜。背斜总体呈南东翼陡，倾角 31°～75°，靠近轴部倒转，北西翼略缓，倾角 16°～63°，背斜轴面倾向北西，在高阳镇南，北翼上三叠系须家河组岩层产状陡立，因而主背斜南东翼变缓，其轴向扭转并倾向南东。

4. 气象与水文地质特征

当地属亚热带温暖湿润气候，年平均气温为 16～17℃，日最高气温为 42.3℃，日最低气温－6.8℃。正常年降雨量为 1175～1252mm，日最大降雨量 250mm，雨季多集中于

5～9 月，占全年降雨量的 70%；静风频率 39%，当地的相对湿度为 80%，多为东北风，风力一般为 1.6～2.1 级，最大可达 8 级。

该路段的水文地质特征主要是地表水较多，大多汇集在沟槽形成的水田，同时由于降雨较多，孔隙潜水也较发育，第四系砂质黏性土构成很好的持水层和隔水层，土体大多处于饱水状态。基岩中地下水的分布、储量受地质构造及地形条件控制和岩性的影响，差异明显。基岩裂隙水赋存于砂岩、泥岩节理裂隙和岩层风化带的孔隙裂隙中，各岩组地下水含量差异甚大，厚层砂岩地下水较发育，泥、页岩中地下水储存条件差。据沿线泉井调查资料揭示，一般地下水露头点流量小于 0.1L/s，受岩性及地质构造影响，如亭子垭西五通庙附近的砂岩中泉水流量达 5.0L/s，孙家乡龙井清接触带夹层灰岩中的泉水流量则达 10L/s。

2.1.2　滑坡主要原因分析

1. 滑坡土体性质

为了研究高边坡的坡体结构、变形破坏机理、评价稳定性，以及为整治工程设计提供参数，在 K38～K52 间各高边坡中不同部位采取岩土试样、滑动带和层间错动带土样，进行室内天然、饱水两种状态下物理力学性质试验，获取物理力学参数。

(1) 岩石的物理力学性质

岩石的物理力学试验结果表明，砂岩、砂质泥岩和微风化砂岩的天然密度为 2.36～2.57g/cm^3，饱和密度为 2.37～2.58g/cm^3，平均增加 3.9%～4.2%；实验结果表明，三组砂岩天然状态下平均抗压强度分别为 18.4MPa、27.8MPa 和 7.05MPa，饱水后其平均值分别为 12.4MPa、21.4MPa 和 4.85MPa，分别降低了 32.6%、23.0%和 31.2%，饱和状态下单轴执压强度均小于 30MPa，该组砂岩为软岩；中风化和微风化砂岩的弹性模量和泊松比分别为 0.205×10^4MPa、0.33、0.147×10^4MPa 和 0.24；抗剪强度 $c=1.0$～2.1MPa；$\varphi=32.8°$～$40.5°$。

顺层岩石滑坡滑动的机理多是层间形成主滑动带的软层受水或水汽的作用先变形，而后引起后缘及两侧受拉，使影响到的陡倾结构面松弛与坡体分离，分离后的牵引部分始有下滑力作用于主滑体上。当主滑体沿软层前进在挤出地面附近受阻时，则沿阻力最小的地段新生滑动带挤出地面。这新生滑动带的一段多位于滑坡前缘，可以是已有结构面的组合，也可以是渐进破坏中岩石强度小而在挤压中逐步变形、破坏。

(2) 滑带土的物理力学性质

在万梁高速公路顺层岩石高边坡中，边坡的变形破坏是岩体顺层滑动，主滑段依附层间错动带软化形成的泥化夹层，为了了解滑动带和泥化夹层的物理力学性质，野外采集了土样进行物理力学性质试验。

滑带土的物理分析试验结果表明，层间错动带和滑动带基本以砂黏土为主，其中大荒田的炭质泥岩风化物和泥化夹层为黏砂土。滑带土的相对密度一般在 2.7 左右，塑限含水量基本在 12.8%～20.9%，液限含水量一般为 18.8%～34.6%，属低塑性黏土。滑带土的化学分析结果显示，炭质泥、页岩泥化夹层或滑动带有机质含量较高，烧失量可达 7.98%～11.20%。

室内试验中对取自于 7 个高边坡 11 组滑动带或层间错动带的重塑土进行了 3 种含水状态下（含水量在塑限和液限之间）的快剪和多次剪切试验。由于剔除了粗颗粒，滑带土在三种含水状态下抗剪强度指标较反算指标偏低，但仍表现了下列特性：①滑带上强度参数随着含水量的增加而降低；②滑带土的剪切强度参数与颗粒组成有较大关系，除炭质泥岩风化物外，黏粒含量高者，粘聚力较大而内摩擦角小；反之则粘聚力小而内摩擦角大。

2. 边坡开挖、爆破的影响

分析根据地质勘察，该滑坡属于顺层岩石滑坡，由破碎砂岩或泥岩夹砂岩沿着下伏的层间软弱泥化夹层滑动，此软弱夹层含有炭质成分，在地下水的作用下强度降低幅度较大，易于形成滑动带而导致上覆岩体发生滑动。由于此类软弱夹层在坡体中具有多层，因此随着开挖临空高度的增大，滑坡呈现多层、多级分布的特点，见图 2.1-3。

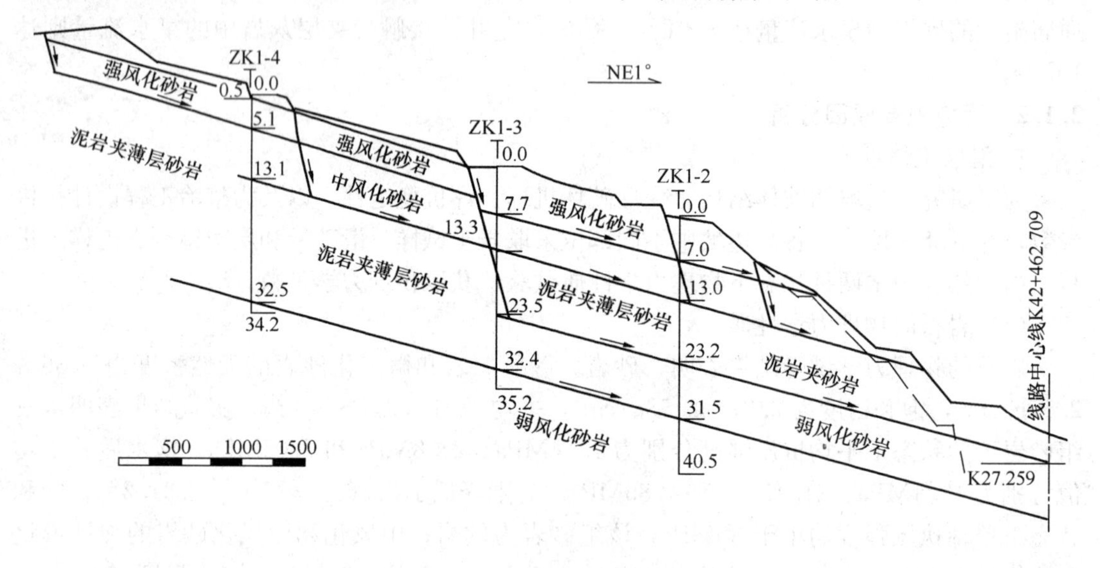

图 2.1-3 工程地质断面图

安龙东滑坡的原地貌形态具有老滑坡特征，当地岩层产状组较为稳定，但其倾向与路线走向大角度斜交并倾向于路基，因此当坡脚开挖时，对坡体的稳定会产生较大的不利影响。组成坡体的岩性软弱，是滑坡产生的地质基础，含炭质成分的软弱泥化夹层相对隔水，地表水易下渗到该相对隔水层，长期的地下水作用必将导致岩土体强度的进一步降低。另外，开挖时的爆破震动也是使坡体稳定性进一步降低的原因之一。

2.1.3 主要治理工程措施

治理措施选择时既考虑治理工程技术与经济的可行性，同时兼顾滑坡工点开挖的实际情况以及该段路线原设计坡面的前后协调性，使得治理工程设计更加合理可行，方案选择同时考虑到施工工期的要求，在确保治理工程整体治理效果的前提下尽量压缩治理工程的施工工期，治理工程方案最终选择以支挡工程为主，结合适当刷方减重和截排水工程等的综合治理方案。各主要工程措施及效果如下。

1. 设置坡脚 8m 挡墙

由于滑坡病害是在边坡开挖到两级左右时开始出现变形失稳迹象的，原路线边坡设计未考虑滑坡的影响，与滑坡路段相临前后路段的边坡已按原设计开挖施工，为保证滑坡区附近边坡设计前后的一致性，保证高速公路通车后的行车视觉效果，滑坡治理工程保留坡脚 8.0m 挡墙。

2. 设置四级边坡

为减小滑坡下滑力，清除已松弛开裂的坡面，增加坡体的自稳性，在坡脚挡墙以上设四级边坡，坡率改为1∶1.5，坡高均为10.m，增加坡面间平台宽至3.0m，最终堑坡最高为50.6m。

3. 采用C25混凝土现浇锚索地梁加固

如图2.1-4所示，锚梁间距均为4.0m，锚梁采用长12m和18m两种形式，梁截面尺寸均为0.6m×0.6m。采用C25混凝土现浇锚索地梁加固，其作用是为锚索提供支承反力，防止坡面局部溜坍；锚索由8Φ^{s}15.2高强度、低松弛、强度为1860MPa级钢绞线组成，每根地梁布置3孔，每孔间垂直间距3.0m，锚索倾角25°，锚索长25～38m，锚固段长度均为10m。

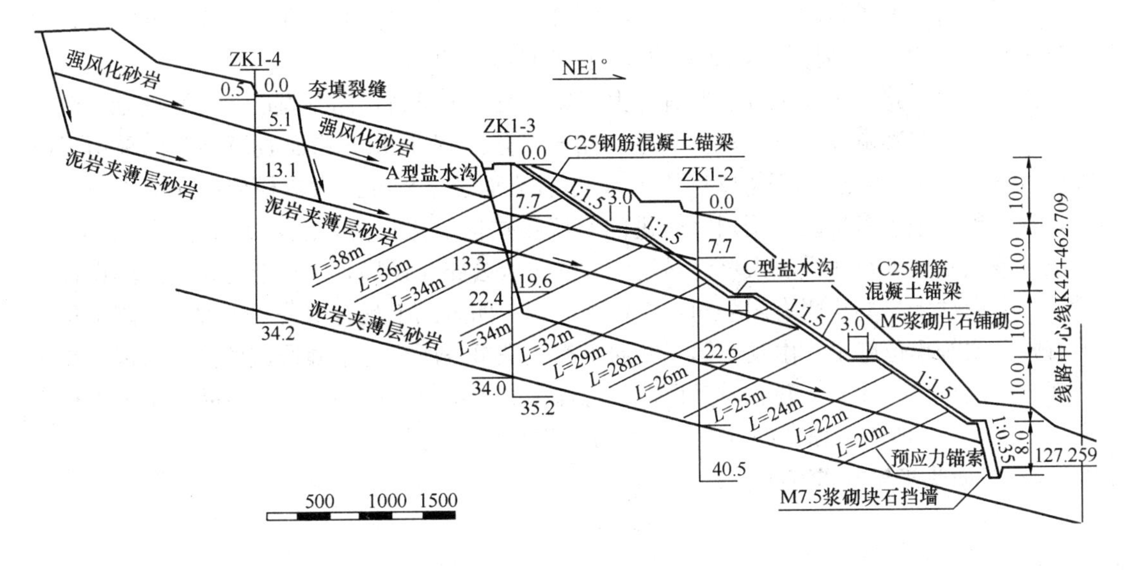

图2.1-4 治理工程断面图

4. 夯填坡面裂缝以及堑坡顶和坡面平台截排水沟工程

在主要工程实施的同时，夯填坡面裂缝以及堑坡顶和坡面平台截排水沟工程也相继开展，以上工程的及时实施使得雨水的顺坡满流和沿裂缝的继续下渗作用得以减小，坡体逐渐趋于稳定。

2.1.4 治理工程效果评价

安龙东滑坡为一顺层岩石老滑坡，开挖坡脚是其变形失稳的主要外界因素，治理工程的及时实施防止了滑坡变形的进一步发展，特别是当最初的变形出现在开挖上部的第四、第三级坡面时，及时、准确地进行了地质勘察工作，对整个坡体可能存在的位于开挖范围内的、可能导致坡体失稳的软弱层面进行了较为准确的揭示，从而为后续的治理工程设计提供了翔实的资料，治理工程对治理工作的重点放在确保坡体不会出现沿各软弱层面的失稳滑动为主，从下一级坡并未增加锚固工程，只是以护面墙防护，西侧部分地段只布设了三级防护。

安龙东滑坡治理工程在2002年结束后，坡体变形得到了控制，并经历了几个雨季考验，其工程治理效果是理想的。

2.2 高速公路路面改扩建工程

2.2.1 沈大高速公路工程概况

沈大高速公路北起辽宁省会沈阳，南至大连市，纵贯辽东半岛，全长 348km，具有重要的政治、经济意义。沈大高速公路于 1984 年建设，1990 年陆续建成通车，双向四车道，是当时全国通车里程最长的高速公路。受历史条件所限，沈大高速公路工程质量与现行标准有一定差距，加之大吨位重载车辆的影响，到 2001 年，部分桥梁结构及桥面等破损严重，服务水平明显下降。根据交通量测算，到 2010 年，沈大高速公路全路段平均为 53965 辆/日，如果在 2002 年只进行路面大修，不到 6 年将会饱和，面临扩容问题。经过多种方案比较论证，辽宁省委、省政府决定将大修和扩容结合到一起，一步到位，适度超前，按八车道标准进行改扩建。2002 年 3 月 14 日，国家计委正式批复了改扩建方案，改扩建工程于 2002 年 5 月开工，2004 年 8 月 29 日竣工通车。

沈大高速公路改扩建工程在原有沈大高速公路（四车道，路基宽度 26m）基础上改扩建成八车道，路基宽度 42m，沈大高速公路改扩建工程 348km 路面表面层全部采用了改性沥青 SMA 技术，总面积达 1244 万 m^2，这种表面层结构如此大规模应用在国内尚属首次，在世界上也不多见。采用国际先进的非接触式自动化收费系统，工程实际总投资 76 亿元。该项工程项目建设法人单位是辽宁省高等级公路建设局，由辽宁省交通勘测设计院设计，由中铁十二局集团有限公司、中铁十九局集团第三工程有限公司、大连公路工程集团有限公司等单位施工，由辽宁第一交通工程监理事务所、辽宁驰通监理公司监理。沈大高速公路改扩建工程交工验收质量评定，总计 192 个单位工程均为优良级品，单位工程优良率 100%，总体质量综合评分为 96.42 分，工程质量优良。

2.2.2 路面改扩建技术方案

1. 路面处理方案的构思

(1) 加铺和翻修方案的比较

根据沈大高速公路的现状，原有路面的大修可以采用翻修和加铺两个方案，翻修是将原路面开挖至新建路面设计深度，然后分层铺筑新路面；加铺是把原路面保留，将其作为路基使用，通过实测路面表面弯沉值，换算为当量土基模量计算加铺厚度，然后直接铺筑路面进行补强，二者的建设条件和优缺点比较如下：

沈大高速公路跨线桥原设计桥下净高 6.1m，而现行《公路工程技术标准》（JTG B01—2003）要求为 5m，同时与沈大高速公路相连的几条高速公路的净空标准也均为 5m，这样就为沈大路加铺路面结构层提供了可能。

加铺方案节省工期，节省了开挖路基所需的时间，在路基加宽施工时，可以维持通车，封闭交通的时间相对较短，而且路基加宽施工可以提前进行，避免了路基和路面施工的交叉作业，有利于合理的安排工期。

沈大高速公路已通行十余年，在重复荷载作用下，路基已趋于稳定，尤其是厚 55cm 的路面结构层强度较高，如果将旧路面挖除重建，不但破坏了原路面结构层的强度，而且原有路基因受到扰动，其强度也会大大降低，甚至有些路段的路基 CBR 值会因为过低而需要处理才能满足路基强度的要求。加铺方案保持了原有路基的稳定，对原路面的扰动较少，充分利用原路结构层强度较高的优势，避免了翻修方案在将原有路面开挖之后，如果路基强度不足，还要对路基进行处理的环节。

在环境保护方面，加铺方案具有明显的优越性。根据施工工期计划安排，两侧路基在封闭前先行加宽施工，翻修方案挖出的路面及路基材料将很难利用，会产生大量的弃料，尤其是原有黑色路面的沥青混合料，由于在技术上和工期上进行大规模再生利用均存在较大困难，不可能实施，并且路面开挖所产生的废料需要重新征地作为弃土场，不仅增加投资，而且会对环境造成极大影响。根据估算，翻修方案由于上述原因，加之路面全部新建，其工程造价较加铺方案要高 1.5 亿元。

加铺方案需要对全线的纵断面设计线进行调整，随着路面加铺，桥涵梁板需相应抬高，原桥下部盖梁或墩台身需进行加高施工，这是采用加铺方案不利的一个方面。但是由于许多桥梁的梁板在运营期间损坏较为严重，在大修改造时需要更换，而墩台盖梁的加高在技术上并不存在明显的问题，这也为路面加铺提供了条件。

根据上述比较结果，最终确定采用加铺方案对原有路面进行处理。

(2) 采用柔性基层理论进行加铺层计算的构想

现阶段，高速公路基层主要分两大类：第一种是国内使用较为普遍的半刚性基层，优点是路面的承载能力强，刚度大，路表的弯沉值较小；第二种是采用柔性基层，即基层是沥青稳定类材料或者级配碎石类结构，这种结构的路表弯沉值较大，路面刚度较小。现阶段国内已经开始尝试采用柔性基层路面结构，但实体工程相对较少，经验不足，而国外新建高速公路的路面结构一般都采用柔性基层。

如果采用 1997 年规范中的半刚性基层理论计算路面厚度，为了满足设计年限内交通量累计轴次的要求，现有沈大路的路面弯沉值较小的路段（例如小于 50）也都要加铺厚度相对较小的半刚性基层，这样便造成原有路面强度较好的路段变成沥青面层夹半刚性基层的一种“夹馅”结构，明显不合理。

鉴于此种情况，对于原路面强度较好的路段，如果保持原有的路面不动，在对路面的局部病害进行处理之后，可以直接在原沥青面层上面加铺沥青混凝土，并把罩面的厚度适当加厚，那么原有的 15cm 沥青面层就可以作为基层来使用，原来的基层可作为底基层来看待，整个路面的结构可看作柔性结构，可以采用柔性基层的理论，选取设计参数对加铺厚度进行计算，这样可以大大放宽对原有路面弯沉值的要求，使原来必须加铺半刚性基层的路段通过罩面沥青混凝土即可以解决问题，这样不仅大大节省了工程造价，缩短工期，而且可以避免刨除原有黑色路面的废料所造成的污染，减少了对路基稳定性的破坏。

2. 路面加铺方案的确定

根据上述的分析与比较，选择了以加铺为主、局部路面挖除的方案。

当原路面弯沉 $L_0<50$ 时，对原路面的局部病害进行处理之后，直接加铺 18cm 沥青混凝土对原路面进行补强，路表面设计弯沉值采用柔性基层的系数进行计算。

当原路面弯沉 $50 \leqslant L_0<110$ 时，原路面先加铺 28cm 半刚性基层，分层摊铺碾压，上层 18cm 水泥稳定碎石，下层至少 10cm 水泥稳定类或二灰稳定类半刚性找平层，然后再做 18cm 沥青面层。新沥青面层与加宽部分一起铺筑。

当原路面弯沉 $L_0 \geqslant 110$ 时，在原路面先加铺 35cm 半刚性基层，上层 18cm 水泥稳定碎石，下层至少 17cm 水泥稳定类或二灰稳定类半刚性找平层；局部病害特别严重的路段对路面进行翻修处理。新沥青面层与加宽部分一起铺筑。

由于原硬路肩沥青面层强度与行车道不同，并且硬路肩没有经过行车碾压作用，因此，对原有硬路肩的路面全部挖除，铺筑新路面。

3. 加宽部分的新建路面结构

加宽部分的新建路面，其结构层从上至下依次为：

表面层：4cm 沥青玛琋脂碎石抗滑层（SMA-16 型）；

中面层：6cm 粗粒式沥青混凝土（LAC-25I 型）；

下面层：8cm 粗粒式沥青混凝土（LAC-30I 型）；

上基层：18cm 厂拌水泥稳定碎石；

下基层：18～20cm 厂拌水泥或二灰稳定混合料；

底基层：16～17cm 厂拌水泥或二灰稳定混合料。

总厚度为 70～73cm，满足抗冻要求。为了增强沥青面层抵抗开裂的能力，在中下面层之间铺设玻璃纤维格栅，铺设范围为路面靠近硬路肩的第三、四车道，并伸入第二车道 1.0m，宽度为 8.5m。考虑到上基层对级配和强度的要求较高，同时对抗冻性的要求也比较严，因此不采用抗冻融循环能力较差的二灰稳定结构，均采用水泥稳定碎石结构；下基层和底基层根据沿线石灰、粉煤灰、碎石和砂砾料场的实际情况，因地制宜，灵活选用二灰或水泥稳定砂砾或碎石结构。

2.2.3 路面施工质量管理

为搞好沈大高速公路改扩建工程建设，提高管理水平，确保工程质量，加快工程进度，控制工程投资，在项目开工前，项目指挥确定了健全制约机制、完善管理办法，强化管理手段、明确管理责任、实行程序化、规范化、制度化管理的项目管理原则。

在路面质量管理中坚持“施工企业自检、社会监理、项目法人稽查、政府监督”四级质量保证体系，加强企业自检、监理监管、项目法人质量稽查的管理。

1. 强化自检体系

施工单位的自检体系是工程质量的基本保障，按《辽宁省公路工程施工企业质量自检体系管理暂行规定》要求，项目指挥部和监理单位在开工前，对各路面施工单位质量自检体系和工地试验室的建立进行检查，不满足《辽宁省公路工程施工企业质量自检体系管理暂行办法》和《辽宁省公路工程试验检测市场管理暂行办法》规定的不批准开工。

按照管理办法要求，施工单位都建立了专职并相对独立的质量保证自检体系和能够满足施工需要的工地试验室，为工程建设提供了有力保障。

2. 改性沥青混合料施工质量管理

由于 SMA 的结构特点，施工质量管理和检测应并重。每天对施工结束的段落进行检测，不仅是掌握施工的质量和施工水平，也是对已完工程的总结，对以后的工程指导和借鉴。

路面压实度是控制 SMA 施工的重要指标，因此在第二天钻孔取芯，检查压实度和空隙率是质量检查的首要环节，压实度不小于马歇尔标准试件密度的 98%，路面实际空隙率不大于 6%。用铺砂法检测路表构造深度，保证不小于 0.8mm。还应检测路面平整度、厚度、宽度、高程、横坡、弯沉等指标。

在施工质量管理中进行试验检测时，应采取随机抽样的方法，并对试验检测数据进行数理统计分析，计算结果应符合设计要求。应采用控制图（管理图）进行动态管理。

改性沥青应在尽量靠近供拌合混合料使用的部位取样；对现场制作的改性沥青，取样后应立即灌制试样进行试验，不得在冷却后重新加热或用室内改性沥青制作机械加工后再做试验。

当采用抽提试验方法检测沥青混合料中的改性沥青结合料含量时，对不溶于试验溶剂的改性剂，如PE，应根据生产改性沥青时投放的改性剂剂量和抽提试验结果进行计算，以确定实际的结合料含量。施工过程中改性沥青质量的检测应检测针入度、软化点、低温延度、弹性恢复、乳胶含量测定等。

外观鉴定应达到下列要求：

（1）表面平整密实，无泛油、松散、裂缝、粗细料集中等现象。

（2）表面无明显的轮迹。

（3）接缝紧密、平顺，熨缝不应枯焦。

（4）面层与路缘石及其他构筑物衔接平顺，无积水现象。

（5）沥青面层内部及表面的水要排除到路面范围以外，路面无积水。

2.2.4 SMA的质量控制要点

1. 施工原材料质量控制

SMA混合料是由粗集料、细集料、填料（矿粉）、纤维稳定剂、沥青胶结料按照一定的比例组合而成的。在施工准备阶段和施工生产阶段对上述原材料的质量进行严格控制，是SMA混合料体现优良性能的基础。

（1）矿料质量控制

1）粗集料质量控制

粗集料是形成SMA混合料相互支撑骨架结构的主体材料，要求采用质地坚硬、表面粗糙、耐磨耗、形状接近立方体的破碎石料。沈大高速公路SMA路面粗集料（粒径大于4.75mm部分）均采用优质的破碎玄武岩。玄武岩粗集料的物理性能指标符合有关要求，级配要求见表2.2-1。

玄武岩粗集料级配 表2.2-1

规格（mm）	通过下列筛孔（mm）的质量百分率（%）				
	16	13.2	9.5	4.75	2.36
10～15	100	80～90	0～15	0～5	—
5～10	—	100	95～100	0～15	0～5

粗集料的质量控制，重点从以下五方面进行：

① 粗集料的质量控制主要是依靠加大试验检测频率来实现的。在通过试验选定料场后，粗集料进场时每车料都要进行级配、针片状颗粒含量、软石含量这三项指标的试验检测，每进场500m³碎石，须进行全项性能指标抽检试验，以保证进场的材料符合规范要求。

② 存放粗集料的场地地面要求必须用混凝土硬化，防止装运底部石料时掺杂泥土等杂物。不同规格（产地）集料不能混堆，必须以砖墙分隔开，防止混料。

③ 玄武岩粗集料使用前必须经过水洗，除去集料表面粘附的石粉。

④ 严格控制5～10mm颗粒中的针片状颗粒含量。

⑤ 严格控制5～10mm颗粒中4.75mm筛孔的通过量，以其通过量在0～5%为宜。

2）细集料质量控制

沈大高速公路SMA混合料中细集料（粒径小于4.75mm）全部采用机制砂。细集料的物理性能指标符合有关要求，级配要求见表2.2-2。

机制砂级配要求 表2.2-2

规格（mm）	通过下列筛孔（mm）的质量百分率（%）			
	4.75	2.36	0.6	0.075
S16	100	85～100	20～50	0～10

细集料的质量应重点控制以下两个方面：

细集料应采用直接加工的机制砂，不可使用经筛分的石屑替代。机制砂的级配必须符合要求，同时还应尽量使机制砂具有良好的级配（虽在级配范围内，也应注意避免某一粒级的颗粒过分集中）。

为保证SMA16-L具有良好的间断级配，应严格控制机制砂2.36mm筛孔的通过量，以其通过量在95%～100%为宜。

3）矿粉质量控制

应选用优质磨细石灰石矿粉，矿粉质量满足相关技术要求，0.075mm筛孔通过率比普通沥青混凝土要求严格一些，这也正是SMA获得性能优良的沥青胶泥的关键所在。

矿粉的储存必须达到防雨、防潮的要求。

在SMA混合料生产过程中，集料的特性非常重要。在料源与加工方式不变的情况下，其级配也可能因堆料或装卸方法而改变，所以选取有代表性的试样进行试验是至关重要的。当料堆级配发生较大变化时，应根据集料的实际情况对集料的上料比例进行必要的调整。还应定期对间歇式拌合机的热料仓集料级配进行分析，作为对混合料级配验证的依据之一。

（2）胶结料的质量控制

1）基质沥青的质量控制

沈大高速公路SMA混合料应用掺加5%SBS的现场改性沥青，其基质沥青技术要求应符合相关要求。

基质沥青在进场时同样进行每车抽检，重点是检测其针入度、延度和软化点指标。沥青全项指标检测一般每月进行一次。

2）改性沥青的质量控制

沈大高速公路SMA混合料应用掺加5% SBS的现场改性沥青，改性沥青的质量控制重点在以下三个方面：

① 改性沥青的制备应注意改性设备的生产能力与混合料的拌合能力相配套。如果改性沥青的生产能力低于拌合能力，则不可避免地会降低工效或降低改性沥青质量。

② 现场改性沥青取样检验应注意取样时间，应该在当日制备出改性沥青初期和连续生产中、后期分别取样试验，加大试验频率，以便能够及时发现问题。

③ 制作好的改性沥青的温度应该满足沥青泵输送及喷嘴喷出的要求，在满足施工的前提下，沥青的加热温度不应太高，最高温度一般控制在170～180℃之间。

(3) 木质素纤维的质量控制

沈大高速公路 SMA 混合料多数使用松散木质素纤维，其技术质量符合相关要求，还注意在库房内妥善储存，防雨防潮，防止纤维结团。

2. 施工中配合比检验

沈大高速公路 SMA 级配采用 SMA16-L 型，其矿料级配如表 2.2-3 所示。

SMA16-L 型矿料级配 **表 2.2-3**

级配类型	SMA16-L 型矿料级配通过下列筛孔（mm）的质量百分率（%）										
	19	16	13.2	9.5	4.75	2.36	1.18	0.6	0.3	0.15	0.075
SMA16-L	100	95～100	86～95	45～65	95～100	20～28	14～22	12～18	10～15	8～14	7～12

SMA 混合料在生产过程中应经常进行配合比检验，一般每工作日检验 2 次以上，如遇异常情况还要加大检测频率。配合比检验应重点控制以下六个方面：

(1) 试验检测的取样要有代表性。首先在取样时间上，应在混合料正常连续生产 4 盘以上时取样检验；其次是注意所取样品的均匀性，因装卸等原因产生离析的混合料不具备代表性，一般在储料仓放料至载重车时取样。

(2) 因 SMA 是间断级配，对配合比变化较敏感。施工时严格控制级配。

(3) 矿料合成级配中 4.75mm 与 2.36mm 筛孔（称作断档筛孔）通过率之差应控制在 3%以内。

(4) 测定沥青含量（油石比）用燃烧法快速且效果较好，但应考虑纤维燃烧对结果产生的影响，使用前应对燃烧炉进行试验标定。

(5) 在 SMA 施工级配和油石比检测中，若级配发生大于规定的允许偏差，则应重新分析各热料仓级配并依此调整冷料的进料速度，使混合料级配能满足相关的要求。若沥青含量发生大于规定的允许偏差，则应及时调整沥青用量。

(6) 施工过程中使用两个或两个以上拌合站的，应控制各个拌合站的级配，在其生产配比的基础上，向目标配合比靠近，且合成级配彼此之间不宜出现较大变化，防止出现路表面颗粒粗细不均的现象。

3. 施工生产过程中的质量控制

(1) 木质素纤维的储存和添加

与普通沥青混合料相比，SMA 在混合料中增加了木质素纤维稳定剂，木质素纤维进场后必须放置在仓库内，并注意防潮。木质素纤维添加设备也应防雨防潮，否则同样会造成纤维结团。木质素纤维的添加应保证添加计量的准确和添加时间合理。

(2) SMA 混合料拌合

保证足够的拌合时间。SMA 混合料拌合时间应经试拌确定。SMA 在拌合过程中总的干拌时间不少于 15s，且加入木质素纤维后的干拌时间不少于 8s，湿拌时间增加 15s。

合理设置热料仓筛孔是能够方便合理地调节配合比的基础。SMA-16L 生产中通常筛孔设置为 22mm、15mm、11mm、6mm，分别对应控制生产配合比中 19mm、13.2mm、9.5mm、4.75mm 筛孔（筛孔设置还与拌合设备中筛的倾角和振动频率有关，选用筛孔尺寸时还应参照设备的使用说明）。

要保持拌合过程中温度的稳定。SMA 混合料拌合及出料温度应控制在 170～185℃ 左右，不宜超过 190℃。

（3）SMA 混合料运输

在运料车装载混合料时，应使车辆前后移动，多次装载，减少大集料滚落产生的离析。

运输过程中对混合料加盖厚帆布保温。

运输车辆的数量应与现场摊铺速度和运输距离配套，不应出现摊铺机等候料车的现象。同时，每台摊铺机前等候的料车不宜超过 4 台。

（4）SMA 混合料摊铺

在正式开始试验路之前，沈大高速公路各施工单位都进行了试拌试铺。试拌试铺一般按照生产厚度铺筑，面积大约 100～200m²。目的是为了检验配合比、检验拌合站的参数设置、检验摊铺机、初步确定摊铺和碾压工艺。

调整好摊铺机的料门高度，摊铺机向前移动摊铺时，使混合料高度等于或大于螺旋布料器高度的 1/2，但不超过 2/3。

SMA 混合料的供料速度、压实速度应与摊铺速度平衡，应控制摊铺机缓慢、均匀、连续不间断地摊铺，摊铺过程中不得随意变换速度或中途停顿。摊铺机的摊铺速度一般为 2～2.5m/min，不得大于 3m/min。

摊铺机螺旋布料器的长度应尽量接近每机的摊铺宽度，以减少摊铺边部混合料自由滚落而产生的离析。沈大高速公路要求螺旋布料器的长度与摊铺宽度之差，每侧不得大于 20cm。

摊铺机的夯锤应经常检查，避免因个别夯锤工作状态不好导致的路面局部密实度不足。

摊铺温度不宜低于 140℃。气温低于 15℃，不能摊铺 SMA 混合料。

（5）SMA 混合料碾压

沈大高速公路 SMA 路面碾压通过试验路确定碾压工艺，多数施工单位确定的碾压工艺是采用先静压半遍（或 1 遍），然后振动压实 3 遍半（或 3 遍）。施工中应注意：

碾压过程中，压路机应紧跟摊铺机，做到“高温、紧跟、匀速、慢压、高频、低幅”。

路缘石附近熨平板夯实不到的地方应人工找补。压实时靠近路缘石和两台摊铺机纵向热接缝处可直接采用振动碾压的方式，较其他部分路面增加一遍振动碾压，以保证这部分路面不渗水。

终压温度不应低于 130℃，碾压终了温度不低于 116℃。

压实度通过钻取芯样实测密度与标准密度比较计算而得。沈大高速公路每个路面施工单位都配备了理论密度测定仪，压实度除按照我国规范规定的达到马歇尔密度的 98%以上，还要求达到理论最大密度的 94%以上（即路面的实际空隙率小于 6%）。

4. 油斑的产生及处理

在 SMA 施工中路面产生油斑比较常见。油斑产生的原因主要有两种：一是由于混合料离析，导致局部细集料和玛瑺脂过多而引起。这种油斑一般只在局部小面积出现；另一种是由于混合料中矿粉含量过多引起的，这种油斑一般大面积出现，且有连片的趋势。针对第二种油斑，只需适当减少混合料中矿粉用量即可收到立竿见影的效果。而针对第一种油斑，需从以下几个方面认真查找原因并及时更正：

（1）木质素纤维的添加数量是否符合设计要求，是否由于受潮或拌合时间短而没有很好地分散开；

（2）混合料出料温度是否过高；

（3）混合料是否在料车上等候时间过长；

（4）混合料是否在摊铺过程中产生离析。

2.3　跨江公路大桥工程

2.3.1　苏通长江公路大桥工程

1. 工程概况

（1）概述

苏通大桥位于江苏省东部的南通市和苏州（常熟）市之间，是交通部规划的黑龙江嘉荫至福建南平国家重点干线公路跨越长江的重要通道，也是江苏省公路主骨架网“纵一”——赣榆至吴江高速公路的重要组成部分，如图 2.3-1 所示。它是我国建桥史上工程规模最大、综合建设条件最复杂的特大型桥梁工程。建设苏通大桥对完善国家和江苏省干线公路网、促进区域均衡发展以及沿江整体开发，改善长江安全航运条件、缓解过江交通压力、保证航运安全等具有十分重要的意义。

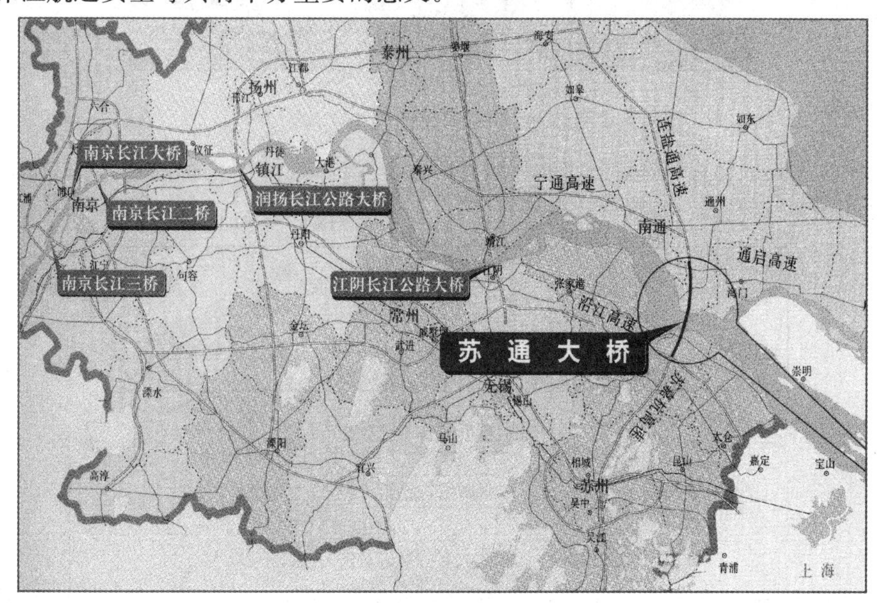

图 2.3-1　苏通大桥平面位置示意图

苏通大桥工程起于通启高速公路的小海互通立交，终于苏嘉杭高速公路董浜互通立交。路线全长 32.4km，主要由北岸接线工程、跨江大桥工程和南岸接线工程三部分组成。

1）跨江大桥工程：总长 8206m，其中主桥采用 100＋100＋300＋1088＋300＋100＋100＝2088m 的双塔双索面钢箱梁斜拉桥。斜拉桥主孔跨度 1088m，列世界第一；主塔高度 306m，列世界第一；斜拉索的长度 580m，列世界第一；群桩基础平面尺寸 113.75m×

48.1m，列世界第一。专用航道桥采用140＋268＋140＝548m的T型刚构梁桥，为同类桥梁工程世界第二；南北引桥采用30、50、75m预应力混凝土连续梁桥（主塔及主桥成桥示意图见图2.3-2、图2.3-3）。

2）北岸接线工程：路线总长15.1km，设互通立交两处，主线收费站、服务区各一处；

3）南岸接线工程：路线总长9.1km，设互通立交一处。

苏通大桥全线采用双向六车道高速公路标准，计算行车速度南、北两岸接线为120km/h，跨江大桥为100km/h，全线桥涵设计荷载采用汽车—超20级，挂车—120。主桥通航净空高62m，宽891m，可满足5万吨级集装箱货轮和4.8万吨船队通航需要。全线共需钢材约25万吨，混凝土140万m^3，填方320万m^3，占用土地一万多亩，拆迁建筑物26万m^2。工程总投资约64.5亿元，计划建设工期为六年。

图2.3-2　苏通大桥四个主塔

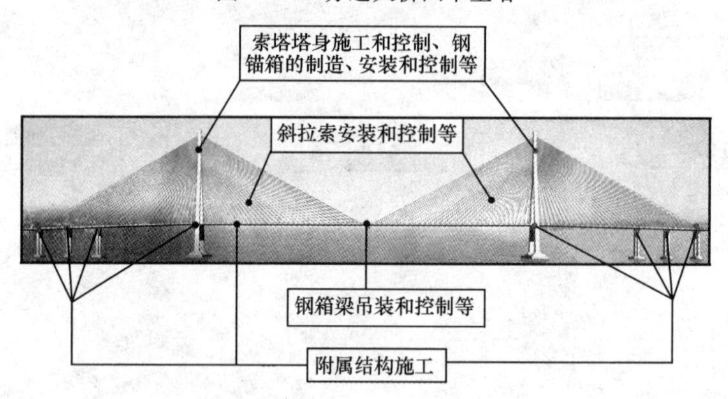

图2.3-3　苏通大桥主桥成桥示意图

（2）主要结构特点

苏通长江公路大桥的四项世界之最：

1）最大跨径：目前世界上已建最大跨径斜拉桥为主跨890m的日本多多罗大桥，苏通大桥跨径1088m，是世界最大跨径斜拉桥。

2）最深基础：主墩基础由131根长约120m、直径2.5m/2.8m的钻孔灌注桩组成，承台长114m、宽48m，是世界规模最大、入土最深的桥梁桩基础。

3）最高桥塔：目前已建最高桥塔为多多罗大桥224m钢塔，苏通大桥桥塔为高300.4m的混凝土塔，比在建的昂船洲大桥桥塔高6m，为世界最高桥塔，上塔柱为钢（锚箱）混（凝土）叠合结构。

4）最长拉索：苏通大桥最长索为577m，最大重量为59t，比多多罗大桥斜拉索长100多m，为世界最长斜拉索。

另外，钢箱梁宽41m，标准梁段最重达450t，边跨大块梁段最大长度为60m、最大吊装重量1480t；单悬臂施工长度大，达540m，结构刚度小。

以上特点要求必须采取相应的关键施工技术。

（3）自然条件特点

1）水深（达35m左右）、流急（断面最大点流速达4.05m/s）、江面宽阔（达6km）。

2）大风天气多，年平均达6级及以上的大风有169d，且每年受2～3个台风外围的影响。

3）航运繁忙（日平均过船量达5000艘左右，其中万吨级以上船舶约800艘、危险品船约200艘）。

2. 苏通长江大桥十大关键技术

（1）主桥结构体系研究

桥梁对静、动力反应敏感，为改善结构性能，需对桥梁结构体系进行研究设计采用阻尼装置，设计要求高、参数复杂，国内没有类似工程经验。

（2）抗风性能研究

风荷载是桥梁的控制荷载之一，对结构设计影响大桥梁风致振动是桥梁设计必须解决好的关键问题，必须采用风洞试验对风动力参数及结构抗风性能进行研究。为保证桥梁安全，需采取必要的减振措施。

（3）抗震性能研究

松、软地层条件设计地震动参数的确定困难而复杂，桥梁结构特性对地震动力反应敏感，设计难度大国内抗震计算方法、软件难以适用必须采取减、隔震或消能措施。

（4）防船撞系统研究

船撞力大，船撞对结构受力影响明显，需采用主动、被动防撞相结合的方法。主动防撞是利用南通现有的VTS系统对江面航行船舶进行实时跟踪监控，被动防撞是充分考虑到船撞力对结构的影响，确保受力安全。

（5）超大群桩基础设计与施工

基础位于软弱土层中，承受的静、动力荷载大，桩基数量多，结构受力传力机理复杂，群桩效应突出，国内外规范难以涵盖。大规模水上施工技术指标严，工艺要求高，超大规模钢吊箱水上拼装与沉放风险高，难度大，大体积混凝土承台施工技术要求高、工艺复杂。

（6）冲刷防护设计与施工

桥墩局部冲刷深度大、冲坑形态复杂，为保证施工期及运营期结构安全，需对河床进行永久冲刷防护，国内外缺乏相关理论与经验。防护工程规模大，现场条件复杂，施工难度极大。

（7）超高钢混桥塔设计与施工

索塔抗风与静力稳定性问题突出，钢混结构受力机理复杂，设计难度大。风和温度对施工的影响十分突出，国内外尚无经验可循。如何保证桥塔上部钢混结构施工精度、提高施工质量、确保结构耐久性具有很大挑战性。

(8) 超长斜拉索减振技术

斜拉索风雨激振理论原理不清，设计考虑困难，斜拉索减振与抑振措施须经实验研究确定。

(9) 主梁架设技术。

块件数量多、重量大，斜拉索长，施工架设难度大；悬臂长度大、施工周期长，抗风安全突出；结构柔，施工技术要求高，施工控制困难。

(10) 施工控制技术

施工控制是保证斜拉桥成桥线形和结构内力的重要途径；非线性、温度等对超千米跨径斜拉桥的影响突出，现有理论、分析手段难以全面考虑大跨径斜拉桥。施工过程复杂、体系转换多，技术、材料、外界环境及施工工艺影响大，施工控制技术难度大。

3. 主桥基础施工

(1) 冲刷防护工程

动床模型试验表明，主塔基础将引致31m深的冲刷坑，降低承载力和安全度。针对水深（35m）、流急（最大流速4.01m/s）、潮汐河段（最大潮差4.5m），在防护区进行反复抛投试验，探索出流速、流向、水位、潮汐、抛填物形态等参数的相关规律，优化设计、精心施工，用近60万m^3级配材料（图2.3-4）建成了380m×280m的防止河床冲刷棱体，经4年长江大汛、天文大潮的检验，国内首次桥基河床永久性防护取得成功。

图2.3-4　防止河床冲刷棱体用材料实拍

(2) 钻孔桩施工

北塔桩基施工的首要关键，是在水深、流急、风大、浪高、潮涌的深泓区搭建出施工平台。时值大潮汛期，理论和试桩都表明，由于桩受到的水流冲击力与流速的平方，所以洪水期受力比枯水期大出9倍，即使采用已有最先进方法、直径1.6m的钢管桩也不能奏效。项目部运用抗冲击力与桩径的平方和壁厚也成正比的机理，取消钢管桩支承，利用钻孔桩的结构钢护筒直径大、壁厚、入土深、持力好的优势直接搭设平台。结构、设备、工艺的集成创新，在“龙宫”上用3万t钢铁搭成了160m×60m、相当于1.5个足球场大的平台，确保了2003年开钻，节省钢材千余吨，工期提前2个月，开辟了桩基施工新途径，为南主塔基础、杭州湾大桥、上海大桥和金塘大桥所借鉴。

1）平台搭设

主4号墩135根（含4根备用）护筒从2003年11月2日～2004年3月25日全部顺利施沉完毕（图2.3-5）。护筒施沉质量：倾斜度最大为1/220，最小为1/1250，绝大部分在1/400～1/900之间，均优于设计≤1/200的要求；平面偏差均≤±5cm。为保证钻孔的顺利进行打下了坚实基础。

图2.3-5 平台施工实拍

2）钻孔桩施工

采用比重小、胶体率高、悬浮细粒径、品质保持好、浆砂易分析、护壁性强、泥膜薄的PHP泥浆，保障了C1标205根桩全部达Ⅰ类质量。

采用目前国内最先进的水上搅拌船“混凝土1602”进行钻孔桩水下混凝土浇注。C35高强度等级水下混凝土采用了“双掺”技术，除满足设计要求外，也满足施工性能。每根桩约650～700m^3，浇注时间5～7h。

主4号墩131根桩经超声波一次检测均达到Ⅰ类桩。

3）钢吊箱施工

针对主4号墩钢吊箱面积超大、大方量混凝土与柔性箱体变形的关系复杂、箱体折线结构、箱内支撑纵横、箱外12m高水头压力、江心连续供料难（一天用料1万t）等前所未有的难题，统筹优化组织设计、信息监控、合理分区，精心浇注16800m^{2}自流平混凝土，实现了一次封底成功，见图2.3-6。

主1号～3号墩钢吊箱分别重约360t、360t、1080t；采用工厂制作、远距离浮运现场，起重船一钩整体吊装、分别穿过19根、19根、36根钻孔桩，1～2h就精确安放到位，见图2.3-7。实现了桩基与承台无间隙搭接施工，缩短了工期，且工厂化制作比原位拼装精度提高。

（3）承台大体积混凝土施工中的温度控制

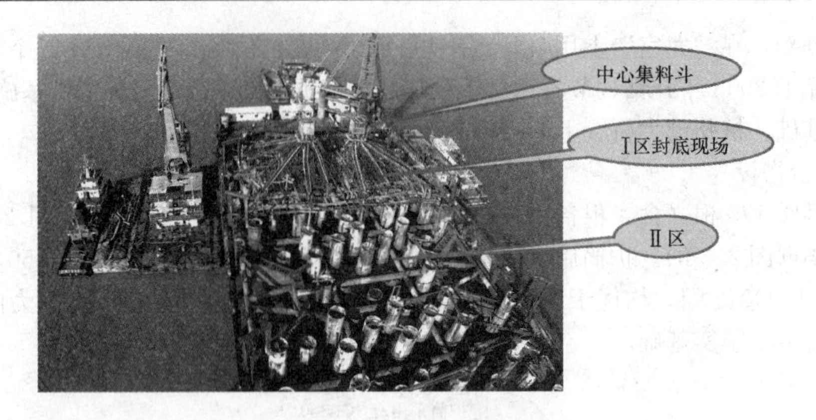

图 2.3-6　主 4 号墩钢吊箱施工实拍

图 2.3-7　主 1 号～3 号墩钢吊箱施工实拍

对 4 座承台、尤其是体积达 42771m^3 的北主塔承台，以及 3 座墩身实体段等大体积、高强度等级混凝土结构部位，采取分层、分块浇注，进行温度场设计，采用信息化监控；优化配合比，选用低碱低热水泥、减少水泥用量、掺加粉煤灰和外加剂、60d 强度控制等降低水化热和控制温度源；控制骨料、拌合水等混凝土制备、输入的入仓温度；科学布设与控制冷却水系统降温；覆盖与养生降低混凝土表里温差；控制邻层浇筑时间、避开温升叠加、均衡层间约束状态等措施（图 2.3-8），避免了大体积混凝土有害裂纹的产生。

4. 主桥索塔及上部结构施工

(1) 上部结构主要特点

塔高（达 300.4m，上塔柱为钢（锚箱）混（凝土）叠合结构）；钢箱梁宽且重（梁宽 41m，标准梁段最重达 450t，边跨大块梁段最大长度为 60m、最大吊装重量 1480t）；斜拉索长且重（最长索为 577m，重 59.0t）；单悬臂施工长度大（达 540m，结构刚度小）。

(2) 自然条件特点

水深、流急、江面宽阔；大风天气多；航运繁忙。

(3) 索塔施工流程

1）索塔施工分段、分层

塔柱共分 68 个节段施工，节段高度为 3.0～4.5m。横梁共分 2 层，分层高度为 7.0m、2.0m。

2）下塔柱施工（图 2.3-9）

● 大体积混凝土温控

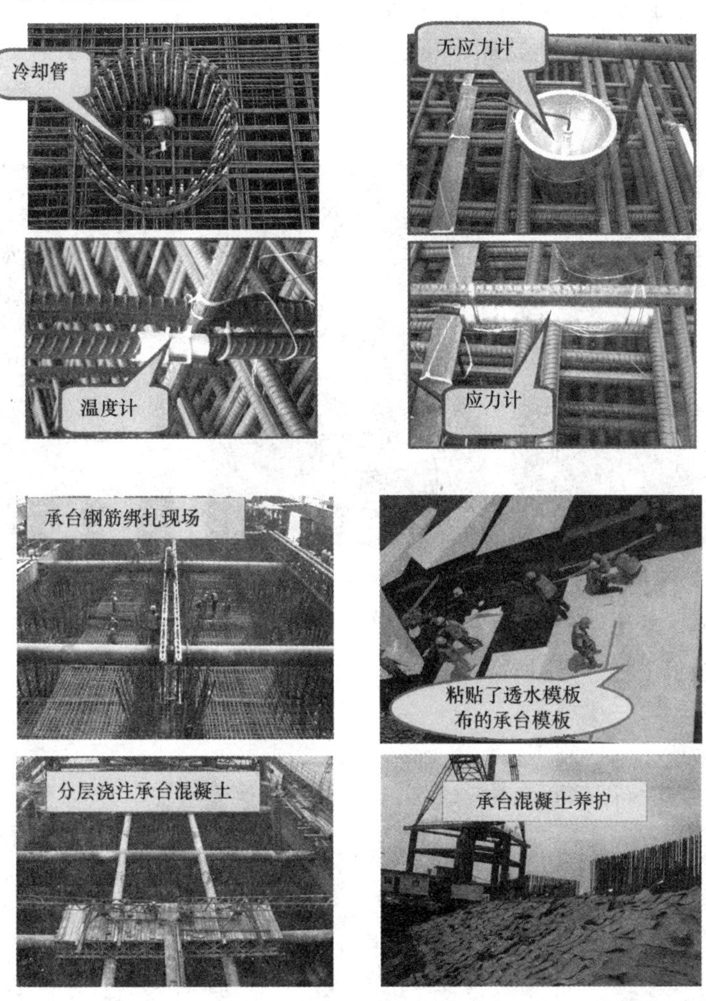

图 2.3-8 承台大体积混凝土施工

图 2.3-9 索塔施工步骤示意图

第一步：塔柱起步段施工；

第二步：安装挂架系统，施工塔柱第 2～3 节段；

第三步：安装液压爬模，进行下塔柱其余节段施工；依次安装水平支撑，同步施工横梁支撑系统；

3）横梁施工（图 2.3-10）

第一步

第二步

第三步

图 2.3-10　横梁施工步骤示意图

第一步：施工塔柱过横梁；

第二步：横梁第一次施工；

第三步：横梁第二次施工。

4）中塔柱施工（图 2.3-11）

第一步

第二步

第三步

图 2.3-11　中塔施工步骤示意图

第一步：中塔柱施工，同步施加主动水平支撑；

第二步：近交汇段处，两塔肢采取异步施工，先完成一侧第 46～47 段；

第三步：完成另一侧第 46～47 段；

5）中、上塔柱交会段施工（图 2.3-12）

1～3 号斜拉索套筒定位，分三次浇筑完成塔柱交会段；

完成钢锚箱底座混凝土施工。

6）上塔柱施工（图 2.3-13）

第一步：安装首节钢锚箱；

第二步：其余锚箱分批吊装、高强螺栓连接；

图 2.3-12 中、上塔柱交会段施工示意图

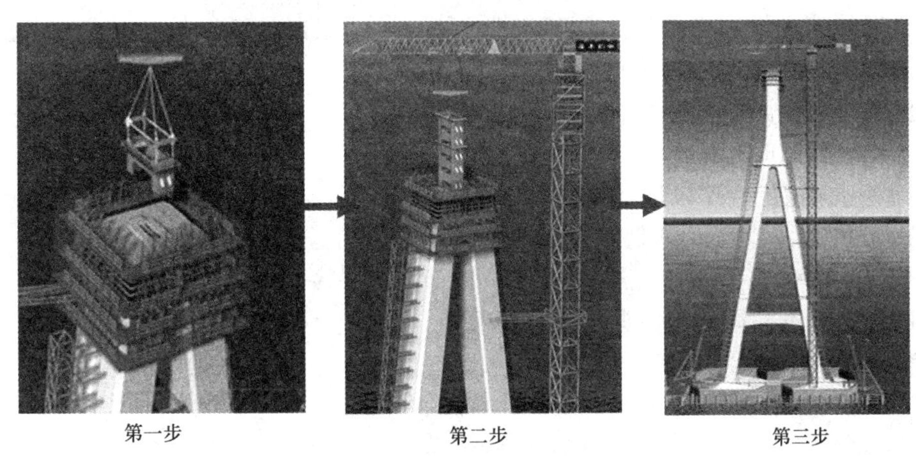

图 2.3-13 上塔柱施工示意图

第三步：浇筑节段混凝土，循环施工至塔顶。

(4) 索塔混凝土可泵性能控制

为解决索塔混凝土泵送困难，除选用性能良好的拖泵外，还采取了以下主要措施：

1) 适当增加混凝土拌合物含气量（3%～4%）。

2) 选用聚羧酸系列外加剂。

3) 选择合适的粉煤灰掺量（20%左右）、砂率（38%～41%）。

4) 严格控制混凝土的和易性和流动度（初始坍落度小于 230mm，流动度 450～500mm；2h 后坍落度大于 200mm，流动度大于 400mm。）

5) 对原材料进行控制，加强现场检测，及时调整施工配合比。

(5) 钢锚箱安装及精度控制

钢锚箱分为 A、B、C 三类，共 30 节，总高度 73.6m。C 类首节、A 类顶节钢锚箱单节段安装，B 类标准钢锚箱两节整体安装，其最大吊重 53t（图 2.3-14）。

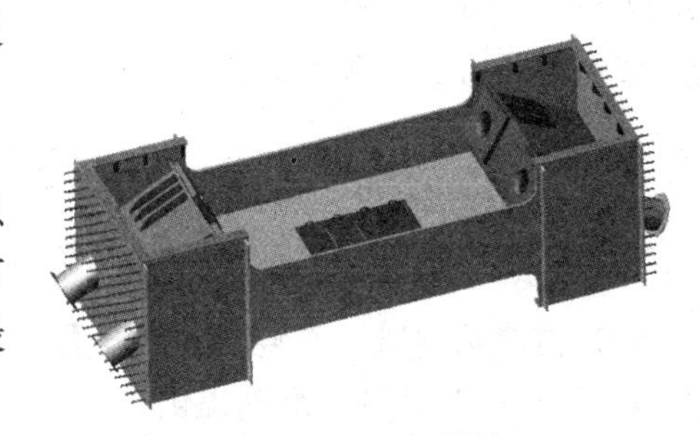

图 2.3-14 钢锚箱

钢锚箱安装总体工艺顺序为：底座混凝土

垫块浇筑→首节钢锚箱安装→其他钢锚箱分批安装。

钢锚箱的安装与节段混凝土施工异步进行，即先安装3～4节钢锚箱，然后浇筑2节段混凝土。

其关键是首节钢锚箱安装。首节钢锚箱的安装顺序为：承重钢板安装→钢锚箱吊装→千斤顶精确调位→锚箱底灌浆→锚箱固定（图2.3-15）。

承重钢板安装时，先进行螺栓预埋、再进行垫块混凝土浇注（预留6cm高），然后承重钢板安装、调位并固定（图2.3-16）。

其中首节钢锚箱底灌浆时，灌浆所面临的环境是：顶面封闭、灌浆面积大、浆液流动空间狭小、混凝土毛面。对于浆液的要求是：高强度；良好的流动性、稳定性、自密实性、膨胀性和耐久性。经与环氧灌浆材料比较，选用水泥基灌浆材料。因此，配制合适的浆液难度加大了。浆液配制时，按照以下程序进行性能指标的确定→浆液配合比设计→模拟灌浆试验。并采取以下措施：掺加风选低钙Ⅰ级粉煤灰、硅灰、聚羧酸系列减水剂和浆液稳定剂；尽量降低水胶比；对不同减水剂、浆液稳定剂及膨胀剂掺量进行对比试验。

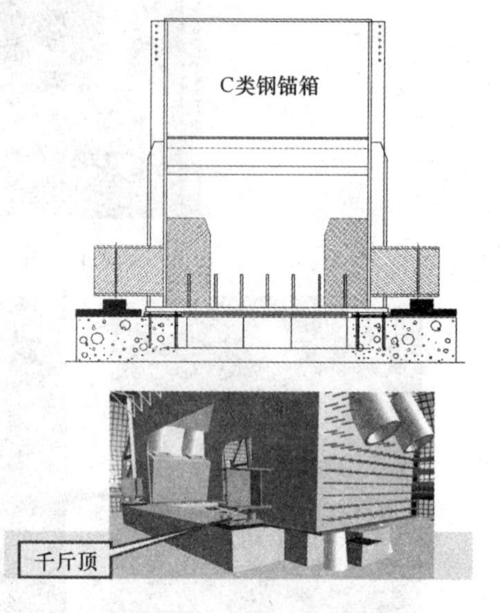

图2.3-15　钢锚箱承重钢板安装示意图（一）

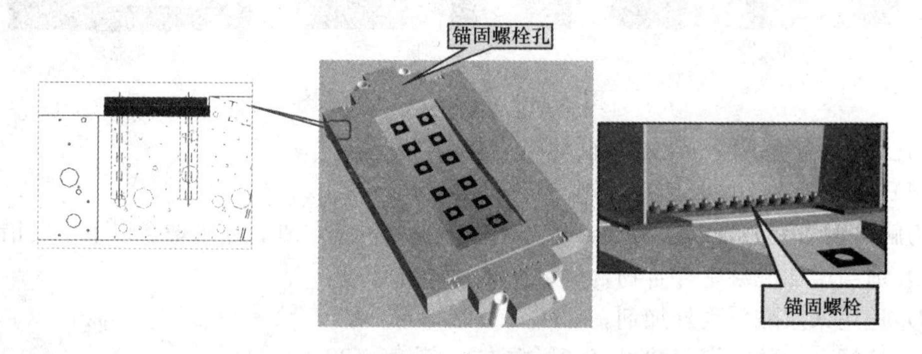

图2.3-16　钢锚箱承重钢板安装示意图（二）

投料顺序如图2.3-17所示。其施工要点包括：灌浆前，用空压机除灰，使灌浆处洁净潮湿；浆液从一个灌浆口倒入，并控制速度，用10号钢丝伸入其中进行适当插捣、引流；灌浆要连续；必须覆盖保湿养护。

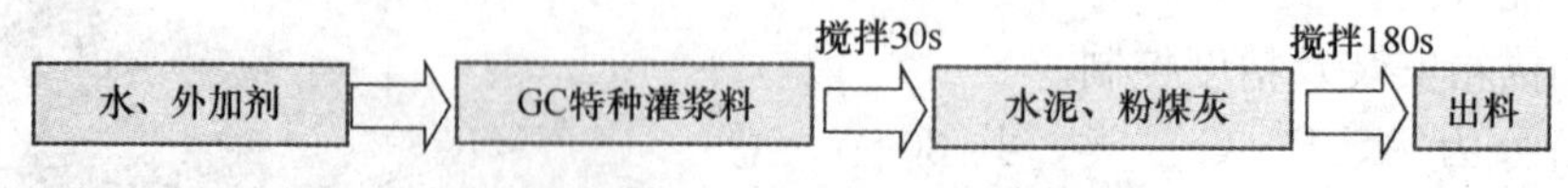

图2.3-17　锚固浆液生产过程

（6）钢锚箱制造、安装精度控制措施

1）进行控制计算，准确提供钢锚箱各节段的无应力制造尺寸。

2）钢锚箱在专用台座上组拼，并采用全站仪进行测量控制。

3）钢锚箱按要求进行竖向滚动试拼装（5～6个节段）。

4）对索塔进行监测，通过控制分析，确定首节钢锚箱安装的准确平面位置，同时，计算确定首节钢锚箱安装的预抬高值。

5）采取合理的施工工艺，对首节钢锚箱进行精确定位。

6）对钢锚箱安装进行监测，分批评估钢锚箱线形，并及时纠偏。

7）钢锚箱采取钢垫板进行纠偏，在每一安装轮次（3～4节段）的钢锚箱顶部设置纠偏调整垫板，根据需要对垫板进行切削。钢锚箱安装如图2.3-18所示。

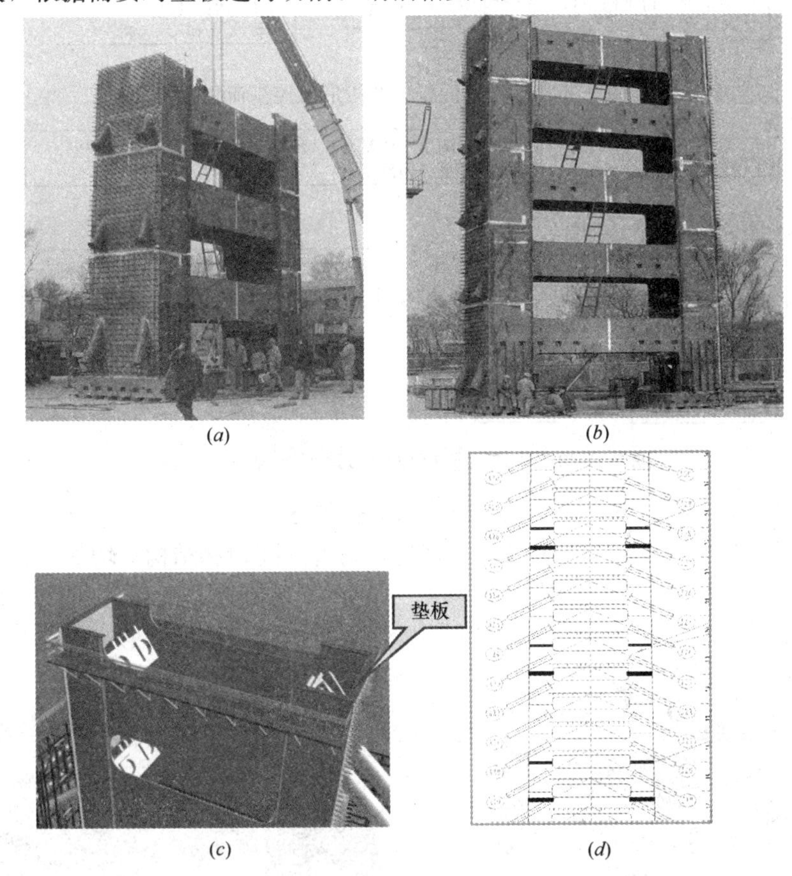

图2.3-18 钢锚箱安装示意图

（7）索塔几何线形监测和控制

由于索塔高，其线形受温度和风影响大，所以必须修正，并且由于施工工期紧，要求能进行全天候测量定位作业。所以，需要对索塔进行形态控制。

索塔形态监控主要程序包括：

1）索塔混凝土节段形态控制程序（图2.3-19）。

2）索塔锚固区钢混节段形态控制程序（图2.3-20）。

（8）施工期索塔、塔吊的抗风和振动控制

抗风和振动控制的思路是：对塔吊进行施工期抗风（静风）能力设计；进行施工期索塔自立状态气弹性模型风动试验，对结果进行评估，并提出抑制措施。

首先，对塔吊（MD3600型）抗风能力（静风作用）进行复核，其复核条件是：非工

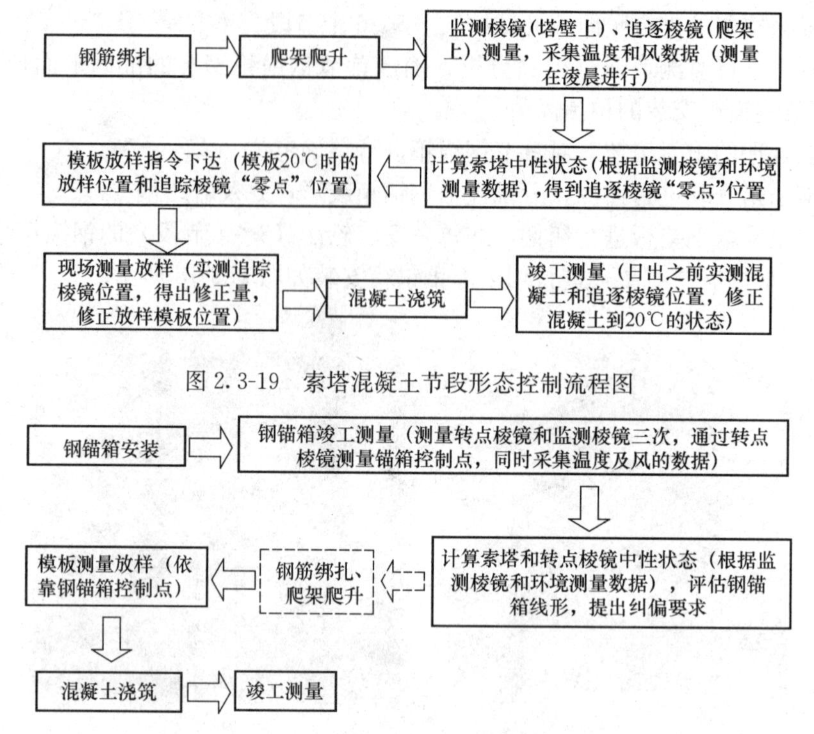

图 2.3-19　索塔混凝土节段形态控制流程图

图 2.3-20　索塔锚固区钢混节段形态控制流程图

作状态下最大风速 61.5m/s；工作状态下最大允许风速 20m/s。经过计算分析后采取了以下措施：对塔吊的自由高度进行控制；合理选择附着的间距和结构；增加旋转机构动力。

然后，进行模型试验，试验模型比例 1∶100。索塔刚度及质量按相似准则模拟，塔吊只模拟刚度，水平支撑模拟质量和刚度，其他临时结构只模拟外形（图 2.3-21）。

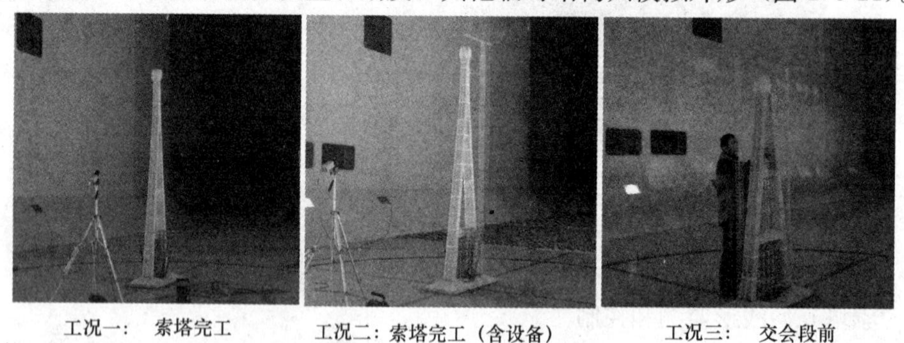

图 2.3-21　索塔模拟试验模型图

最后，根据索塔风洞试验结果，确定了有关重点施工工况条件，对施工期索塔、塔吊的振动进行了分析评估：

1）结构应力：涡激振动引起标准节和附着系统（附墙螺栓和连接杆应力变化，低于材料的允许应力。

2）工作舒适度：塔吊顶可能出现的加速度为 13.8cm/s²，小于工作舒适度极限加速度 30cm/s²；

3）工期影响：全塔高度在风速 15m/s 以下可能产生涡激振动，上塔柱施工期出现 11～

15m/s风速的概率只有2.6%～5.8%。因此，施工测量可避开此风速区段，对工期影响不大。

根据试验结果得出振动对索塔施工及塔吊操作性不存在较大影响，所以索塔及塔吊未采用减振措施。

（9）钢箱梁安装关键技术及其工艺

本桥钢箱梁分为17种类型，141个梁段；其中标准节段16m、边跨尾索区标准节段12m；标准梁段最大起吊重量约450t；钢箱梁全宽41m。

钢箱梁总体安装顺序和方法是：辅助跨及边跨大块梁段采用浮吊吊装；索塔区梁段采用浮吊吊装；双悬臂吊装采用桥面吊机对称吊装；边跨合龙采用岸侧桥面吊机吊装；单悬臂吊装采用江侧桥面吊机吊装；中跨合龙采用江侧桥面吊机吊装。

1）钢箱梁边跨合龙（图2.3-22）

图2.3-22 钢箱梁边跨合龙示意图

千斤顶布置：临时墩顶2台200t千斤顶，主1（8）号墩顶2台650t千斤顶。顶推顺序：先对临时墩上的千斤顶同步预顶各100t，后启动主1（8)号墩顶千斤顶同步顶推（图2.3-23）。

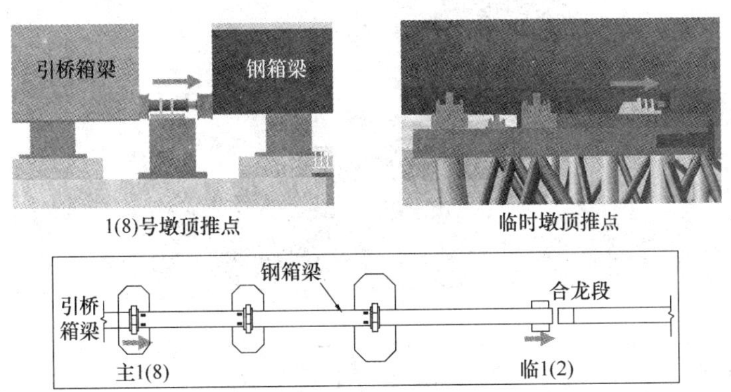

图2.3-23 边跨合龙临时墩顶推点示意图

合龙梁段与大块梁段精确匹配是合龙的关键，主要原因在于：合龙梁段与悬臂梁焊成整体后，受温度、日照等影响大，而大块梁段则受其影响较小，位置相对稳定；悬臂端拼装次数多，误差累计较大。

2）钢箱梁中跨合龙

考虑到实际合龙温度与设计基准温度（20°C）存在差异，根据温度变幅的大小，拟采用两种合龙方案。

① 当温差≤±5℃时，采用温度自然合龙（图 2.3-24、图 2.3-25）；

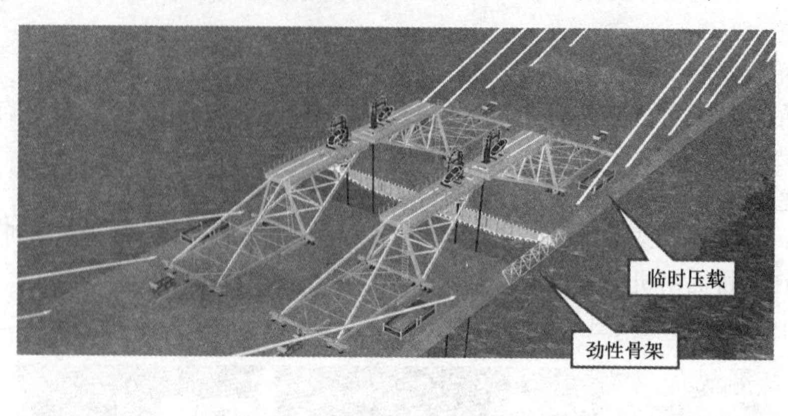

图 2.3-24 中跨自然合龙示意图（一）

② 当温差＞±5℃时，采用顶推辅助合龙。

两种总体合龙方案的主要区别在于：

温度自然合龙（图 2.3-24、图 2.3-25）：根据现场实际监测到的钢箱梁内表温度及合龙口长度，进行合龙段的二次下料（改变梁段长度）；

顶推辅助合龙（图 2.3-26、图 2.3-27）：按标准温度（20℃）进行合龙段的下料，同时增加顶推工艺（改变合龙口长度）。

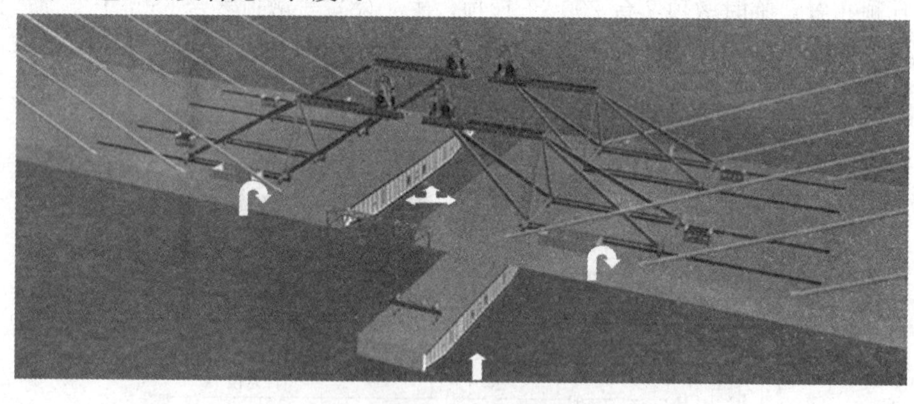

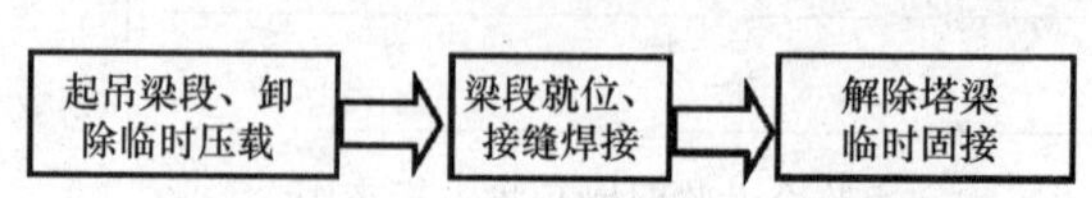

图 2.3-25 中跨自然合龙示意图（二）

（10）斜拉索安装关键技术及其工艺

全桥共 272 根斜拉索。斜拉索共 8 种类型，最大规格为 PES7-313；最大直径 161mm。单根斜拉索最长 577m，重 59t。

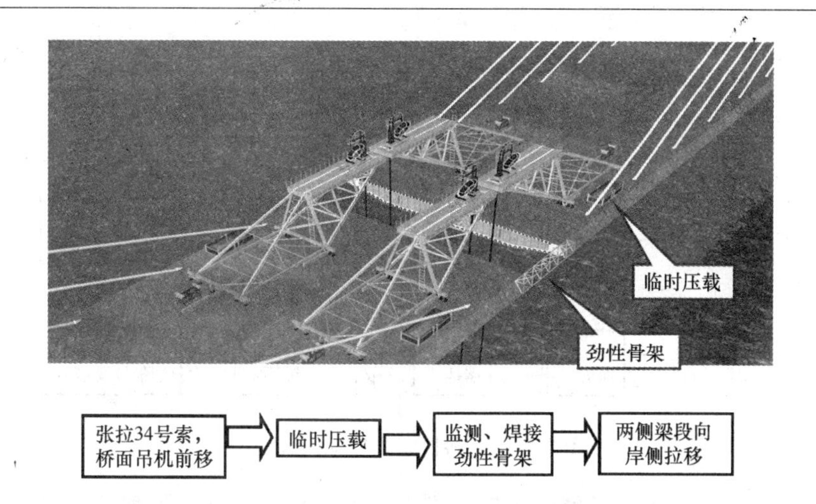

图 2.3-26 中跨顶推辅助合龙示意图（一）

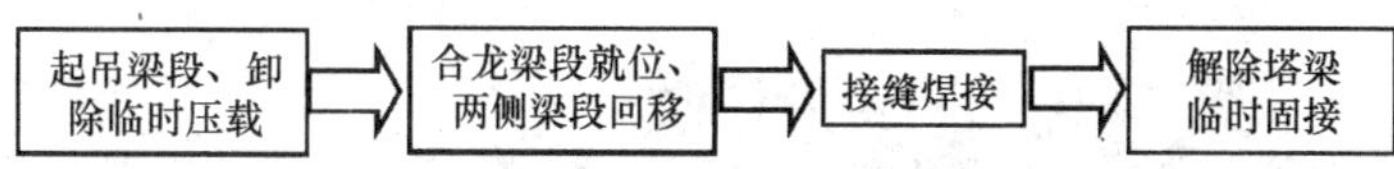

图 2.3-27 中跨顶推辅助合龙示意图（二）

斜拉索安装主要工序为：索上桥面、展索、挂设及张拉。根据斜拉索的重量、锚固牵引力的大小以及张拉施工空间要求，将斜拉索分成三类进行张挂（图 2.3-28）。

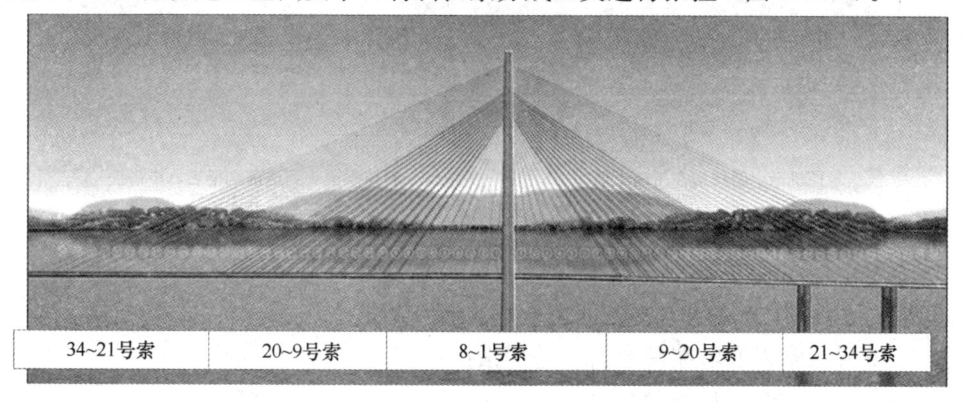

图 2.3-28 斜拉索分类张挂示意图

斜拉索张挂工艺流程见图 2.3-29，工艺示意图见图 2.3-30～图 2.3-34。

· 1~8号短索：

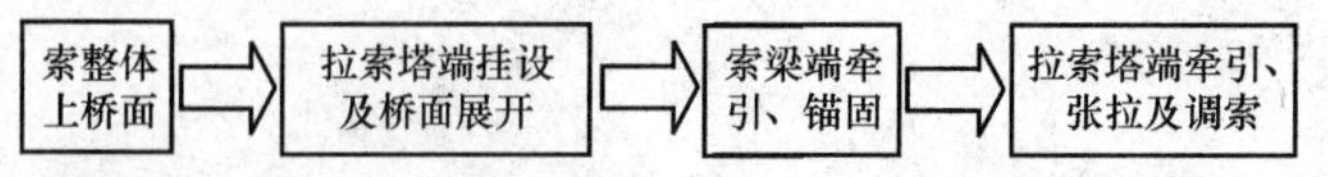

· 9~20号长：

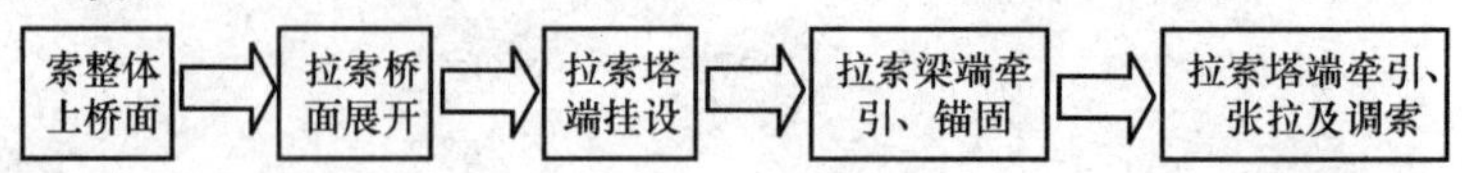

· 21~34号超长索

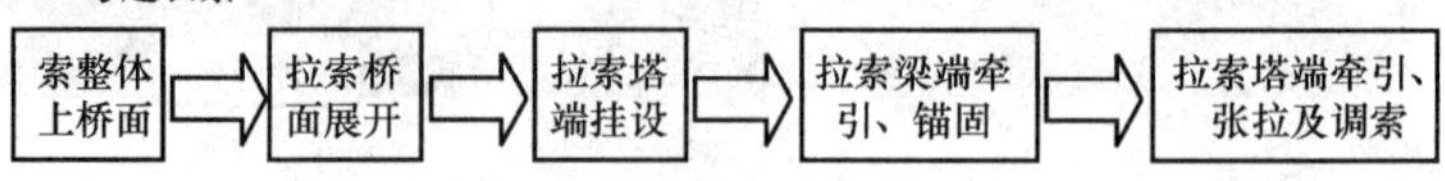

图 2.3-29　斜拉索张挂工艺流程图

• 吊索桁架整体起吊斜拉索上桥面并置于立式放索机上

• 立式放索机带着斜拉索横移

图 2.3-30　斜拉索上桥、横移示意图

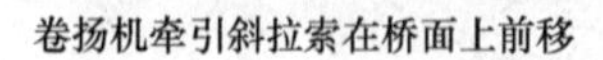

卷扬机牵引斜拉索在桥面上前移

斜拉索锚头到达前端梁后，塔吊提升拉索至其完全展开

图 2.3-31　斜拉索桥面展开示意图

三类斜拉索张挂方法的主要区别在于索的牵引及张拉：

① 1～6 号短索采取塔端硬牵引、塔端张拉；

② 7～20 号长索采取梁端软牵引、塔端张拉；

③ 21～34 号超长索采取梁端软硬组合牵引、梁端张拉。

斜拉索施工的关键技术问题主要有三方面：超长斜拉索的安装；施工期斜拉索的振动

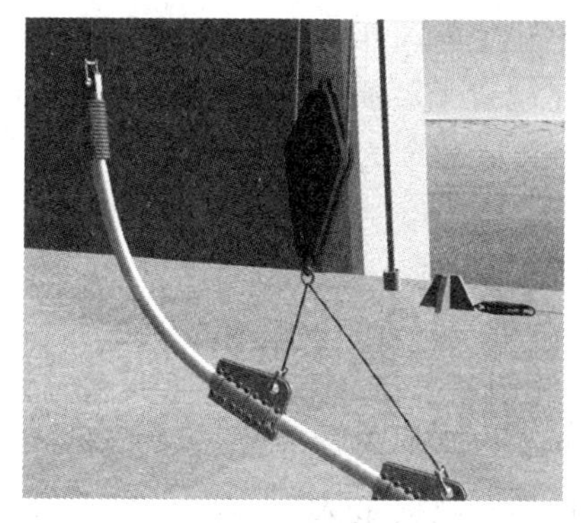

塔顶门吊和塔顶卷扬机（从索套管内）起吊斜拉索

斜拉索吊至索套管附近后，调整其角度，塔内钢丝绳牵引至锚固

图 2.3-32 斜拉索塔端挂设示意图

斜拉索梁端钢丝绳牵引

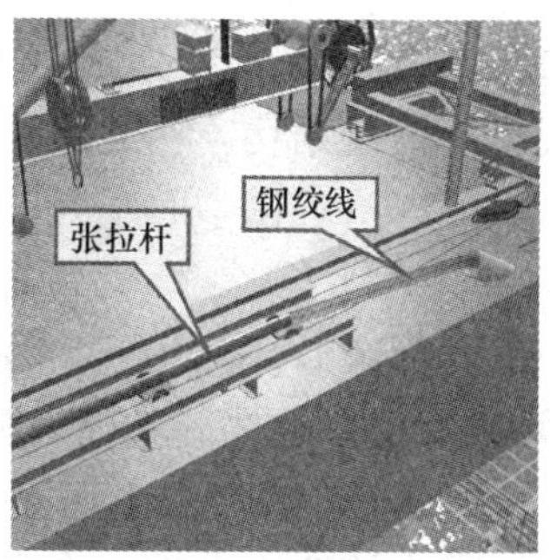

斜拉索梁端软（钢绞线）硬（张拉杆）组合牵引

斜拉索角度调整，硬牵引至锚固

图 2.3-33 斜拉索牵引、锚固示意图

控制；斜拉索制造和安装施工监控。

5. 结语

苏通大桥于 2003 年 6 月开工建设，主要由跨江大桥工程和南、北岸接线工程三部分组成；全线采用双向六车道高速公路标准；总投资达 78.9 亿元人民币。苏通长江公路大桥作为“世界第一跨径斜拉桥”，创下了最大主跨、最深基础、最高塔桥、最长拉索四项世界之最。

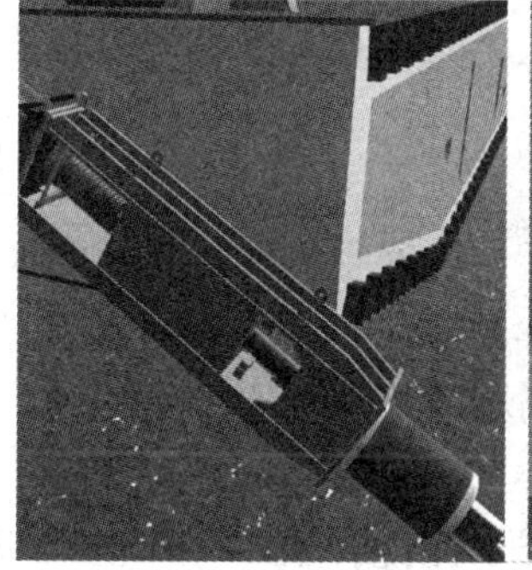

图 2.3-34 斜拉索梁端张拉示意图

苏通大桥在四年多的建设中，遇到的难题比以往中国任何一座桥梁遇到的难题都多、建设更复杂。在多项世界之最的背后，是多项世界级技术挑战。创新，是苏通大桥建设的灵魂。项目部尊重科学、尊重专家、博采众长，实行管理者、工程师、工长巧匠“三结合”攻关。攻克了河床永久防护、最大规模群桩、罕见承台吊箱和超常吊箱封底、超高桥塔、超级上构体系等系列世界级和关键技术难题，10 项课题为交通工

程首次纳入国家科技支撑计划。2008年5月，在美国匹兹堡召开的第二十五届国际桥梁大会上苏通长江公路大桥荣获乔治·理查德森奖。此奖项用于颁发给近期完成的、在桥梁工程方面取得杰出成就的工程项目，这是迄今为止中国桥梁工程获得的最高国际大奖。

2.3.2 润扬长江公路大桥工程

1. 工程概述

润扬长江公路大桥主体工程由北接线、北引桥、北汊桥、世业洲高架桥、南汊桥、南引桥及南接线等部分组成，北起扬州南绕城公路，南接312国道并延伸至沪宁高速公路，全长35.66km，是我国公路建桥史上工程规模最大、建设标准最高、技术最复杂的悬索桥、斜拉桥、预应力混凝土连续梁桥组合成的特大型桥梁工程。南汊桥为单孔双铰钢箱梁悬索桥，主跨跨度为1490m，目前位居"中国第一、世界第三"。这里重点介绍南汊悬索桥。

润扬大桥南汊悬索桥锚碇采用重力式锚体，地下连续墙基础（北锚）及排桩冻结施工基础（南锚）。索塔采用门式钢筋混凝土框架结构，钻孔灌注桩基础。加劲梁为全焊扁平流线型钢箱梁，中心处梁高3m，梁宽36.3m，吊索间距为16.1m。

2. 锚碇施工

南汊悬索桥南、北锚碇均采用重力式结构，南锚碇基础为矩形实体基础，采用排桩加冻结帷幕维护，开挖至基岩然后回填混凝土。北锚碇基础为矩形格状基础，采用地下连续墙围护，开挖至基岩后进行隔墙施工并回填砂、混凝土压重。基础为以140根ϕ1500mm钻孔灌注桩组成排桩，外侧加1.30m厚冻结壁止水帷幕作为围护结构的明挖基础，基础外包尺寸为70.5m×52.5m，开挖深度29m。

南锚基础坐落在强分化层上，锚体自重力为1497300kN，主缆拉力为680000kN。根据南锚所处的工程地质和水文地质条件，结合国内目前深基坑施工工艺和设备，在原有设计方案的基础上，选择了排桩加冻结方案作为南锚碇基础的实施方案，其中冻结帷幕作为封水结构。

（1）北锚碇施工

润扬大桥北锚碇工程位于长江世业州尾部南侧，水温地质条件十分复杂。北锚碇基础施工技术中主要有：地下连续墙施工、封水注浆施工、基坑外侧降水及外围高喷防渗帷幕、基坑开挖及支撑、内衬隔墙、填芯及顶板施工。

1）地下连续墙施工

用深层搅拌机做内外两排水泥搅拌桩，做L形导墙于搅拌桩上部，地连墙厚1.2m，共划分42个槽段，采用间隔式成槽开挖的同时，在基坑内施工32根钢管混凝土立柱桩，施工中针对不同的地质采用不同的设备，针对覆盖层采用三钻两抓、三钻两铣工艺或纯抓纯铣工艺，其中，在淤泥质亚黏土层主要使用钢丝绳抓斗，沙层中成槽主要用液压铣槽机，该设备由德国进口，目前国内仅此一台，具有铣削效率高、成槽孔型规则、对槽孔的稳定影响小等优点。岩层用冲击钻重凿，采用钻劈法、钻凿法成槽，单个槽段钢筋笼总重80～100t。考虑到起吊设备的吊幅和吊重，钢筋笼分两节制作和吊装，主筋接头处采用了镦粗直螺纹套进行定位连接，相连槽段间采用微型钢板接头，具有良好的防震能力。采用水下导管法进行混凝土浇注，依次进行一期槽段和二期槽段施工直到完成整个连续墙体施工。

2）封水注浆施工

地下连续墙槽段接缝处得高压悬喷大大减少了地连墙接缝处渗水的可能性，墙底止水帷幕采用墙下平均深 16m，厚约 2.2m 的双排灌浆帷幕，形成完整得防渗体系。

3）基坑外侧降水及外围高喷防渗帷幕

在基坑外侧约 23m 施工两排高压悬喷柱，成梅花形布置，形成一道约 2.2m 厚的封闭的防渗帷幕，地连墙和帷幕之间布置 30 口降水管井，降水深度为 20m。

4）基坑开挖及支撑

在坑内布置 6 口降水管井，开挖前进行分层降水疏干，形成干施工条件，基坑分层开挖，先开挖中间对称区域土方，再开挖两侧区域土方，土方开挖采用反铲挖掘机，由履带吊配抓斗将土方挖出基坑至汽车上，再运至弃土场。逐层开挖土体，逐层施工钢筋混凝土支撑，基坑内共布置 11 道支撑，为了缩短基底暴露时间，降低基底涌水风险，基坑底层采用分块开挖、分块浇注垫层混凝土的方案，基础底板采用微膨胀混凝土。1.6 万 m^3 的底板混凝土一次浇注完成，这在我国桥梁工程中尚属首次。

5）内衬隔墙、填芯及顶板施工

内衬和隔板竖向分 9 层，每层浇注至上道支撑顶面平起，平面上将基坑分成 20 个隔仓，并分为 4 个区域进行施工，分量层内衬和隔墙施工完成后，即进行相应区域内填沙施工，最后进行顶板混凝土一次浇注。

(2) 南锚碇基础施工（图 2.3-35、图 2.3-36）

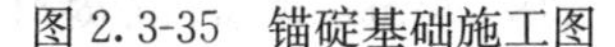

图 2.3-35 锚碇基础施工图

图 2.3-36 施工中的后锚面

南锚碇基础施工中的土方开挖及支撑施工、底顶板施工，与北锚碇基础类似，南锚碇基础施工中技术主要有：排桩施工、压顶梁施工、冻结孔施工及卸压孔施工、盐水循环系统安装、积极冻结与维护冻结。

地面预注浆施工：注浆帷幕设计，采用在冻结孔外侧布设 74 个直径 140mm 的注浆孔，对基岩破碎带即裂隙实施地面注浆，填充并加固弱风化岩层裂隙，主要作用是沿长基岩水绕流路径，减少基坑底部绕流水对冻结壁的影响，以达到封水目的。地面预注浆施工采用两端下行式注浆，钻机钻进至－34m 下放钢管并用水泥浆固管后，先对－34m 至－38m段进行注浆，待该段注浆结构达到强度后，钻机继续钻进至－38m，对－38m 至－42m段进行注浆，完成整个注浆施工后，在基坑四周的－34m 至－42m 高度范围内形成注浆帷幕。

1）排桩施工

排桩采用常规钻孔灌注桩，于内支撑系统组成基坑开挖时的挡土受力结构，排桩数量为 140 根，直径为 1.5m，桩底标高为－32m，施工高峰期最多有 20 台钻机同时进行施工。

2）压顶梁施工

排桩施工完成后，浇注压顶梁混凝土，形成压顶梁。

3）冻结孔施工及卸压孔施工

冻结孔施工时，钻机钻进至－37m 成孔，下放冻结钢管，冻结孔布置在排桩外侧，于排桩之间采用插花布孔，数量为 144 个，卸压孔的深度至－22m，为保证卸压孔具有良好冻胀卸荷作用，填充专门调配的稳定泥浆以保持孔壁的稳定，卸压孔数量为 288 个。

4）盐水循环系统安装

设计采用单排冻结孔冻结封水，是应用氨压缩制冷技术冷却盐水作为冷媒，在冻结管内循环，进行热交换，达到冻结效果，施工时在压顶梁上和其侧面的沟槽内安装 3 道盐水主干管路，分别为供液管、回液管和均程管，管路上每隔一定距离预留支管，在冻结管内下放直径为 60mm 的聚乙烯塑料套管作为盐水内供液管，上端与供液干管的支管连接，支管上安装阀门，冻结管由出口管与盐水回液干管连接后封筑，形成盐水循环系统。

5）积极冻结与维护冻结

在排桩、冻结孔和卸压孔施工完成后，进行积极冻结，冻结深度为－37m，形成 1.3m 有效厚度的冻结止水帷幕，根据监测结果确认止水帷幕达到要求设计后停止积极冻结，进行基坑开挖。维护冻结在积极冻结完成后进行，贯穿锚碇基础的整个基坑开挖及部分混凝土填芯过程。

3. 索塔施工（图 2.3-37）

图 2.3-37　索塔施工

南汉悬索桥的索塔是由塔柱、横梁组成的门式框架结构。塔柱为带圆形倒角的钢筋混凝土空心箱形截面，横梁为预应力空心箱形截面，共设置上、中、下三道，横梁内配有预应力索。南塔高 204.58m，北塔高 207.28m。南塔混凝土总量为 37993m^3，钢材用量 6501.3t。

（1）索塔桩基施工

索塔下部结构由桩基、承台、系梁组成（图 2.3-38），两索塔桩基均为直径 2.8m 的大直径钻孔嵌岩桩，各 32 根。

钻孔桩施工是索塔基础施工的重要组成部分，它的工艺主要包括钻孔平台搭设、钢护筒下沉。钻机选型、成孔施工及成桩施工等工序。图 2.3-39 为北索塔的钻孔桩施工工艺流程图。

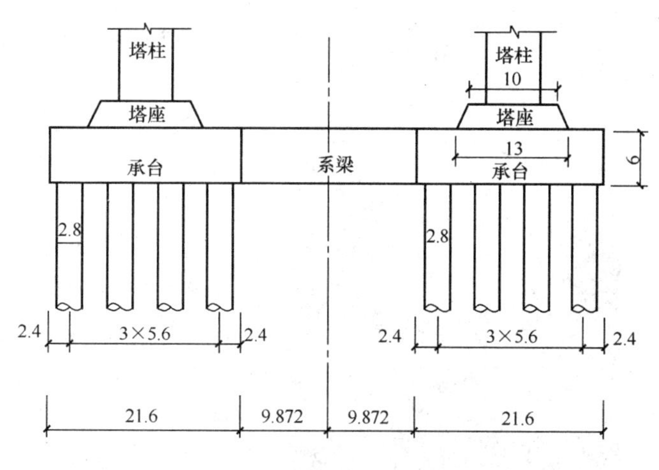

图 2.3-38 索塔下部结构

(2) 承台大体积混凝土施工

承台尺寸为 21.6m×21.6m×6m，其上有塔座高 3m。系梁为双室箱形结构，中间有三道横隔板。桩身和承台混凝土强度等级为 C30，上、下游承台和系梁分别进行施工。混凝土量 $2800m^3$，属大体积混凝土结构。通过温度控制计算和温控设计，指定了承台的温控标准与温控方案，施工过程中，通过温度监测、应力监测等工作指导了温控

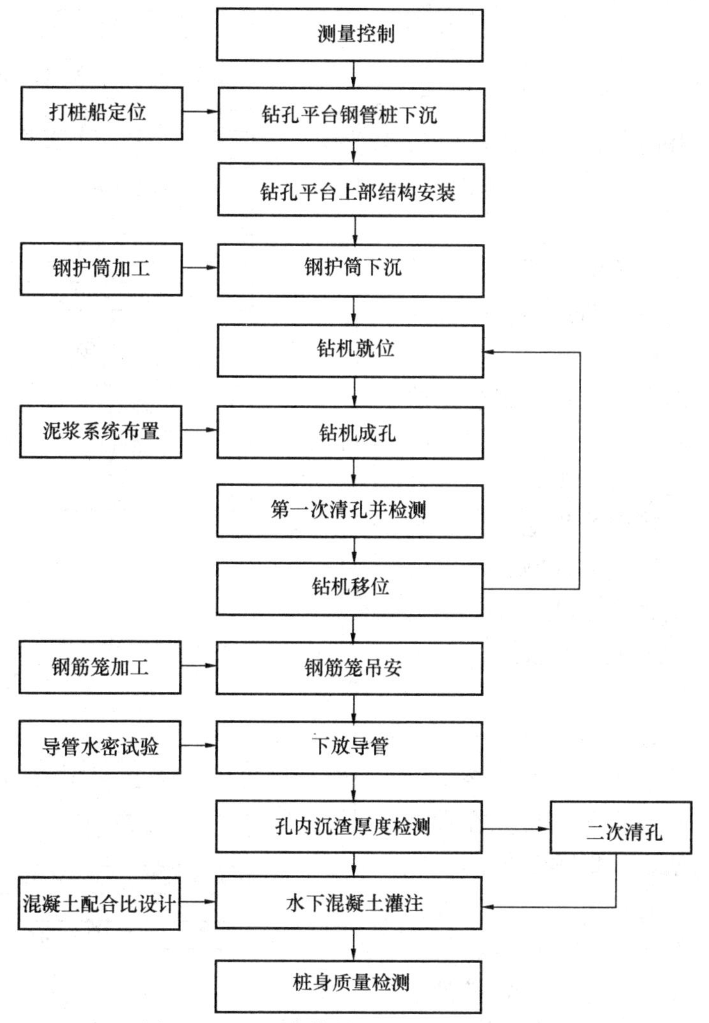

图 2.3-39 北索塔钻孔桩施工工艺流程图

图 2.3-40　主塔施工

方案的实施，保证了温控效果。

(3) 塔座施工

塔座混凝土强度等级为C40。钢筋采用定位支架进行定位，模板为大面钢模；塔座为大体积混凝土结构，采用埋设冷却水管进行温控。

(4) 索塔横梁施工

横梁均分为两次浇筑，两次张拉：上、中横梁第一次浇筑高度5m，混凝土强度达到80%后张拉部分预应力束；第二次浇筑3m后张拉剩余的预应力束。下横梁第一次浇筑高度6m，混凝土强度达到80%后张拉部分预应力束；第二次浇筑4m后张拉剩余的预应力束。横梁与相应部位的塔柱按照“先塔柱，后横梁”的顺序进行施工。主塔施工见图2.3-40。

4. 悬索桥上部结构安装

润扬长江公路大桥南汊桥为主跨1490m的单孔双铰钢箱梁悬索桥。全桥由五跨组成，由北向南分别为：北锚跨、北边跨、中跨、南边跨、南锚跨，其跨径组成为21.76m＋470m＋1490m＋470m＋21.76m。

润扬大桥南汊悬索桥上部结构安装工程的主要施工内容包括：场地及临建设施建设，大临结构安装及主、散索鞍安装，猫道及牵引系统架设，主缆索股架设，主缆紧缆施工，索夹和吊索安装，钢箱梁吊装，主缆缠丝，缆索等钢构件涂装防腐，主缆检修道等其他附属结构安装，锚碇混凝土后续工程施工以及南北锚碇处各四跨连续箱梁现浇施工等。图2.3-41为上部结构安装总体施工流程图。

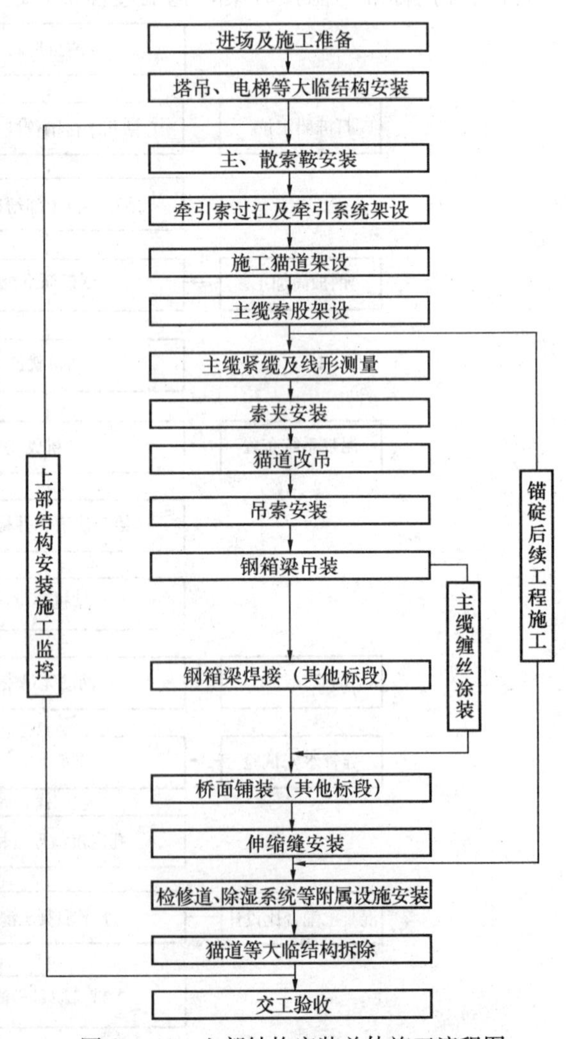

图 2.3-41　上部结构安装总体施工流程图

(1) 主、散索鞍的吊装

主、散索鞍是主缆在主塔、散索鞍支墩上的传力及支撑构件。首先在预埋件上安装塔顶门架，在塔顶门架的横梁上安装能沿纵向行走的平车，安装卷扬机等，组成起吊系统。然后待格栅安装完毕后，启动卷扬机，进行主索鞍的吊装作业。此后按照类似的步骤进行散索鞍的吊装。

(2) 牵引系统的架设

猫道架设阶段采用往复式牵引系统，主缆索股架设阶段采用双线往复牵引系统，先架设往复式牵引系统。

首先将南塔临时码头上1号牵引索一端绳头越过南塔顶，经过南锚上的转向轮至25t卷扬机并缠绕。然后在北岸将北锚前25t卷扬机上的2号牵引索由北锚通过栈桥向北塔方向牵引，通过北塔塔顶，穿越门架导轮组在塔底承台上临时固定。封航后将1号索盘架放在驳船上，边放索边由拖轮拖向北塔。最后至北塔将1号牵引索与临时固定的2号索用拽拉器相连接，启动两台25t卷扬机，调整牵引索的高度满足通航要求后，即形成往复式牵引系统。

(3) 猫道的架设和牵引系统的完善

猫道承重索分南边跨、中跨、北边跨，按照架设顺序各自单独架设，经主塔塔顶索鞍形成三跨连续的猫道系统，为了减小牵引索的直径和张力，防止垂度过大干扰通航，中跨猫道承重索采用托架法逐根架设。

首先架设托架承重绳并安装托架。接下来按照上下游对称、两边跨对称进行的顺序，依次架设8根猫道承重索。然后在边跨猫道承重索的架设时，采取直接上提法进行，与中跨承重索在塔顶中跨侧连接。之后用同样方法架设4根ϕ38门架承重索，拆除托架及托架承重索。为了确保猫道线形与主缆线形一致，在中跨靠塔部位设置下压装置，安装变位刚架，铺设猫道面层，同时安装横向通道，利用塔顶门架上的10t板拉卷扬机，控制整个面层下滑速度，当面网至平缓部位依靠自重不能下滑时，利用拽拉器牵拉绳头，直至跨中合龙。施工中借助牵引系统架设三条猫道扶手索，将绑扎在猫道面网上的扶手栏杆侧面往上翻，初步形成可行车猫道。在此之后架设主缆牵引阶段的牵引系统，其系统主要包括：1号、2号、3号牵引索及移至北锚锚后的南北锚两台卷扬机，利用往复式牵引系统在猫道托辊上牵引3号牵引索，将南锚卷扬机，北锚锚前卷扬机移至北锚锚后，用双拽拉器连接三根牵引绳。最后安装猫道门架：猫道门架分撑缆绳，猫道托滚和安装制震机构（图2.3-42）。

图2.3-42 猫道

(4) 主缆的架设

润扬大桥南汊悬索桥主缆共有两根，每根主缆共184束，平行钢丝索股构成，每束索股又由127丝ϕ5.3钢丝按一定顺序排列组成。

将放索区设置在南锚后部，采用组合式力矩电机被动放索机构，由短距牵引系统将索股前锚头拉至后锚面门架处，将索股前锚头与双线往复牵引系统拽拉器相连，通过南支墩、南塔、北塔、北支墩，牵引至北锚前锚实。之后经索股横移，整形后入鞍，其1号、89号索股为基准索股。在晚上气温稳定时，进行索股垂度的调整锚固。

(5) 紧缆作业

在温度稳定的夜间进行预紧缆作业。预紧缆作业完成后，由低处向高处进行正式紧缆作业。

(6) 索夹、吊索的安装

利用缆索吊由跨中向塔顶依次安装索夹，近塔距索夹可以利用塔吊直接安装。中央扣随同箱梁一并安装，并采取陆上与江上垂直吊装的方式安装吊索。

(7) 钢箱梁的吊装

主桥箱梁采用扁平流线型全焊接式钢箱梁，梁宽 38.7m，梁高 3.0m，梁段长 1485.23m。钢箱梁制造以节段为单元，共计 93 个制造节段。跨中节段 1 个，长度为 18.4m；端部节段 2 个，长度为 8.915m；标准制造节段 90 个，长度与吊索间距相同，为 16.1m。梁段制造节段及吊装梁段划分如图 2.3-43 所示。

根据设计要求将钢箱梁分为 47 个吊装梁段，即除跨中梁段单独吊装外，其余两个制造节段在工厂焊接成一个吊装梁段。其中 32.2m 的标准吊装梁段 42 个，吊装质量约为 492.6t；长 18.4m 的跨中；梁段 1 个，吊装质量约 321.3t；25m 长的端部梁段 2 个，吊装质量约 434.3t；与跨中梁段相连的 N1、S1；梁段长 32.2m，其吊装质量约 505.6t，总质量约 23000t。

图 2.3-43　钢箱梁的吊装

猫道改吊完成后，采用两套卷扬机式的跨缆吊机吊装钢箱梁，每套跨缆吊机由 4 台 210kN 的起重卷扬机，放置于在边跨侧塔根部的平台上，由中跨梁段开始分别向南北侧依次对称吊装钢箱梁。

1) 将跨中梁段的索夹下半部分与钢箱梁上的中央扣连接成一个整体，利用跨缆吊机将梁段整体起吊安装，同时利用缆索吊安装上半个索夹，并紧固索夹螺栓。

2) 跨中梁段安装完毕后，移动跨缆吊机，对称吊装 N1 到 N19，S1 到 S19 的吊装段。

3) 采用临时支架平台，辅以轨道平移的方法，将南岸 S20、S21、S22、S23 梁段垂直放至吊顶的下方，采用垂直起吊方式吊装 S20、S21 梁段，采用空中荡移方式吊装 S23 端梁段。

4) 垂直吊装 N22、S22 合龙段后即完成了整个钢箱梁的吊装工作。

钢箱梁吊装工艺流程如图 2.3-44 所示。

5) 施工监控与测量

悬索桥的结构线形关系到桥梁净空、桥面平顺度、结构内力、支座高程及桥梁功能的实现等诸多因素，监控工作的主要内容是：应力、应变观测，温度测量及线形测量，并将监控测量的数据提供给监控单位用于施工监控计算。

上部结构施工控制测量主要包括两部分：常规性的对地面控制网的复测；在适宜上部结构施工测量的位置加测施工控制点。

(8) 主缆缠丝

缠丝是主缆防护的重要一环，为了防止主缆受到破坏需对主缆进行多层防护，缠丝作

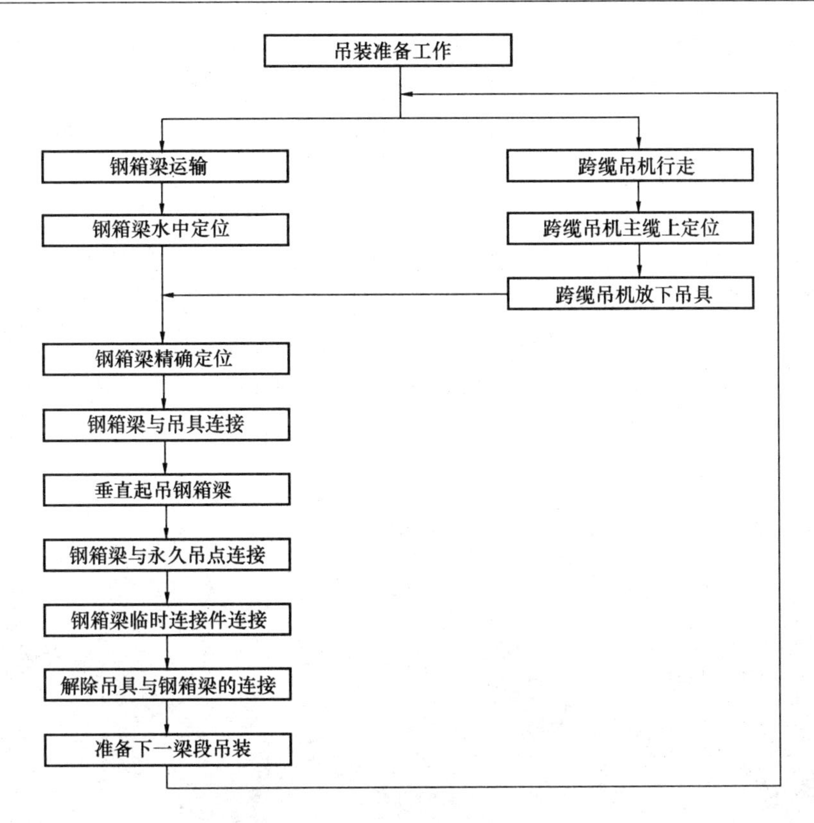

图 2.3-44 钢箱梁吊装工艺流程

业从塔顶两侧往下缠丝，先缠中跨，再缠两个边跨。

润扬长江公路大桥建设关键技术研究已获 2008 年度国家科技进步奖初评通过项目。

2.4 跨海公路大桥工程

2.4.1 杭州湾跨海大桥工程概况

杭州湾跨海大桥海上引桥上部结构全部采用跨度 70m 先简支后连续的预应力混凝土箱梁。全桥 70m 箱梁共计 540 片，海上分布长度长达 18.27km（双幅），分布在南引桥、北引桥、中引桥，及南、北航道桥高墩区，C50 混凝土共计约 46 万 m^3。全部箱梁均在海盐预制场预制，由两条运架一体船吊运至桥位进行架设，再通过浇注湿接头，预应力张拉，由简支梁转换为连续梁。

根据历史资料，桥位处最高潮位 4.94m，最大潮差 7.4m，平均潮差 5.32m。年平均流速 2.39m/s，施工期间实测到的南引桥最大流速（HZ0302 站）：落潮 4.18m/s，涨潮 5.16m/s，流向紊乱，潮流场错综复杂。2004 年 8 月实测最大波高：北岸站 3.23m，南岸站 4.72m。

70m 箱梁预制架设具有形体大、重量大（2200t）、起吊高度高（52m），作业海域水文气象条件复杂的特点。施工中关键技术包括：预制场建设和设备配置；整体式钢模设计和钢筋整体吊装；海工耐久混凝土配合比试验研究；箱梁早期裂纹及缺陷控制；大型箱梁浇筑工艺；重型箱梁场内搬移；海上运架设备研制及箱梁在墩顶精确调整位置等。

2.4.2 箱梁预制场

70m箱梁顶板宽15.8m，底板宽6.25m，梁高4m，按全预应力混凝土结构设计。纵向分布有22、19和12ϕ15.24三类钢绞线束，横向每0.6m一道4-ϕ15.24的钢绞线束。箱梁设计考虑了工厂化的制梁要求，钢筋可整体吊装；端部开口净空满足钢内模脱出的要求的最小尺寸。

海盐预制场原为靠海滩地，离桥轴线距离约为15km，旁边有航道出海。但地质条件很差，且水流平行于岸线，相对吊船为横流。海盐预制场占地约300亩地，场内设有8个制梁台座、24个存梁台座、和纵横移滑道，每两个台座配套一个腹板钢筋预扎台座，一个顶板钢筋预扎台座和一个内模拼装台座。另外场内设有钢筋车间。混凝土工厂，并通过环场公路连接（图2.4-1、图2.4-2）。

图2.4-1 海盐预制场总体布置

图2.4-2 海盐预制场一角

2.4.3 大型箱梁整孔预制关键技术

1. 钢筋网整体预扎与吊装

每片70m箱梁的钢筋及各种预埋件、预应力体系重量达200t，钢筋分为底、腹板钢筋和顶板钢筋两大块，分别在预扎台座上预扎，用2台120t的龙门吊和特制吊架先将约100t的底腹板钢筋笼从预扎台座整体吊入已安装好的底模和侧模上。钢筋保护层垫块采用塑料垫块，是预先安装好的。再吊内模，然后按同样方法将预扎好的顶板钢筋（约90t）整体吊装到位，并与底腹板钢筋搭接，再局部调整搭接钢筋，绑扎吊装时少数没有固定的钢筋和预应力管道，然后进行下一道工序施工。钢筋笼所用的特制吊具自重达60t，吊点多达276个，吊具设计考虑了钢筋笼吊装时不至于产生过大的变形。钢筋预扎台座在纵横向均设有槽口，并用钢筋标示出预应力钢筋的走向位置，这样使钢筋特别是预应力管道绑扎简单、明了、位置准确，数量正确。钢筋预扎避免了在模板上绑扎时的杂物，如扎丝，焊头、焊渣等其他许多杂物，不会残留在模板内，不仅提高了工效，还避免了底板混凝土夹渣造成的腐蚀问题（图2.4-3、图2.4-4）。

图 2.4-3 底腹板钢筋笼吊装入模

图 2.4-4 顶板钢筋笼吊装

2. 采用整体钢模板

底模在每个台座一次相对固定好，外模一次拼装好，通过轨道在两个台座之间倒用，避免了模板拼缝和多次的拼装。整个模板体系不设任何拉杆，提高了外观质量，外侧模与底模采用特别的橡胶燕尾槽，避免了漏浆。外侧模的拆除通过轨道滑轮，收放千斤顶实施。

内模采用全液压折臂式收缩系统，先在拼装台座上整体拼装好，并支撑到位，然后用 2 台 120t 的龙门吊和 16 根专用斜拉式吊索将 220t 重的内模一次整体吊装到底腹板钢筋上精确定位。根据箱梁的端口尺寸大小，内模在断面上设计成可两次折臂收缩，然后能整体下落脱模。由于箱内端部尺寸的限制，特别是本梁为斜腹板，内模收缩最小时模板与混凝土面之间尺寸每侧仅 3.5cm。内模纵向每 8～12m 一节，铺设临时轨道，分节拖出，然后吊装到内模拼装台座上（图 2.4-5、图 2.4-6）。

图 2.4-5 内模整体吊装

图 2.4-6 内模分段脱出

3. 混凝土搅拌、运输、灌注及配套设备

混凝土拌制工厂选用先进的现代化大型设备，生产能力为 $200m^3/h$。根据配合比，设有 900t 水泥罐 4 个，700t 矿粉罐 2 个，500t 粉煤灰罐 2 个，还有第三代外加剂储存罐 2 个。

采用 8 台 $8m^3$ 的搅拌车运输混凝土，4 台 $80m^3/h$ 的输送泵（另配一台备用），4

台全液压全回转折臂式布料机，任何两台均可覆盖70m箱梁混凝土灌注施工作业面。正是这些先进的拌制、运输、浇注设备，使70m箱梁约830m³混凝土能一次连续浇注完毕，一般浇注时间为8h左右，控制在混凝土的初凝时间（约为8～12h）内浇注完毕。2台吊重120t，跨度46m，净高24m的龙门吊，自重仅200t，用于钢筋笼和模板吊装（图2.4-7）。

4. 整平机

将闪电式整平机设计运用于17m跨桥面施工（在此之前，国内该技术最大跨度只能做到12m）。它能适应各种坡度与平整度的要求，使桥面施工质量上了一个更高的台阶。自行设计制造的收浆作业平台，使面积达1100m²的梁面能在短时间内完成收浆抹面作业，有效地避免了桥面裂纹的产生，彻底消除了桥面施工的一些质量通病（图2.4-8）。

图2.4-7 混凝土浇注

图2.4-8 桥面收浆抹平

5. 优化配合比和早期张拉工艺

优化混凝土配合比和采用早期张拉工艺，为解决箱梁各类裂纹，奠定了基础。

（1）70m箱梁采用的是C50海工耐久混凝土，它比普通混凝土有更多更高的要求。它除了满足工作性能，适用性能，强度、体积稳定性、经济性能以外，还要满足海洋环境中的耐久性能。要求混凝土更加密实，它具有水灰比小，大比例矿物掺合料的特点。正是这些特殊材料的掺入，对混凝土施工要求更高，它需要更精确的计量，更长的拌制时间，如这些材料掺入不合适，水化热量可能更大，温度上升更高，更易产生比普通混凝土严重的裂纹。如何优化配合比，找出其中的平衡点，是一个不容忽视的难题。配合比设计除满足氯离子的抗渗性要求外，应尽量的降低胶凝材料的用量，通过控制配合比和早期强度等措施，尽量降低水化热温度峰值，或延长温升时间。为此历时2年多，做了几百个配合比，优选出了现在用于70m箱梁预制的配合比，其氯离子渗透系数在28d即达到或低于规范控制指标，水灰比仅为0.32，总胶凝材料472kg，其中矿粉和粉煤灰的用量达到了55%。从使用效果看，其抗裂性能特别优秀，且混凝土徐变与普通混凝土相比，180d低60%～64%，早期收缩也比普通混凝土小得多，这种变化直接影响预应力的损失及桥梁成型的控制。图2.4-9～图2.4-12分别为C50海工耐久混凝土的强度增长曲线、弹模增长曲线、立方体抗压强度对比图、氯离子渗透系数变化曲线、混凝土徐变对比图、立方体抗压强度对比图。

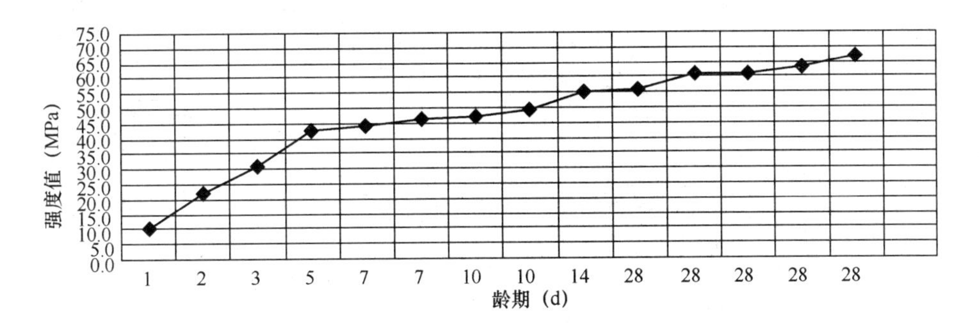

图 2.4-9　强度增长曲线

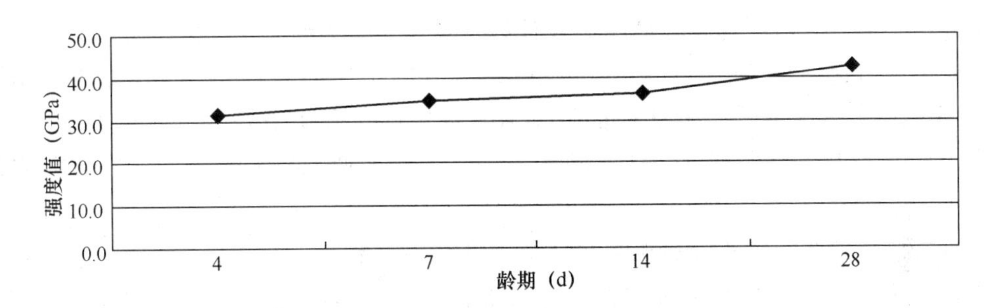

图 2.4-10　静力弹性模量增长曲线

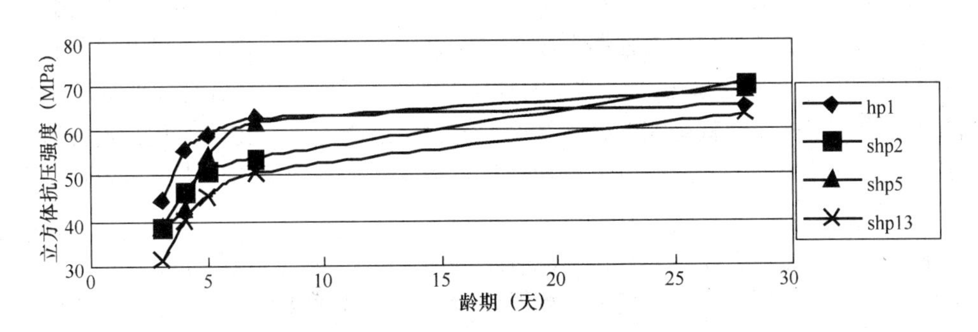

图 2.4-11　混凝土立方体抗压强度对比图

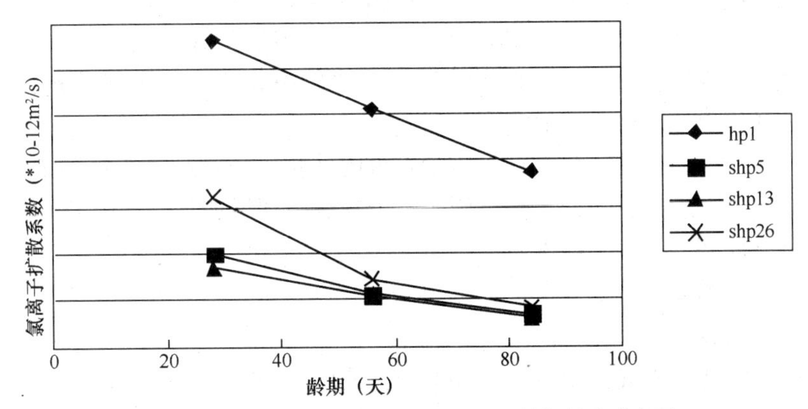

图 2.4-12　氯离子扩散系数随混凝土龄期的变化规律

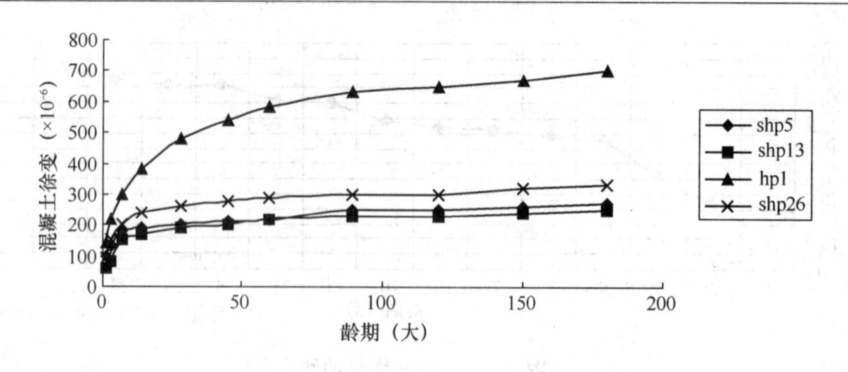

图 2.4-13　混凝土徐变对比图

上述这些曲线和数据为指导施工和设计以及对海工耐久混凝土的推广应用起到了指导作用。梁体配合比设计：坍落度 160～200mm，出机后 2h 大于 120mm。混凝土的初凝时间大于 8h。从氯离子渗透系数比值曲线来看，掺粉煤灰和矿渣粉或硅灰的明显小，84d 的氯离子扩散系数仅为 $0.42 \sim 0.62 \times 10^{-12} m^2/s$，仅为普通混凝土的 1/3～1/4，表明耐久性提高了 3～4 倍。

（2）采用早期张拉防止混凝土裂纹取得了良好的效果。

为防止箱梁混凝土早期出现裂缝。项目部在 70m 箱梁预制时作了一些有益的尝试，即对箱梁进行二次张拉，即初张拉和终张拉。这里的初张拉与以往的概念不一样，以往大多是为了减少台座占用时间以加快台座周转，初张拉完后即移往存梁台座进行终张拉，而在此工程中，项目部是把它作为控制混凝土早期裂缝的一种工艺措施，且此时的初张拉力不足以使 70m 的箱梁能够移运。初张拉的理念是根据以往施工控制混凝土早期裂缝的经验总结出来的。它的原理就是在混凝土早期温度增长过程中，水化热变化大，混凝土抗拉强度非常低，极易产生裂缝，此时进行初张拉，给其施加一定的压应力，有效地控制混凝土早期裂缝的出现。

初张拉最好是越早越好，但考虑到混凝土早期强度和弹性模量的不足，锚下应力过大容易造成锚下局部开裂，根据对箱梁的测温试验记录和温度监测，混凝土在浇注 12h 内到 43h 时升到温度最高值 52℃，之后温度开始下降，7d 后接近环境温度（此时环境温度 20℃）。根据混凝土早期强度增长情况统计及锚下应力推算，给出了初张拉的预应力束及初张拉的数值，此值最好使断面均匀受压。控制初张拉时混凝土的强度不小于 C25，弹模不小于 18.8GPa，张拉控制力按箱梁腹板设计索力的 30%控制。

由于内模、锯齿块和变截面段混凝土收缩产生约束作用，为了保证初张拉的有效应力，因此必须在内模快速拆除之后方可进行。

上述初张拉的工艺措施主要是针对箱梁腹板内外侧的竖向温度应力裂缝而采取的。事实证明，这是非常有效的。但此工艺措施有一个缺点，即增加了一道施工工序，在某种程度上增加了制梁周期，加大了成本。

成品梁存放见图 2.4-14。

（3）混凝土的养护

等待凝固的时间正是混凝土对塑性收缩裂缝最敏感的时间，因此，需要及时养护。塑性收缩裂缝还取决于混凝土泌水、气温、相对湿度、混凝土温度、风速等因素。解决的措施就是养护，也就是控制水分的蒸发，控制热量损失速率——保温隔热。但对于收缩裂缝，养护至少可以延缓裂缝的产生，这对于预应力混凝土梁是很有好处的。因为到裂缝产生时，其预应力已张拉完毕。

对于海工耐久混凝土，施工时应尽量减少暴露的工作面和暴露时间，浇注完后应立即抹平进入养护程序。

养护的一般措施有：①对混凝土喷雾；②建挡风设施；③在抹面操作过程中，对还未来得及抹面的混凝土用塑料薄膜覆盖；④使用养护剂；⑤一次完成抹面。海工耐久混凝土比普通混凝土要多、要细、要更及时（图 2.4-15）。

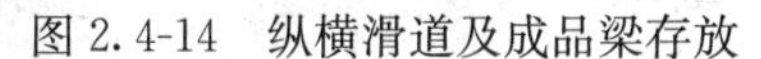

图 2.4-14 纵横滑道及成品梁存放

图 2.4-15 梁体养护状况图

养护开始时间：应在浇注完毕后立即进行覆盖保温。

6. 塑料玻纹管和真空辅助压浆技术

真空辅助压浆体系是以塑料波纹管将孔道系统密封，一端用抽真空机将孔道内 80%以上的空气抽出，并保证孔道真空度在 80%左右，同时压浆端压入水灰比为 0.3～0.35 的水泥浆，当水泥浆从抽真空端流出且稠度与压浆端基本相同，再经过特定位置的排浆、保压手段保证孔道内水泥浆体饱满。它在许多国内外桥梁施工中都得到了应用。它的最大优点是能保证预应力管道的压浆密实、饱满，确保预应力体系的耐久性，同时由于其采用了塑料波纹管，其摩阻系数小于 0.12（设计值）和 0.14（规范值），减少了预应力的损失，并避免了铁皮波纹管接头容易发生漏浆事故的缺点。

水泥浆的设计是真空辅助压浆的关键。配制真空辅助压浆浆体基本原理：改善水泥浆的性能、降低水灰比、减少孔隙和泌水、消除离析现象、减少和补偿水泥浆在凝结过程中的收缩变形、具有较高的抗压强度。由于掺入了含阻锈成分的专用浆体外加剂，水灰比控制在 0.335 以内时就能很好地实施。

为了确保工艺效果，项目部在现场作了斜管和 70m 长足尺的实体梁试验，完全模拟 70m 箱梁预应力束长度、曲线、孔径大小、穿束根数、两端及中间的锚板体系，进出气观察孔等；按照真空辅助压浆的浆体配制工艺进行灌浆。然后剥出预应力管道，进行切片，通过切片和后期梁体试验可以看出，其效果非常理想（图 2.4-16～图 2.4-19）。试验证明在水灰比为 0.335 且真空度在－0.07MPa 左右时，用 0.5～0.6MPa 的压力保压 2min 能够保证管道的密实度。在施工过程中要确保管道不漏浆，密封罩盖与锚垫板密贴，确保压力在 0.5～0.6MPa 状态下，这样才能保证管道压浆密实。与普通的压浆工艺相比，真空压浆提高了浆体密实度，使浆体的水灰比更小，浆体的泌水率及收缩率小，浆体的强度更高。由于孔道浆体密实度提高，预应力筋的防腐蚀功能大为提高。

图 2.4-16　斜管试验切片图

图 2.4-17　实体梁试验

图 2.4-18　实体切片

图 2.4-19　实体梁出浆端部

2.4.4　长索大吨位的孔道摩阻试验

塑料波纹管的密封性能优于金属波纹管，摩阻系数小于铁皮管及橡胶抽拔管。塑料玻纹管摩阻系数一般为 0.14～0.17，设计取值 0.12～0.22。管道的摩阻系数除与自身材料的摩阻系数有关外，与施工过程中诸多不确定因素及施工水平的差异有关。因此需在张拉前进行管道摩阻测试，为设计提供依据（图 2.4-20）。

试验时所用的张拉设备为 YCW500A 型千斤顶，油压表精度为 1.5 级。压力传感器为上海生产的量程为 6000kN、灵敏度为 1kN 的负荷传感器（2 台），测试仪器为 GGD-38 型显示器（2 台），据此进行管道摩阻测试。

图 2.4-20　孔道摩阻试验张拉端

试验采用单端张拉的方法，通过被动端与主动端传感器读数的比值来分析实际管道摩阻的情况。22-ϕ15.24 预应力钢绞线分 8 级加载，试验时张拉控制力从 500kN 拉到 4300kN（接近设计张拉力）。19-ϕ15.24 预应力钢绞线分 8 级加载，试验时张拉控制力从450kN拉到3700kN，试验时根据千斤顶油表读数控制张拉荷载级，由于每台千斤顶最大行程为200mm，而按设计吨位张拉时，预应力钢绞线伸长量达460～480mm，故必须在主动端安装三台千斤顶，被动端安装一台千斤顶。分级测试预应力束张拉过程中主动端与被动端的荷载，并通过线性回归确定管道被动端和主动端荷载的比值，然后利用二元线性回归的方法确定预应力管道的 k、μ 值。

以一端作主动端，另一端作被动端逐级加载，两端均读取传感器读数，并测量钢绞线伸长量，每个管道张拉二次。然后调换主动端与被动端位置，用同样的方法再做一遍。试验值见表2.4-1所示。

管道摩阻系数计算结果 **表2.4-1**

	实测计算值	设计值	规范值
k	0.00102	0.0015	0.0015
μ	0.089	0.12	0.14～0.17

从表2.4-1中可以看出：实测的管道局部偏差影响系数 k 值和管道的摩擦系数 μ，比设计与规范规定值均小。从所计算的管道摩阻力，实测、设计和规范值相比较，实测管道摩阻力均小于按设计与规范计算时的摩阻力，按实测值计算平均比按设计值计算小4.36%，按实测值计算比按规范所推荐值计算平均小5.30%，相差原因是由于在箱梁预制中严格要求定位钢筋的施工质量，充分发挥其定位及防止波纹管变形的作用，同时塑料波纹管中穿入芯棒避免管道变形等措施的采用对于减少预应力损失起到了很好的效果。

2.4.5 重型箱梁场内搬移

1. 箱梁横移系统

从70m箱梁预制施工开始，项目部就安排了多种摩擦副及其横移设备的实体试验，其具体试验结果见表2.4-2。

横移摩擦副实体试验结果表 **表2.4-2**

	摩擦副（上/下）	介质	承载应力	μ	备注	结论
1	MGB/不锈钢	黄油掺机油	7.8MPa	0.050	有导向	消耗小
2	不锈钢/MGB	黄油掺机油	14.6MPa	0.085	无导向	易走偏
3	四氟板/不锈钢	机油	14.6MPa	0.09	有导向	蠕变大，不成功
4	COB材料	机油	14.6MPa	0.08	有导向	易碾碎、蠕变大
5	钢轨/钢轨	黄油掺石墨粉	30MPa	0.14	有导向	成本高、水平力大
6	MGB/不锈钢	机油	14.6MPa	0.068	有导向	消耗大
7	辊轮小车/钢板	干	50MPa	0.03	无导向	易走偏

以上移动均用水平千斤顶作为动力，优点是平稳，缺点是受速度的限制。从表中可以看出，第七种摩擦副摩擦系数最小，但易走偏，如果加上导向装置，应是一种很好的移运方式，用此方法移运了近20片70m箱梁（图2.4-21），但最后受制造周期和工程时间的控制，没有继续试验和使用。

第一种摩擦副摩擦系数次之。其使用风险小，最后选用该方案。这种方案是在第6种方案的基础上进行的优化。其一是增加了接触面积，将压应力减少约一半；其二是将不锈

图 2.4-21 70m 箱梁横移

钢由单片焊接变成了连续铺设；第三是加大了滑道平整度的控制。使用效果较好。重物移运有一个从量变到质变的过程，是一个不容忽视的难题，如果移运重量增加到一定的程度，常规的一些材料和方法均无法满足使用要求，如果移运次数从几次到几十次，甚至几百次，必须有一些新的方法取代原来的方法，否则也无法满足要求。同时，箱梁在移运过程中有支点控制要求，需要采取一些特殊的工艺措施才能够确保箱梁在移运过程中不受扭曲或其他原因损坏。

2. 箱梁纵移

上面所谈的移运设备，只能适合短距离的、时间不受限制时的重物移运，其最高运行速度只能达到 36m/h。如果用卷扬机等作为牵引方式，一是每个横移点需设一台大吨位卷扬机，且要求有场地或带来其他问题。因此有必要研制一台可自动走行的大吨位的运梁台车。由于受箱梁支点及荷载分布的限制，台车必须能将每端达 1100t 力分布下去，如果采用传统的分配梁，那么台车将会做的很高，甚至会不稳定。此外，该台车还必须适应 16 条横移滑道相互之间的施工误差的变化情况，必须能自由升起和降落，还需要确保每个轮子均匀受压，正是由于这样特殊的要求，针对以上问题研制出一台全液压、全电控的液压悬架轮轨式台车。该台车采用液压悬挂原理，用 64 个 ϕ500 的轮子、32 台 100t 的液压千斤顶和 32 个电动马达，并通过电控技术控制前后台车同步。台车高度仅为 1.2m，可自由顶升 10cm。具体参数见表 2.4-3。

台车参数一览表 **表 2.4-3**

名　称	液压台车	型　号	CH2400A	规　格	24000kN
额定载重	24000kN	自重	950kN	车轮轮压	375/510kN
整机功率	102kW	高度调节	±50mm	走行速度	0～12m/min
外形尺寸	6600×7400×1200	供电方式	～380V，50Hz		

从使用效果来看，它具有操作自如、运行平稳、适应能力强等诸多优点，且经济耐用，完全可以推广应用于其他工程，详见图 2.4-22。箱梁架设见图 2.4-23。

图 2.4-22 70m 箱梁纵移

图 2.4-23 海上 70m 箱梁架设

2.4.6 出海码头

重达2200t的70m箱梁最终需要大吨位的吊船运到海上安装。从梁场到吊船需要一个适应作业环境的专用重型出梁码头，海盐预制场水域基本适应码头的修建，但其有一个特点，此处流速较大，一般为2m/s，且流向平行岸线。由于梁场是长条形的，其台座的布置只能根据地形顺岸布置，由此决定了出梁方向，也最终决定了码头只能横流取梁。为了解决这个难题，设计了前喇叭口的双线栈桥式码头，充分适应了两条运架起重船的取梁、进出码头的需要。

2.4.7 专用起重船的研制

1. 天一号运架一体船

为了适应杭州湾特殊的水域、地理环境，恶劣的风、浪、流等海洋环境，特别是最大流速达5.16m/s的急流。中铁大桥局股份有限公司研制了吊运一体船“天一号”，其起重量为3000t，它的吊高可达53m，起重架高约69m（水面以上）。上部采用可拆式结构，下部距水面24m以下部分为整体式、永久性结构，适应杭州湾的大风、大浪和激流的作业环境，满足了杭州湾工程2200t箱梁安装的需要。

2. 小天鹅运架一体船

国内自行研制的在东海大桥使用过的2500t的双体吊船“小天鹅”号，通过加大锚泊系统和动力系统、减轻吊架的自重等措施，也能很好地适应杭州湾跨海大桥施工的需要，其技术指标如表2.4-4。

“小天鹅”海上专用运架船主要技术规格性能　　表2.4-4

项目	内容
船式	该船为双体船型，由舯向艉由连接桥相连。钢质、单底、单甲板，具有三层甲板室的固定式起重船。通过改变连接桥连接长度，两船间开档可在5m至18m间变化，可满足不同桥跨和架设方法的要求
适应航区	该船适应沿海海域起重作业、载梁航行、可坐底避风、自航调遣。船舶稳性和船体结构强度满足近海和无限海域拖带调遣要求
风力	起重船在抛锚定位后进行起重架梁作业时，蒲氏6级； 起重船在满载梁航行状态下，抗风蒲氏8级及相应波浪
波高	2m
流速	4节
环境温度	－10～45℃
总长	84.00m
型宽	46.00m
型深	5.90m
设计吃水	3.50m
航行速度	不低于7.3节（13.52km/h）
动力设备	主机：537kW×4台；主发电机组：320kW×2台；停泊发电机组：90 kW

续表

<table>
<tr><td colspan="2">船员数</td><td>25 人</td></tr>
<tr><td colspan="2">船舶自持力</td><td>45d</td></tr>
<tr><td rowspan="2">起重机</td><td>起吊能力</td><td>2700t</td></tr>
<tr><td>起吊高度</td><td>40m（梁顶面距水面）</td></tr>
<tr><td colspan="2">卷扬机</td><td>液压驱动</td></tr>
<tr><td colspan="2">起升速度</td><td>0.1～0.75m/min</td></tr>
</table>

“天一号”采用进口全回转舵桨，它运转自如，比“小天鹅”动力加大一倍，采用11t的大抓力锚8只，船的适航性更好，不久将要投入使用。表2.4-5为前9片梁的落梁精度，从中可以看出，落梁的四支点高差在4mm以内，纵横移偏差均在10cm以内，完全能满足工艺的要求，充分证明了中心起吊船的优越性。

梁体架设落梁精度统计 **表 2.4-5**

梁号	水流（m/s）	潮位（m）	纵向（cm）	横向（cm）		临时支座最大高差（mm）
				左	右	
C81C82X	3.21	4.86	9	10	9	4
C33C34X	3.16	2.67	10	7	8	3
C31C32X	3.41	3.69	10	6	8	3
C40C41X	3.39	4.91	5	7	5	2
C31C32S	3.14	2.76	3	5	3	2
C38C39X	3.11	2.41	5	8	6	3
C39C40X	3.36	4.21	10	10	5	2
C32C33X	3.09	2.14	7	2	5	3
C34C35X	3.10	2.10	6	10	5	3

注：X表示下游梁，S表示上游梁。

2.4.8 墩顶纵横移设备

无论什么吊船，受风浪流的限制和为了加快效率，梁体落到墩位时的精度控制不足以满足规范要求，这需要在每个墩顶设置一套可将2200t梁体轻松纵横移的精调装置，只有这样才能满足规范规定的精确要求，项目部采用自平衡原理，设计制造了这些墩顶精调装置，较好地在工程中得到了验证，它完全可以满足规范要求。

2.4.9 结语

中铁大桥局股份有限公司在杭州湾跨海大桥70m箱梁的施工中，锐意进取，不断创新，采用内模一次吊装的新工艺，实施、发展并完善了一整套预制梁钢筋制作安装、模板安装、混凝土浇注的施工工艺；首次设计并成功在桥面施工时采用了大跨度闪电式振动提浆机，提高了桥面的施工精度；通过高性能配合比的研究并创造性地提出了早期张拉的理念，配合其他工艺措施，较好地解决了海工耐久混凝土薄壁箱梁的混凝土早期开裂问题；研制出了国内第一台 2400t 液压悬挂轮轨式台车，为解决重物控制移运开创了一个全新的途径。专门研制的 2500t 和 3000t 吊船，为中国桥梁工程的施工技术发展开拓了一个全新的施工方法。

2.5 特长公路隧道工程

2.5.1 秦岭终南山特长公路隧道工程概况

秦岭是黄河与长江两大水系的分水岭，是西安至安康高速公路必须克服的天然屏障。秦岭终南山特长隧道是国家公路网规划的西部开发八条公路干线中的内蒙古阿荣旗至广西北海和银川至武汉两条路线上的共用段，也是陕西省规划的“米”字形公路网主骨架西康公路中的重要组成部分。它的建成对促进西部开发战略的实施和陕西省与周边省市的经济交流具有十分重要的意义。

秦岭终南山特长隧道位于西康公路西安至柞水段，隧道全长 18.020km，为东线、西线双洞四车道，中线间距 30m。隧道建筑限界净高 5m，净宽 10.50m。其中行车道宽 2×3.75m；在行车道两侧设 0.50m 的路缘带及 0.25m 的余宽；隧道内两侧设宽度为 0.75m 的检修道，高于路面 0.40m。

衬砌内轮廓采用曲墙拱衬砌，尽可能使衬砌圆顺，受力合理；隧道采用三竖井纵向运营通风方式，主隧道内在拱顶按一定间距安装射流机进行调压，以满足隧道内风量和洞内合理风速要求。隧道采用三心圆内轮廓形式，净宽 10.92m，净高 7.6m，见图 2.5-1。

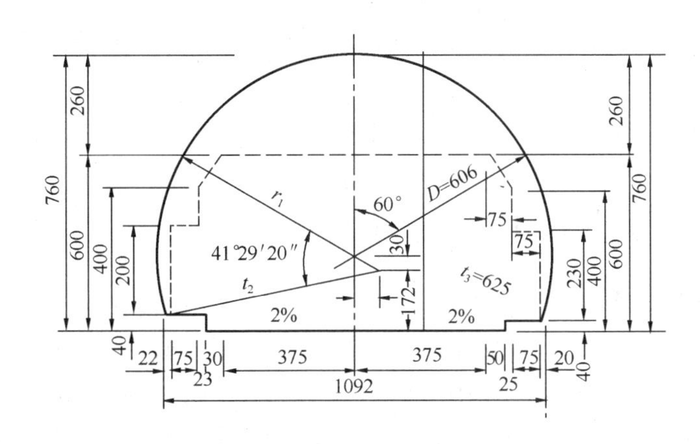

图 2.5-1 隧道轮廓图（尺寸单位：cm）

2.5.2 工程地质条件

第一段（YK78+335～YK79+750）：为混合片麻岩，间夹少量斜长角闪片麻岩云母片岩残留体及伟晶岩脉，局部夹混合花岗岩团块。混合片麻岩呈灰白色—淡灰色，主要矿物成分为：长石占 60%～70%，石英占 10%～35%，云母占 5%～10%，含少量榍石、锆石和铁质物，中～粗粒花岗岩变晶、鳞片变晶交代结构，片麻状、条带状、眼球状构造。干抗压强度 82～325MPa，饱和抗压强度 74.9～246MPa. 岩石坚硬，岩体完整，受构造影响轻微，节理不发育，I 级坚石，I 至 II 级围岩；局部地段岩质软弱破碎，以 III 级围岩为主。

第二段（YK79+750～YK82+845）：为含绿色矿物混合花岗岩。混合花岗岩中含有较多蚀变闪长玢岩、变安山岩、细碧岩等脉岩穿插侵入，且构造结构面发育，在岩脉接触带和各种结构面上绿色矿物蚀变严重。岩石呈灰绿色～灰白色，主要矿物成分为：长石占60%～70%，石英占20%～35%，云母占5%～10%，绿泥石占1%～3%，含有少量锆石、磷灰石等，中～细粒花岗变晶交代结构，块状构造，干抗压强度117～226MPa，饱和抗压强度102.0～138.7MPa。岩体受构造影响严重至很严重，节理发育至很发育。

秦岭终南山特长公路隧道横穿秦岭东西向构造带，该带历经了多期构造运动、变质作用、岩浆活动和混合岩化作用，地质构造和地层岩性复杂。隧道洞身通过的主要地层为：混合片麻岩、混合花岗岩、含绿色矿物的混合花岗岩。通过的区域大断层为F2、F4、F5，地区性断层15条，次级的小断层41条。预测全隧道正常总涌水量为8604.28m^3/d，最大总涌水量约15695.32m^3/d。可能发生的地质灾害主要为岩爆、突涌水及围岩失稳。

2.5.3 隧道施工关键技术

秦岭终南山公路隧道由上、下行两座隧道构成，施工按新奥法施工；按照先开挖、初期支护，待贯通后再进行衬砌作业（III、IV级围岩地段的衬砌作业一次完成）的方法实施。施工组织安排：利用铁路II线平导辅助1号公路隧道（下行线）施工，2号公路隧道（上行线）同时用全断面法施工，待1号公路隧道贯通后，再辅助2号公路隧道施工。两隧道由两端洞口相向同时施工，下行线利用铁路II线平导增开6个横通道作施工工作面，下行线贯通约需26.6个月，上行线开挖利用下行线行车横通道增加4个工作面施工，两座隧道全部贯通时间为47.6个月；竣工建成约5.6年，总投资约24.5亿元。

1. 隧道开挖

秦岭终南山隧道采用自制简易钻爆台车钻眼，分四层共28台风钻同时作业。该隧道采用无轨运输方式，配备WA470（3.0m^3/斗）、CAT966F（3.0m^3/斗）装渣机并行作业，8台20t汽车、6台15t汽车组成运输作业线。

（1）爆破设计

隧道开挖采用光面爆破开挖方法。光面爆破主要针对开挖轮廓线周边岩体的爆破，在爆落岩体的同时，形成光滑、平整的爆破边界。主要爆破参数有最小抵抗线、炮眼密集系数、不耦合系数、线装药系数、周边眼间距与起爆时差。光面爆破主要参数的确定，既要满足光面爆破的技术要求，又要保证隧道快速掘进的需要。技术上可行就是要减少对周边围岩的扰动、超欠挖量小、炸药用量少、爆落石块符合已配备机械装渣要求；掘进速度快就是尽量少打眼，节约打眼时间，加快施工进度。

为了加快施工进度，减少打眼的数量，节约打眼时间，压缩循环时间，可以设置较大的周边眼间距，达到缩短循环时间，在炮眼密集系数不变的情况下，最小抵抗线也要增大，由此导致周边眼装药量的增加，但会造成炮眼周边局部岩石扰动过大，影响围岩的稳定。

隧道开挖断面大于80m^2，跨度大，爆孔所受岩石限制作用小，岩体容易爆落，经多次爆破试验比较，得出了爆破参数取值，如表2.5-1所示。

爆破参数取值 表 2.5-1

围岩级别	爆孔间距 E（cm）	最小抵抗线 W（cm）	爆孔密集系数 K
Ⅲ级围岩	45	55	0.82
Ⅱ级围岩	50	65	0.77
Ⅰ级围岩	55	65	0.85

（2）不耦合系数

隧道岩石特坚硬，Ⅰ、Ⅱ级围岩完整，在实践中对周边眼采用加大药量，减少不耦合系数，以达到减少钻眼数量的目的。尽管这样对周边围岩增大了扰动，但对本隧道岩石不会造成影响。

（3）线装药密度

为了控制爆破引起的裂隙发展，保持岩石新壁面完整和稳固，要在保证炮眼连心线上岩石得以破裂贯通的前提下，尽可能减少炸药量。一般将线装药密度取为 0.05～0.3kg/m，其中软岩为 0.07～0.12kg/m，中硬岩为 0.1～0.15kg/m，硬岩为 0.15～0.25kg/m。

由于秦岭终南山隧道围岩坚硬的特殊性，根据多次实验与调整，K'取 1.7 较为合适，即炮眼直径 42mm，装 25mm 的药卷光面爆破效果很好。在软岩地段周边眼可采用导爆索。

2. 施工及运行期通风

公路隧道的施工通风，根据施工进展和通风状况大致可分为三个阶段。在不同阶段可能出现不同问题和主要通风矛盾，为此，现场有针对性、分阶段地进行通风技术的改进和方案的完善，以满足施工需要。

（1）第一阶段施工通风

开挖初期，出渣运距近，施工车辆少，通风距离短，漏风少，压降小，作业面通风状况良好。第一阶段施工通风解决方案见图 2.5-2。

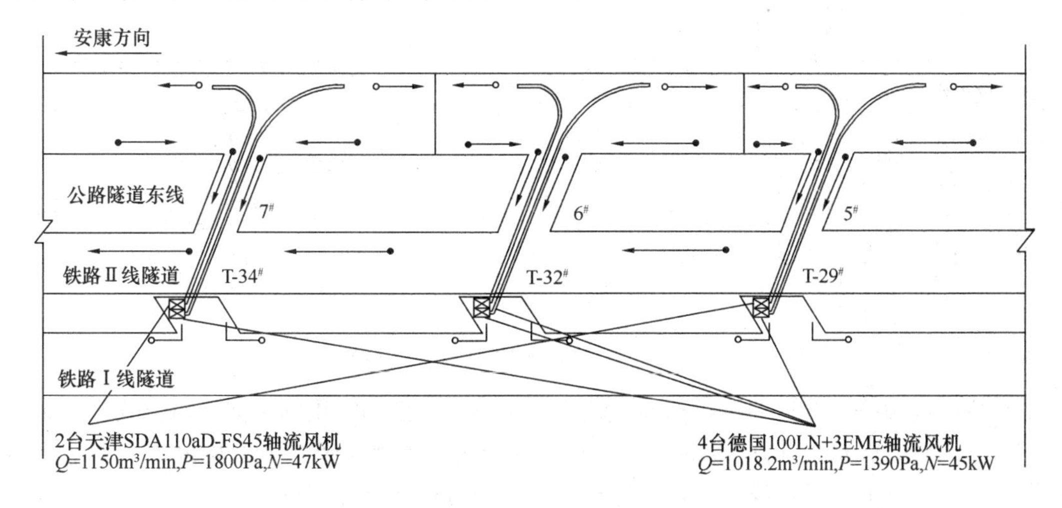

图 2.5-2 第一阶段施工通风解决方案

（2）第二阶段施工通风

随着掘进的深入，运距加大，施工车辆增多，通风距离加长，风量、风压损失增加，加之受洞外气候、温度、风向等诸多因素的影响，在公路开挖累计达 1200 多米时，铁 II 线距洞口 2000m 范围内经常出现流速缓慢，甚至积聚成浓烟区的现象，影响车辆通行，制约施工进度。解决方案见图 2.5-3。

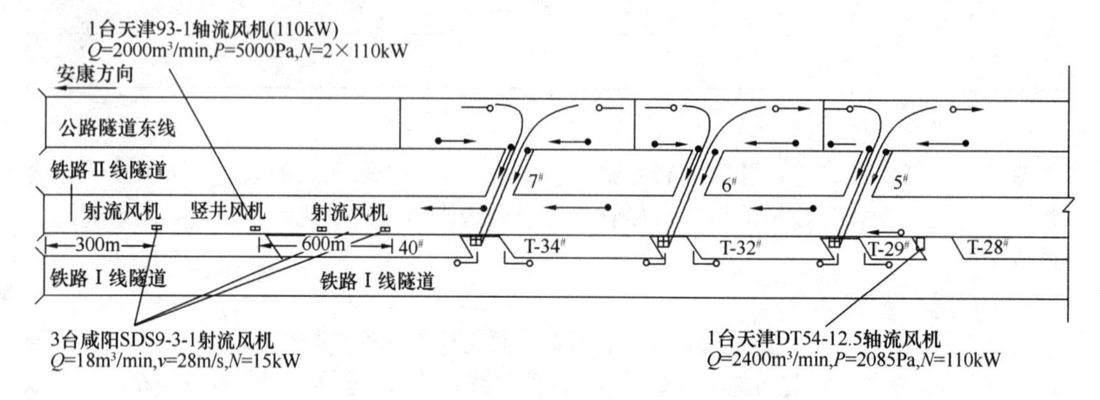

图 2.5-3 第二阶段施工通风解决方案

（3）第三阶段施工通风

公路隧道累计开挖 2800 余米，6 号、7 号工区贯通，6 号工区拌合站投产。根据施工组织设计，续建的 8 号工区已开挖到公路隧道正线，7 号工区安康方向供风距离达 800 余米，铁Ⅱ线 5 号工区以内 3000m 和 6 号～7 号间铺底施工全面展开，所有运输车辆绕行 6 号～7 号间公路隧道。由于 6 号、7 号工区的贯通破坏了原来两区通风系统（7 号工区西安方向风机已停，安康方向排出的废气与 6 号工区安康方向新鲜风在 7 号横通道口处相抵形成压力平衡点），加上混凝土搅拌和落底运输车辆增多也引起废气排放相应增加，造成出渣过程中 7 号工区安康方向距横通道口 300～400m 段出现浓烟区，废气难以通过横通道排到铁Ⅱ线，严重影响该段作业和车辆运行。解决方案见图 2.5-4。

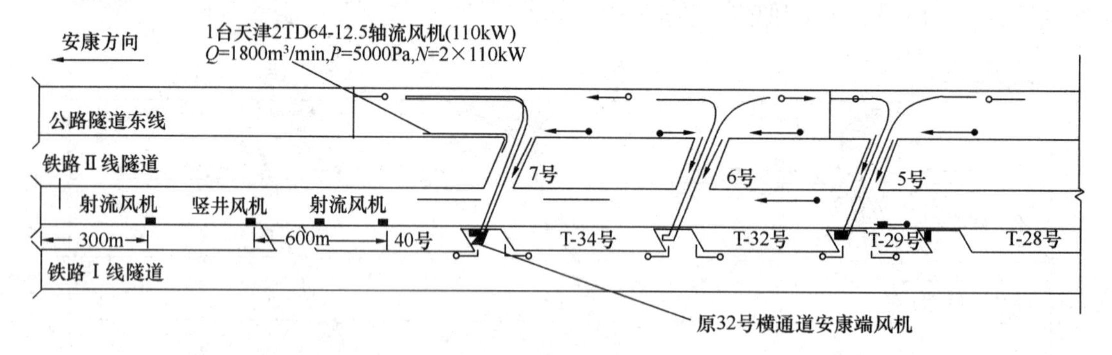

图 2.5-4 第三阶段施工通风解决方案

秦岭终南山特长隧道的运行期通风选用了可靠、经济和实用的纵向通风方式。确定设置三座通风竖井，最大井深 661m，最大竖井直径达 11.5m，竖井下方均设有大型地下风机厂房。其竖井的工程规模和通风控制理论属国内首创，世界罕见。

3. 衬砌施工

终南山公路隧道一般地段采用全断面液压衬砌台车，它是由钢模板、车架、液压动力系统及机械支撑和行走机构组成。车架有5个主要的门型构件及2个行走横梁等构架组成，每一个主要门架支护在模板的中间拱架上，横向由平面连接在一起，使之成为一个稳固的整体，模板是以钢板焊成T形（与面板形成工字钢形）作为骨架，上铺钢板形成外壳，并设有收模机构，可通过安装在台车上的往复油缸及机械支撑连接为一体，通过液压操纵系统进行立、拆模、自行，并能实现模板平移或穿行作业。一次可完成衬砌12m，它与混凝土灌注设备配套，对实现衬砌作业机械化，提高作业效率，减轻劳动强度，提高衬砌质量和衬砌速度，起着主要的作用。

大模板衬砌长度4146m，采用3台全断面液压钢模板台车，一次衬砌长度12m，分成三个作业面进行施工，附属洞室与边墙混凝土整体浇筑。紧急停车带、行车交叉口处采用小模板台车衬砌，衬砌长度364m，采用2台简易模板台车，一次衬砌长度10m，附属洞室与边墙混凝土整体浇筑。钢筋混凝土衬砌灌注前做好钢筋的布设工作，钢筋角隅要加强振捣，灌注前按图纸规定预留沟、槽管洞或预埋构件。混凝土采用洞外拌合站集中生产混凝土，用6m³混凝土罐车运输，泵送入模，插入式振捣器捣固。图2.5-5为全断面液压钢模板台车示意图，图2.5-6为小模板衬砌台车结构示意图。

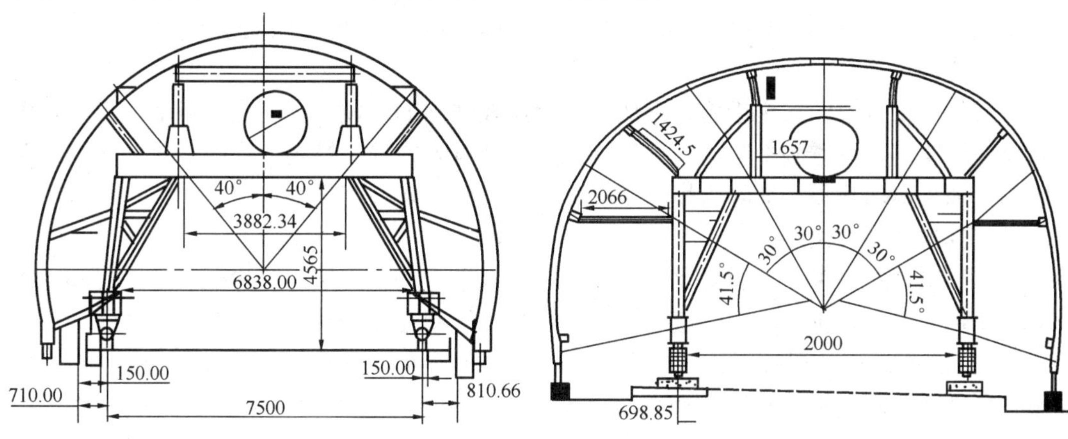

图2.5-5　全断面液压钢模板台车示意图　　图2.5-6　小模板衬砌台车结构示意图

4. 防排水施工

防排水施工应因地制宜，采取截、堵、防、排综合治理措施，与永久防排水统一考虑。隧道采用双侧水沟排水。全隧拱墙设ϕ100弹簧半圆管，纵向间距一般为10m，富水段为5m，岩爆段为15m，与墙角纵向盲沟相连通；墙角两侧设ϕ1100×5mm的PVC纵向盲沟，与环向盲沟及墙角泄水孔采用三通连接，在纵向每隔100m双侧设检查井，以便清洗检查；全隧两侧墙角每隔10m设一处PVC泄水孔，采用三通将墙角纵向盲沟和侧沟连接起来。隧道衬砌之前先做好各种防排水设施，在初期支护与二次衬砌之间铺设1.2mm厚的EVA防水板和300g/m²的无纺布。

5. 岩爆段的综合防治措施

该隧道地质为混合片麻岩及花岗岩，地质构造和地层岩性复杂，存在岩爆。正确处理岩爆有利于保证工期，减少岩爆对人员、机械设备的危害。岩爆段的综合防治措施主要有：

（1）喷射混凝土

在清除危岩后，施作喷混凝土覆盖岩爆坑。喷混凝土具有减弱岩爆的效果，可用来保护施工人员和设备的安全，防止锚杆之间的碎石飞出，还可将未清除干净的小碎岩粘结在一起，预防坠下岩石伤人。

(2) 锚杆加固围岩

锚杆加固围岩其主要作用是进行岩体加固，以防劈裂和剥落的岩石塌落弹射。根据终南山快速掘进的要求，采用锚固剂锚杆。锚杆长度和间距根据主应力大小和结构的整体要求而定，一般径向锚杆长度为 2.5～3.5m。

由于锚喷网联合结构强度增长迅速，能很快形成支护能力，并且与围岩密贴，与周边围岩形成弹性共同体，可阻止应力集中与裂隙向岩体深部发展，起到可靠的全面的防护作用。经现场实践，锚喷网联合支护能有效地克服轻微岩爆和中等岩爆对施工的影响，且施工简便，现场广泛采用此方法是一种经济有效地防止岩爆的支护措施。

(3) 钢支撑锚喷网联合支护

在岩爆严重区，为提高结构整体支护能力，减少岩爆对施工的影响，可在岩爆地段采取密排钢支撑，与锚喷网联合形成支护体系。在 K65＋562～＋569 强烈岩爆段，采用钢拱架 1 榀/m 架立，配合锚喷网联合支护，有效地控制了岩爆的继续发生。

(4) 待避及找顶

待避是一种有效的安全措施，一般在岩爆比较强烈的时候，为防止飞石造成事故，可以在安全处躲避，待避到平静为止。找顶也是简单有效的安全措施，在距掌子面 2 倍洞跨范围内，加强巡回找顶，清除岩爆产生的浮石，避免石块坍落伤人。

(5) 其他防护方法

改善施工方法，采取“短进尺、多循环”的开挖方法，缩短每茬炮的开挖进尺和“密钻眼、弱爆破”的施工方法。一般岩爆段循环进尺控制在 3.0m 以下，岩爆严重段循环进尺控制在 2.5m 以下。爆破周边眼间距控制在 40cm 左右，最小抵抗线在 60cm 左右。二圈眼、周边眼装药量根据现场岩爆的发生情况降低炸药用量，尽可能减少爆破对岩体的破坏。

(6) 增设临时防护

主要是防止突然发生岩爆飞石伤人和砸坏机器设备。在掌子面及其附近岩爆地段加挂铁丝帷幕，可增加作业场所安全感，保护凿岩人员和机具。在台车上装设安全防护，保护打眼和装药工人的安全。在机器后配套安装“铁甲”，构成一个“防石棚”，以避免岩爆石块塌落伤人及砸坏设备。

2.5.4 隧道消防

秦岭终南山特长公路隧道在设计之初就考虑到了一定的消防救援系统。该隧道考虑的最大火灾规模为两辆大型汽车相撞，即具有 300L 汽油的火灾，并依此制定相应的灭火方案，设计相应的消防系统。终南山公路隧道内东、西向各铺设直径为 200mm 的消防干管，两干管通过人行横道连接，形成供水环网。消防供水量按照消防最大用水流量考虑，并满足最不利着火点（隧道人字坡顶部）的水压要求。

隧道内每 200m 设紧急报警电话一处，每 50m 设置手动火灾报警一个，火灾探测器一组，手提式灭火器两个。消防设备箱亦每 50m 设置一个，箱内设有消火栓和供 30min 灭火使用的水成膜泡沫液储罐。任意消防设备箱的门被打开时，相应区域的摄像机即自动录像，并将视频信号显示在主控制台上。在隧道外的管理所内设有一个消防队，配备一辆泡沫消防车。另外，隧道内设有紧急照明和通信设备，能够满足火灾时的救援要求。

考虑到终南山隧道的特殊性，火灾情况下的行车组织示意如图 2.5-7 所示。隧道内发生火灾后，对两条隧道进行车辆管制，打开发生火灾隧道的火灾点上风侧横通道。发生火灾的隧道内，火灾点下风侧的车辆应尽快驶出事故隧道，上风侧车辆通过横通道安全疏散到另一座隧道中，未发生火灾的隧道则改为双向行车。这种疏散组织方式实际上是将两个隧道互为安全隧道，而将两个隧道同时发生火灾的情况认为是小概率事件，不作考虑。此种组织方式顺利实施的前提条件是人员、车辆在火灾情况下听从指挥，不发生拥挤、超车等混乱现象，严格遵守交通规则保证隧道畅通。

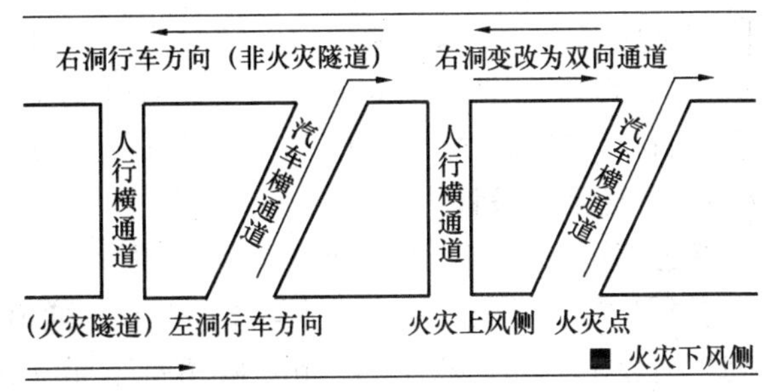

图 2.5-7 火灾情况下的行车组织示意

2.5.5 结束语

秦岭终南山特长公路隧道是一座世界级的超长隧道，在山岭公路隧道中，其工程规模、主洞长度、主洞埋深、分段通风长度、竖井深度及直径均列全国第一位，在施工建设过程中先后有中国科学院和中国工程院十多名专家组成专家委员会，先后召开了 3 次专家委员会咨询会议；还先后与瑞士瓦特公司、挪威 SINTEF 公司等进行国际合作，国内多所著名大学和科研院所的上百名专家和技术人员参与课题研究，该工程项目相继荣获“国家科技进步一等奖”、“鲁班奖”、“詹天佑大奖”和“全国十大建设科技成就奖”，它的建成进一步促进了我国公路隧道建设水平的提高。

2.6 国外典型公路工程

2.6.1 苏伊士运河 AhmedHamdi 水下公路隧道工程概况

苏伊士运河 AhmedHamdi 水下公路隧道平面呈 S 形，与苏伊士运河斜交，埋深 21.5m，采用圆形断面，全长 1640m。由于该处地下水具有腐蚀性，衬砌采用耐酸水泥制作，并采用减水剂增加混凝土的和易性和密实度。导洞采用半机械化盾构机施工，主洞采用 ADS-116C-BV/CS 敞胸式半机械化盾构机施工，盾构直径 11.8m，长度 11.6m。

业主聘请了英国某公司在设计和施工中进行咨询，以帮助业主更好地进行管理并培训自己的工程师。咨询公司在施工期间主要负责工程质量管理与合同管理，为控制工程投资、保证工程质量和工程进度起到了很大作用。

2.6.2 工程地质条件

地层自上而下 0～－15m，表层为沙和黏土（厚 3m），下部为黏土，局部含砂和淤泥；－15～－60m，上部为灰色－灰绿色黏土岩/泥岩，中部夹淤泥层和贝壳残骸砾岩透镜体，下部为深灰色泥岩、泥灰岩。岩层厚度相对稳定，新老岩层成整合接触，暗示了在当时一段时间中没有因地壳激烈运动而发生大的变化，而是处于一典型的浅水湖或三角洲沉积环境。

2.6.3 隧道平面布置

穿越江河水下隧道水下段宜与河道垂直相交，这样水下隧道最短。结合当地地形、水下段的工程地质、水文地质条件及特殊要求，隧道平面布置呈S形，与苏伊士运河斜交，隧道全长1640m。在平面布置中，为了便于行车，水下段隧道最小平曲线半径取450m，最大平曲线半径取1200m；引道及明挖段隧道最小平曲线半径取600m。

2.6.4 隧道剖面设计

隧道埋深21.5m，纵剖面呈V形，西岸（靠开罗端）隧道纵坡度最大取3.786%，东岸（靠西奈端）隧道纵坡度最大取3.823%。隧道断面为圆形断面，采用钢筋混凝土管片衬砌，内径10.4m，外径11.6m，隧道行车部位宽7.5m，净高5.05m。

2.6.5 隧道施工

隧洞施工采用半机械化盾构施工方法，主洞采用ADS-116C-BV/CS敞胸式半机械化盾构机施工，盾构直径11.8m，长度11.6m。

1. 钢筋混凝土衬砌管片制作工艺

隧道钢筋混凝土预制构件厂建有两个管片生产车间，总面积800m²。车间内排列4套（每套16只）管片灌筑模具，并安装有10t轨道式门吊车两台和轻轨平板车作为管片脱模和搬运的主要工具。

(1) 管片尺寸。隧道衬砌钢筋混凝土管片1.2m、厚0.6m，分为标准块、邻接块和封顶块。

(2) 模型构造。管片浇注模型由混凝土胎模和边模组成。边模分端模与侧模。边模采用8cm厚的硬木板制成并加角钢铰边，在模板面上还镶有数道预留槽芯。两端除用木模利于脱模外，在其外侧还有与底模连在一起的混凝土端墙，防止木模位移、保证管片制作精度。边模用耳环与底模铰接或钢拉杆连接，拆模时可以打开；在制造曲线地段异型管片时可用他来调整宽度。

(3) 绑扎钢筋。用人工捆绑，按照管片三种类型加工成型。其中标准块管片每片钢筋骨架重250kg，主筋和辅筋用ϕ25、ϕ22、ϕ20、ϕ18，箍筋为ϕ8。钢筋笼编扎好后，用龙门吊车将钢筋笼吊放在已固定好的模型内，最后检查预埋件位置和各部位尺寸是否正确。

(4) 浇注混凝土。由混凝土运输车直接向模内浇注，用插入式振捣器振捣，及至顶面表层，最后用抹子抹平。2.5h以后开始浇水养护。

(5) 管片脱模。混凝土终凝后5～6h将预埋件拆除，继续浇水养护8～12h，即可拆模。两侧模板拆除后，将双爪提升器插入两侧预留螺栓孔。由龙门吊车起吊脱底模和端模，然后放到平板运输车上运至养护池。

(6) 水中养护。在管片生产车间附近有一个约1000m²的养护水池，用吊车将管片放到水池中养护5d，然后吊出运带管片堆放场进行防水处理。

2. 衬砌防水防腐蚀技术

水下隧道全长1640m，采用盾构机开挖、预制钢筋混凝土管片衬砌，因此隧道防水除了管片本身要能承受静水压力和地下水腐蚀外，关键是管片接缝防水处理。钢筋混凝土管片防水防腐措施有：采用耐酸水泥，为改变混凝土的和易性，提高混凝土管片密实抗渗性能，在混凝土中掺用了减水剂，混凝土管片在预制厂生产时采用插入式振捣器捣固密实，表面还用铁抹子压实抹光，脱模后要及时放在水中养护。在混凝土迎水面涂耐酸碱涂料，涂料在管片拼装前刷好。为满足管片接缝防水、防腐和适应结构变形的需要设计了多道防线。

(1) 安装密封防水橡胶衬垫：密封防水橡胶衬垫在工厂按管片大小定型加工成环状，在管片拼装前，预先安放在管片接缝预留槽内；密封防水橡胶衬垫嵌入管片接缝后，依靠相邻管片的接触压力挤密之后便产生防水效能。

(2) 灌注密封防水胶浆：密封防水胶浆采用 KW3 灌注剂。KW3 是一种乳胶溶液，用泵沿着预留灌浆孔注入预留密封沟槽内。KW3 固化后呈粉红色，它使同湿的混凝土基面有良好的粘结力、能够排出沟槽中的滞留水分。它具有足够硬度，不会在压力水头作用下从注入孔或衬垫板的间隙流出，有足够的弹性，保证在水头压力作用下不会失效或降低同混凝土的粘结力。

(3) 粘贴隧道衬垫板：隧道垫板嵌在混凝土管片环之间，当管片受压时，可以分散荷载避免局部接触，起到减缓应力集中的作用，同时由于荷载分散，也减小了环向荷载的偏心距，从而赋予钢筋混凝土管片衬砌可变形的性能，因此隧道衬砌可以按柔性衬砌考虑，同时衬垫板还应有助于防水，能抗地下水的侵蚀。

(4) 镶填嵌缝防水：隧道钢筋混凝土管片衬砌接缝总长达 53700 多米，管片与管片之间预留有嵌缝槽。缝内嵌填一种聚硫橡胶水泥嵌缝料，嵌缝方法是将嵌缝槽清理干净后，用嵌缝枪挤压到缝槽内。管片嵌缝防水是一道很重要的防线，要求一定的柔韧性，能在管片稍有变形时不会破坏失效。另外，为加强隧道防水防腐性能并使其与地层形成整体，在衬砌背后间隙还进行了回填灌浆，同时考虑在隧道内设置二次防水衬砌。

3. 导洞施工

在主隧道轴线上，距苏伊士运河西岸岸边约 100m 处开挖临时施工竖井，以备安装小盾构，开挖导洞。导洞内径为 3.66m，采用 15cm 厚的预制钢筋混凝土管片衬砌。开挖导洞采用半机械化盾构机，外径 4.05m，推力 360t，铲斗容积 0.125m^3。导洞先开挖，主隧道后开挖，两者在竖井外交会。导洞开挖完成、主隧道通过竖井后，临时施工竖井即进行回填封堵。导洞为临时性结构物，待主隧道掘进到导洞位置后，将陆续拆除，所以混凝土管片之间的连接以木片塞缝处理。导洞于 1977 年 9 月 15 日正式开工，1978 年 5 月，导洞穿过苏伊士运河，到达运河东岸 50m 处，全长 330m，探明了河底段为不透水黏土层，有利于隧道的修建，因此即终止推进，开始主隧道施工。

4. 主隧道施工

根据工程地质、水文地质条件，经济技术比较，确定主隧道用盾构法修建。选用 ADS-116C-BV/CS 型敞胸半机械化盾构机进行施工。

盾构机主要技术参数如下：盾构直径 11.8m，隧道衬砌外径 11.6m，盾构长度 11.6m，盾构灵敏度 11600/11800 ≈ 1，盾构总推力 10000t，盾构最大推进速度 4.5cm/min，挖掘方式采用三台反铲挖掘机，盾构车架长度 120m，盾构总重 1300t。

盾构施工顺序：盾构组装与推进。一般用盾构法修建的隧道多开挖竖井作为组装盾构的工作井，该隧道在西岸隧道口部构筑盾构组装间。盾构组装间位于隧道口部和过渡段之间，这样从运输到盾构的组装作业都很方便。

盾构的组装和推进共分八个阶段：

(1) 在隧道口部和过渡段间构筑盾构组装间。

(2) 在过渡段和盾构之间安装仰拱管片，共2环，每环由5块管片组成。

(3) 盾构往前推进，从第4环上4块管片加上2块钢结构孔口管片。

(4) 盾构再往前推进，从第4环到盾尾处安装7块管片，在管片外侧设钢支柱。

(5) 移动滑道，从通风建筑和过渡段通过，一直延伸到试验段已全部连接好的盾构建筑。

(6) 盾构继续向前推进，刚进入隧道口部仰拱管片组装至第10环。为便于盾构开挖，在盾构前方用人工开挖台阶。盾构与底部管片孔隙回填豆粒砂。

(7) 盾构向前推进，进入隧道口部内，盾壳与口部孔隙用软泥填塞，管片组装至第15环。

(8) 盾构向前推进，在隧道口部管片组装至第25环。自本阶段后，盾构按正常情况向前推进，并拼装预制钢筋混凝土管片。

管片拼装。预制钢筋混凝土管片由管片输送带运至作业面，管片输送带可承重80t，1环16块管片可一次输送进洞，每班输送2次。管片运至作业面时，应涂好Elak涂料，安装好密封防水橡胶环，在管片的径向粘贴好Tunnelpak。管片在输送带上等待拼装时，粘贴环向Tunnelpak比径向Tunnelpak厚15mm。将管片输送到管片转移台，转移台向前移动到新环中心线，用环式片拼装机举重钳来钳接管片，然后转移台缩回到管片输送机，管片拼装机移动管片到环内要求安装的位置，依次拧紧每个管片的连接螺栓。

安装盾构车架导轨。为便于盾构台车行走，主隧道下部安装导轨支撑块，以安装钢轨。

主隧道盾构通过竖井和导洞的施工方法。在主隧道盾构进入竖井前要拆掉位于主盾构拱顶之上的试验竖井两个圆环，灌注C25钢筋混凝土护板。盾构接近竖井时，拆掉盾构将穿过竖井部分的衬砌环，打掉竖井基础混凝土。主隧道盾构到达竖井，并继续推进达到导洞钢筋混凝土管片第五拼装环时，盾构与混凝土护板之间的空隙用豆粒砂回填。主隧道盾构通过竖井，对竖井进行回填。

行车道板的安装。行车道板也为预制钢筋混凝土构件，中间跨为门式框架，两边跨为简支预制板。门式框架和简支预制板均在隧道混凝土预制构件厂生产。门式框架和简支预制板的拼装均利用盾构台车，吊车上设有安全闸。

2.6.6 隧道施工泥浆管理

通过对膨润土泥浆加压形成挖掘面支护，然后盾构掘进。切削轮腔充满了泥浆，然后舱中的压缩空气对泥浆进行加压，并由空气缓冲器校正循环期间压力的变化，使挖掘面压力保持常数。尾部400KVA泥浆泵把切削轮腔中开挖的砂土料通过30cm直径的管道运送到洞口。隧洞口建有泥浆处理场，每小时处理泥浆1000m^3。在处理场分离出砂土料，过滤泥浆，并不断地拌合新鲜泥浆，然后用泵将准备好的泥浆送回掌子面。

2.7 高速公路监控、收费及通信系统工程

2.7.1 通启高速公路监控、收费及通信系统工程概况

1. 工程建设情况

南通至启东公路是江苏省规划的“四纵四横四联”高速公路网中南京至启东高速公路的重要组成部分，地处江苏省沿江沿海的结合地区，是江苏省“九五”、“十五”期间公路建设中的重点工程。通启高速公路对促进江苏省沿海沿江地区经济的发展、完善高速公路网、减轻南通市过境交通压力、改善和提高南通港群的集疏条件、推动海洋经济的发展、建设海上苏东具有重要意义。

南通至启东高速公路起点接广陵至九圩港高速公路的九华互通，路线向东延伸在南通北互通连接纵一沿海大通道，在南通北互通式立交～小海互通式立交段为与纵一共线路段。路线接着沿东直到启东市。路线全长 108km，沿线设有互通立交七座：陈桥互通、南通北互通、兴仁互通、小海互通、海门互通、悦来互通、大生互通。全线除南通北互通立交～小海互通立交段为双向六车道高速公路，路基宽 35m，其余路段均为双向四车道高速公路，路基宽 28.0m。

通启路监控、通信及收费系统由中国公路工程咨询总公司中咨泰克交通工程有限公司（原北京市泰克公路科学技术研究所）承担设计，2001 年 5 月完成交通工程初步设计，2003 年 9 月完成监控、收费、通信系统招标书编制，2003 年 11 月完成施工图，于 2004 年 11 月建成通车。

2. 管理机构及沿线服务设施

南通至启东高速公路按“一路一管”管理模式，在小海互通设一个管理分中心，即南通监控收费通信分中心。本路沿线七座互通立交处设七个匝道收费站，在启东终点处设主线收费站。南通至启东高速公路实施收费系统的集中管理，陈桥、南通北、兴仁、小海、海门、悦来、大生、主线收费站不设站级收费监控室，全路的收费业务由南通收费分中心负责统一管理。

在南通北互通、小海互通、大生互通各设立 1 个养护工区，与三处收费站合建。在 K151＋500 处设钱家坝服务区。在 K188＋200 处设置悦来停车区。

3. 监控系统

监控系统能完成信息采集功能、信息处理和显示功能、控制功能、告警处理功能、报表统计与打印功能、查询功能、自动数据备份和系统恢复功能、系统自诊断功能、安全功能、自动备用功能。

本路监控系统主要由交通监控子系统、视频监视子系统等组成，在位于小海互通附近的管理中心内设监控分中心。

（1）交通监控子系统

交通监控子系统由监控分中心设备、外场设备以及传输通道等组成。在每个互通立交之间分别布设一组环形线圈车辆检测器，全线共设有 4 车道车辆检测器 15 套。在大生互通附近的大桥处设置一套能见度检测器，在兴仁互通处设置一套气象检测器，用于自动检测气象信息和能见度信息，进行处理并传到监控分中心，以便监控分中心根据气象状况及时做出控制方案。全线设小型可变信息标志 9 套、大型可变信息标志 6 套、在大生互通附近大桥处设有 1 套单悬臂式可变信息标志，用于发布道路信息。

（2）视频监视子系统

本路设置全线视频监视系统，全线共设 61 路遥控摄像机接入监控系统，用于监视全线的交通状况和设备状况。所有沿线遥控摄像机视频接入收费站，在收费站通过数据视音频接入设备进行数字化。

监控、收费分中心还向省监控中心及片区中心分别上传2路和4路视频图像，采用MPEG-2视频数字压缩编解码方式。在分中心千兆以太网交换机预留接口，通过通信系统上传至省监控中心及片区中心。

(3) 监控分中心

监控中心集中统一全线的交通管理，可进行交通信息采集、分析、异常情况处理、视频图像监视、情报发布以及系统交通管理运行操作，对全线的交通数据等进行汇总、统计、打印。监控中心负责收集外场设备数据、报警、视频图像，进行分析整理，制定交通控制方案；同时，监控中心负责向监控总中心上传汇总后的数据和报表。

本路监控中心与收费中心合建，包括计算机系统、三层千兆以太网交换机、闭路电视监视系统、投影系统、LED显示屏、控制台、紧急电话设备、不间断电源等。监控分中心设置2×4×84大屏幕投影组合系统；还设置1块LED屏，用来显示外场可变信息标志的显示内容及其他交通参数。

(4) 传输通道

沿线的车辆检测器、气象检测器、能见度检测器、大型可变信息标志、小型可变信息标志、单悬臂式可变信息标志等外场设备，采用数据光端机通过光缆连接至附近通信/收费站，通过CAN接口接入各站的数据视音频接入设备（DMDU）后接入通信/收费站千兆以太网，再通过通信系统的光纤进行传输至本路中心千兆以太网。

沿线遥控摄像机视频监控采用每台遥控摄像机视频接入对应一芯光纤的传输方式，两端相应增加数据视频复用光端机，将视频图像传输到附近通信/收费站，与收费站、广场视频图像一起接入数据视音频接入设备（DMDU），采用MPEG-2和MPEG-4压缩方式上传到监控分中心；从监控分中心到遥控摄像机需传输视频信号和反向控制信号，通过CAN接口接入设在各站的数据视音频接入设备（DMDU），再通过通信系统的千兆以太网络传至本路分中心。

数据视音频接入设备（DMDU）由编码单元、存储单元两部分组成，基于千兆以太架构，实现高速公路道路路况、交通路况、收费广场、收费车道亭内的视频图像监控、视频存储、紧急报警接入以及亭内监听等功能，并为外场设备（诸如车辆检测器、气象检测器、可变情报板、可变限速标志等）的数据监控，提供低速数据通信通道。

4. 收费系统

收费系统功能包括收费车道应用软件功能、非接触式IC卡管理软件功能、收费站计算机系统功能、收费站集中点管理软件功能、收费中心管理软件功能和报表功能、IP对讲系统功能和计重收费等功能。本路收费符合《江苏省苏北高速公路联网收费暂行技术要求》。

(1) 收费管理与收费方式

通启高速公路收费的管理体制为收费分中心集中统一管理全线所有的收费点。南启高速公路全线设1个收费分中心和8个收费点（陈桥、南通北、兴仁、小海、海门、悦来、大生、启东），全线共设19入26出共45条收费车道。收费分中心设在通启高速公路管理中心内。与监控分中心共用一个监控大厅。

本路采用半自动收费方式，即入口人工判别车型并输入车牌号后3位，同时抓拍车辆图像，发放通行卡；出口回收通行卡、判别车型（货车按载重计重收费）并输入车牌号后3位与入口校核，人工收费，计算机管理，辅以车辆检测器校核，视频监视及语音监听。通行券采用非接触式IC卡。

（2）收费车道设备

收费系统由收费车道设备、称重系统、计算机系统、闭路电视监视系统、内部对讲和安全报警系统、监听系统、收费附属设施（传输介质、供电系统、设备保护系统、配电箱、控制台等）构成。

收费车道设备包括收费员操作台、显示器、车道控制器、专用键盘、票据打印机（出口）、IC卡读写器、费额显示器、通行信号灯、自动栏杆、车辆检测器、雨棚信号灯、雾灯、黄色闪光报警器、车道摄像机、安全报警踏板、内部对讲电话、内部监听头（拾音器）、手动栏杆等。

（3）称重系统

对货车进行计重收费，设置称台式称重系统。称重系统是收费车道系统的一个子系统，由感应式称重仪、轮胎识别器、红外车辆分离器、称重数据采集处理器以及通讯传输系统等构成。安装于各收费站出口车道及收费岛上。

（4）计算机网络构成

收费计算机系统按二级实施：各个收费点收费广场车道控制机和控制室的服务器通过交换机和多模光缆构成该收费点的计算机 Ethernet 局域网，网络拓扑结构为星形＋总线型，各个收费点之间没有直接相连的通道；收费分中心内的计算机通过交换机构成收费分中心计算机 Ethernet 局域网，网络拓扑结构为星形，收费点计算机局域网和收费分中心计算机局域网通过交换机和通信系统提供的通道连接成广域网。收费点的原始数据和统计数据每隔一定时间上传收费分中心。

收费分中心设置了数据服务器、财务管理工作站、图像监控工作站，图像处理工作站、数据管理工作站、营运及IC卡管理工作站、监视工作站等设备；收费站计算机网络系统主要包括服务器、以太网交换机、路由器等。收费分中心预留2M通道与苏北收费结算中心的接口。

（5）收费视音频监视系统

收费视音频监视系统实行一级监控：即收费分中心监控。监视系统由外场设备、传输设备及控制设备三部分组成。外场设备包括广场摄像机、车道摄像机、收费亭摄像机等；传输设备包括数据视音频接入设备；控制设备包含图像监控、图像处理工作站等。

监听系统要实现收费分中心值班员可以监听到收费亭内收费员的讲话。收费亭内装有监听头（拾音器），进入各站的数据视音频接入设备，再通过通信网络传至路中心。

在各收费站和收费中心设有数据视音频接入设备（DMDU），采用 MPEG-4 硬件编码技术对收费系统视频、音频等信号进行实时处理，处理后的信息通过通信系统提供的千兆以太网进行传输，同时也可以对所有的视音频进行同步录像。

在收费分中心设有图像监控工作站，可以直接切换视频图像在显示器或投影屏上显示，同时可以控制每个收费点的数据视音频接入设备，对图像进行切换上传；还设有图像处理工作站：还可对车道抓拍图像进行编辑、查询、打印，并且可以从存储设备上直接调看所存储的图像数据。

(6) 收费对讲电话系统

用于各收费车道与收费分中心之间的对讲。利用通信系统的软交换设备提供。中间的传输通道采用收费网络。

(7) 安全报警系统

安全报警系统是由安装在收费分中心控制室墙上的全天候报警警笛、报警器和每个收费点收费亭内的脚踏开关等组成的。

(8) 电源系统

在每个收费点均设置2台UPS，分别给所管辖的收费车道设备（包括自动栏杆、雨棚信号灯、亭内设备等）供电，并且给收费点控制室的计算机和闭路电视设备供电。

收费分中心采用2台UPS以1+1备份方式给收费系统、监控系统、通信系统设备供电，平时负载分担，一台UPS坏了的话，可以由另一台UPS负担所有负载。UPS进入网管系统。监视器和投影屏不由UPS供电。

5. 通信系统

(1) 通信站与通信分中心

在本路南通管理中心处设置通信分中心。沿线在陈桥收费站、南通北收费站、兴仁收费站、钱家坝服务区、海门收费站、悦来停车区、悦来收费站、大生收费站、主线收费站处设9处无人通信站。

(2) 传输系统

本工程在南通通信分中心配备一套能平滑升级的同时兼容IP和ATM的STM-4等级的ADM分下插入复用干线传输设备；路段内通信采用千兆以太网网络传输系统，即在本路南通通信分中心与沿线无人通信站之间通过光纤以太网的方式为沿线各站与中心之间的话务通信以及监控、收费系统的数据、视频、图像等非话业务提供传输通道。

在南通通信分中心设一台三层千兆以太网交换机，分别采用二芯光纤与9个无人通信（收费）站的三层千兆以太网交换机相联，构成光纤三层千兆太网网络系统。考虑到网络的可靠性，分别将2个无人通信（收费）站的三层交换机互连作为备份通道。各站语音通过语音网关接入以太网，为沿线各站提供语音业务；各站收费系统计算机网络也接入此三层千兆太网系统，可将沿线各站的数据传输至本路分中心；监控收费图像和监控外场低速数据通过数据视音频设备接入此系统，将视频、图像和低速数据传至本路分中心。

(3) 语音交换系统

在南通通信分中心设置软交换机，完成本局的话务接续与出入局的话务接续，同时转接他局之间的呼叫。软交换机通过语音网关与三层千兆以太网网络连接，为沿线各收费站、服务区、停车区、养护工区的用户提供业务电话和收费对讲电话业务。

(4) 紧急报警（电话）系统

本项目采用全程监控，沿线不设置紧急电话系统，利用特服号码来实现报警，同时在整公里桩号的路侧护栏处设立有报警电话号码的标志，方便司乘人员报警。

(5) 数据视音频接入装置（DMDU）

本路的收费图像、收费报警系统、监控外场数据、监控外场图像的传输是通过数据音视频接入装置（DMDU）完成的。

沿线陈桥收费站、南通北收费站、兴仁收费站、海门收费站、悦来收费站、大生收费站、主线收费站7处无人通信站处设置数据音视频设备。此设备有视频、音频、低速数据及以太网接口，可以接入监控外场和收费视音频、监控外场低速数据、收费亭报警信号、机房环境监测等信号。此设备将监控和收费广场视频音频图像进行MPEG-2编码压缩，将收费视音频图像进行MPEG-4编码压缩。用以太网接口连接到各站的三层千兆以太网交换机上。

在南通监控分中心也设置数据音视频接入装置（DMDU），一端接通信分中心的三层千兆以太网交换机，一端将小海收费站的监控收费图像和监控数据接入此设备。在千兆以太网交换机上采用划分虚拟局域网VLAN技术区分数据、音、视频等数据。

在南通监控分中心局域网的计算机及各站点的办公网络内的计算机（计算机内要装解码软件），都可以通过网络调看监控、收费系统视频图像和数据。

（6）光电缆工程

南通至启东高速公路光缆采用1根光缆：用于通信、监控及收费等系统的数据、音、视频的传输。由于道路监控每2km设1台摄像机，恰好与通信光缆的每盘光缆盘长相等，为减少光缆接头数量，采用监控图像光缆与通信光缆合缆，外场摄像机的接头处与通信光缆每2km盘长的接头处重合。光电缆敷设在通信管道内。

通信管道分为干线和支线，干线通信管道铺设于3.0m宽的中央分隔带内，干线管道群中心与中央分隔带中心线重合。干线通信管道采用外径40mm，内径33mm的硅芯管铺设。在南通北互通和小海互通间与江苏纵一沿海高速公路共线路段采用18根ϕ40/33（外径40mm，内33mm）硅芯管，其余路段采用12根ϕ40/33硅芯管。

支线管道包括通信站分歧管道，支线管道铺设在路肩外侧。

2.7.2 新思路和新技术的应用

通启路的三大系统建设针对常规的高速公路机电系统的问题，结合管理经验及需要，在取消收费站级监控集中管理、全程视频数字化监控、整合数据视音频接入装置W-DMDU、千兆以太网专网构架等方面进行了创新与实践，设计了一个全新的、开放性的运营信息管理系统，实现了贴近管理需求，降低了工程总体造价、降低后期运营管理成本的目标。

主要技术特点与创新如下：

1. 收费系统采用集中管理方式

本路段采用收费系统集中管理的方式，收费中心、监控中心、通信中心三合一。将陈桥、南通北、兴仁、小海、海门、悦来、大生、启东、主线收费站都纳入通启高速公路收费分中心集中管理。在每个收费站处不单独设收费监控值班员，由南通监控收费中心集中设收费监控值班员，统一管理本路的收费业务。

集中模式与每站控制室设值班人员模式相比，其优点是减少了收费站控制室的值班人员，简化了收费系统的网络结构，降低了运营管理费用，便于分中心集中监督管理。但是，当管理多站的控制室或分中心某些设备或传输通道出现故障时，影响收费系统运行的范围要广一些。因此，要求分中心的服务器必须是高可靠性的双机冗余，在网络的设计上要有冗余及可靠措施，此外，在每个收费站局域网上还设置服务器，保存收费数据等措施，提高系统的可靠性和安全性。

2. 用千兆以太网构架语音、数据、视频合一传输系统

考虑到江苏省联网通信规划的要求，本路的干线传输系统仍采用了 STM－4 级同步数字体系（SDH）。而传统的 SDH 综合业务接入网（ONU/OLT），是基于语音业务为主发展起来的，传送数据业务时效率不高，而高速公路运行和运营管理中，除了语音通信以外，更多的是数据和视频图像业务，尤其是视频图像占用大量的带宽。而收费站、服务区、监控收费分中心等本地信息处理都是采用以太网方式的局域网，针对本路段传输的信息是以数据为主，又有大量视频图像在本路网络中传输的特点，选择千兆以太网作为路段内综合信息接入传输平台，取代常用的综合业务接入网，实现路段内语音、数据、视频图像三网合一。

采用本方案具有以下特点：

(1) 符合国际标准的技术

以太网技术是符合 IEEE802 国际标准充满生机活力的技术，并且以太网具有简单、低成本、可扩展性强、与 IP 网能够很好结合等优点，使以太网技术迅速推广应用，近期又得到了迅速的发展，随着 IEEE802.3z、IEEE802.3ab 千兆以太网标准的确立，以太网技术的应用也逐渐向公用电信网、城域网扩展，用于高速公路交通信息的广域网也是合理的发展。

(2) 能减少传输延迟、简化网络层次、提高效率

千兆以太网摆脱了传统载波侦听/冲突监测（CSMA/CD）访问控制方式的束缚，双全工的工作方式可以同时发送和接收数据，具有全双工功能的交换机可以获得两倍单工模式的通信吞吐量，并且不会发生数据碰撞。在双工方式下，千兆以太网的通信距离只受传输介质造成信号损失的限制，当采用光纤传输时以太网的通信距离可达到 70km。因此，采用三层千兆以太网可将分散在高速公路沿线的收费站等局域网（LAN）连接成一个广域网（城域网），局域以太网送出数据链路层的 MAC 帧可以原样不动地到达分中心局域网和网络内其他地点的 LAN，不像在使用 SDH 综合业务接入网时，以太网链路层数据帧的传输需要经 SDH 的装拆处理，需多协议的转换。因此不经 SDH 接入网连接就不需要多协议的转换，能减少传输延迟、简化网络层次、提高效率。

(3) 利用收费、监控既有的网络设施降低造价

目前，无论通信系统采用何种传输方式，高速公路监控、收费系统中，每个收费站、收费与监控分中心等节点都使用千兆或快速以太网，都有局域网交换机或者路由器，利用这些交换机构架千兆以太网的广域网，只要适当提高交换机部分性能要求和做局部扩展，就可以构成路段内传输网络，满足运营管理的需要，并且可以取消传统 SDH 接入网中的光线路终端 OLT 和光网络端装置 ONU（为了语音系统还需要每站增加语音网关设备），能明显降低工程投资。

(4) 提高通信带宽、加强网络安全和管理

利用局域网交换机支持虚拟局域网技术，可以将局域网按端口、MAC 地址、按协议等划分虚拟网段（VLAN），可以实现按管理功能或数据性质来划分虚拟网段，分割网络流量、控制广播风暴，加强了网络管理和网络安全，保障高速公路运营管理的需要。

此外，千兆以太网较 STM－1/4（155/622Mbps）接入网提高了通信的带宽，系统的

扩展性较好，与IP业务能够很好地结合，今后也较易升级为10G以太网。但是，以太网不能像SDH那样提供物理层低于50毫秒的环冗余保护恢复功能。随着IEEE802.1s和802.1w标准的建立，千兆以太网组成的网络拓扑结构中，网络重新恢复的延迟将会大大缩短。目前，以太网也能提供物理层低于50毫秒的环冗余恢复功能。

3. 采用先进的视频数字监控系统

本路实施了道路全程视频监控，即全线按每2km设置一台遥控摄像机，共设了61台遥控摄像机；收费系统视频监视范围包括收费车道监视、收费广场监视、收费亭监视，结合管理需求采用收费分中心集中监控模式，即各收费站所有摄像机图像均上传监控收费分中心，由监控收费分中心值班员集中监控，全线共接入视频监视176路摄像机图像，并实现全程视频数字化监控。

本路收费分中心视频监视和监控分中心视频监视采用同址合建联合监视方式，以降低工程投资、减少人员节约运营费用。监控收费分中心、收费站都取消了视频切换控制矩阵，监控系统的沿线遥控摄像机采取在邻近收费（通信）站经标准MPEG2/MPEG4编码器压缩后用数字方式进行传输（采用了W-DMDU数据视音频设备）。在监控分中心由MPEG2解码器还原成模拟视频信号，在大屏幕投影屏和监视器组上进行显示。由视频服务器、工作站、对视频图像进行存贮和管理，监控分中心局域网上的视频服务器和多台工作站，只要加上相应的解压软件，就可以自由地调看分中心LAN及系统中的视频图像。

收费站视频监视子系统采用本站就地数字化录像、存储和传输。为了防止因传输网络故障对视频数字监控系统的影响，以及保证收费站视频监控的可靠性，在每个收费站局域网上设视频服务器对全站视频图像进行实时录像，并且对录像图像不能进行修改，以满足稽查及审查视频录像的需要。

由上可见，本路的视频监控实现了先进的视频数字监控系统，监控收费分中心能对视频图像进行实时的显示、录像、回放、查询、检索等，具有视频数字监控系统的许多优点，系统还具有较强的网络视频监视功能，只要通信网络支持，网络上的计算机都可以方便地调看图像，就能很容易地实现上级主管、相关业务部门对视频图像查询、调用浏览等，达到视频图像信息的网上共享，为高速公路运营管理的信息化提供有力支持。

4. 采用数据视音频接入设备（DMDU）

本路在沿线收费站、管理中心等处设置W-DWDU数据视音频设备。数据视音频接入设备（DMDU）由标准MPEG2/MPEG4视音频编解码单元、存储单元、数据接口传输单元、计算机处理器等部分组成，可以内置千兆以太网交换机，能支持实现高速公路道路路况、交通路况、收费广场、收费车道亭内的视频图像监控、视频存储、紧急报警接入以及亭内监听等功能，并为车辆检测器、气象检测器、可变情报板、可变限速标志等外场设备提供低速数据通信通道。

该装置由江苏高速公路经营管理中心和南京大学共同研制，并通过了江苏省科技厅的鉴定，能批量生产。该装置很好地整合了高速公路收费、监控及通信系统所需要的数据、视频音频、图像等设备，每个收费（通信）站只需要一个标准机柜就能实现三大系统业务的本地综合接入、数字编解码、存贮、监控及管理，应用软件、网络管理也较好地考虑高速公路运营管理的需求。可以内置千兆以太网交换机，为构架高速公路通信网络提供了方便，也易于提供更高的带宽和扩展。

5. 采用软交换语音系统

本路语音系统采用软交换系统取代程控交换机的 IP 电话。这在一条路的语音系统中也是国内首例。在通信分中心设软交换系统，设置软交换服务器、语音网关、关守等，利用收费站、服务区的千兆以太网交换机及语音网关接入收费站、服务区的多台电话机，构成本路的语音系统。为本路分中心、停车区、收费站、养护工区的用户提供电话服务，同时本语音系统还接入江苏省的高速公路数字程控交换机网、实现本路与外部的语音通信。软交换系统的核心部分是服务器，通过软件可以实现原有程控交换系统的所有功能，也不需要单独建设程控交换机与 SDH 综合接入网来完成语音的接入，基于 IP 分组技术能给语音系统带来更多的业务特性，对于现有的网络也不产生任何影响。本路的收费对讲电话也利用软交换技术实现，收费亭内的收费对讲电话采用 IP 话机，直接连接到收费系统千兆以太网络中，节省了从收费站到收费车道的电缆布设；利用软交换系统语音网关提供 2M 数字中继，通过干线 SDH 传输系统与相邻路网相连，保证本路与相邻高速公路程控数字交换机的连接，支持江苏省高速公路程控交换网络的联网建设。

2.7.3 项目评价

通启高速公路在监控、收费与通信系统建设中，注意采用最新的技术使系统构成更简单、更经济合理，适应系统向数字化、信息化、智能化发展的需要，将数据、语音、视频融入一个千兆以太网网络通信平台。采用数据音视频接入系统、软交换、IP 语音等先进技术和设备，在系统建设方面取得了一些创新。在全长 108km、8 个收费站路段中共接入 176 路视频监视图像，近 200 路 IP 电话，实施了全新的集中调度管理模式，是我国首条实现三网合一、数字化、全程监控的信息化高速公路工程。通过三年多实际运行考验，系统总体运行稳定可靠。

通启高速公路通车以后，江苏高速公路经营管理中心充分利用技术平台优势，大胆进行管理创新、探索实践，逐步形成具有自身特色的集中调度管理模式，较好地实现了资源的优化配置，降低了生产成本，提高了运营管理水平。江苏高速公路经营管理中心总结为："取消了收费站级监控室，实施了全新的集中调度管理模式，全线集中一处指挥调度中心，负责对全路段征收、清排障、路政、监控、收费与通信系统等业务实施统一指挥和集中调度管理，使运营管理机构精简、更集中统一、高效；使人员精简、效能提高，在全线 8 个收费站、1 个监控中心每个站都设监控室的情况下，至少需要 45 个监控管理人员，而现在只在监控中心安排了 12 名监控员管理全线的收费和道路监控业务；在管理上做到了标准统一、科学规范、资源整合、优势互补；在服务上体现了全面、精细、优质、诚信，各项工作较之以前的管理模式效率有很大提高"。

通过多年的运营，管理单位也发现了需要改进问题，随着技术的发展也提出了更高的要求。主要有：大量视频图像的管理需要完善视频管理软件功能；基于路况视频模式识别技术，需要研究开发应用视频事件自动预警减少人为干预，以实现高速公路的智能化管理；考虑到成本不可能高密度布设道路摄像机，使道路监控存在盲点，需要加强道路路政、养护车辆巡查，开展基于无线网络（WLAN）移动视频监控技术研究和应用，将车载系统拍摄高速公路上现场事件实时地传输至控制中心，弥补道路监控摄像机的不足；需要尝试使用红外摄像机弥补夜晚监视效果不佳的问题等；需要进一步完善相关管理制度，制定了与之相适应的管理规范和流程、岗位操作手册、各种事件处置预案，提高人员综合素质和管理能力等，以适应集中监控带来管理内容、方式的新挑战。

通启高速公路的监控、收费及通信系统工程项目为高速公路的运营管理提供了先进的技术手段，实现了“精简、集中、高效”的管理新模式。在本工程项目的成功建设及管理经验的基础上，2006 年底至 2007 年，江苏省高速公路经营管理中心又对所管辖的宁连、宁通、宁淮等三条高速公路也进行了相应的系统改造。

2.8 桥梁养护与加固工程

2.8.1 桥梁养护技术

1. 桥梁养护应符合的要求

（1）桥涵外观整洁。

（2）桥面铺装坚实平整、横坡适度。

（3）桥头顺适。

（4）排水、伸缩缝、支座、护墙、栏杆、标线等设施齐全良好。

（5）结构无损坏。

（6）基础无冲刷、淘空。

（7）与路基不同宽度的小桥，应逐步改建成与路基同宽。

为利于分析判断桥梁可能发生的病害原因，应在结构正常状况时设置永久性控制检测点，控制检测项目见表 2.8-1。

桥梁永久性控制检测项目 **表 2.8-1**

检测项目		检测点	检测方法
1	墩、台身、索塔锚碇的高程	墩、台身底部（距地面或常水位 0.5～2m 内），桥台侧墙尾部面和锚碇的上、下游两侧各 1～2 点	水准仪
2	墩、台身、索塔倾斜度	墩、台身底部（距地面或常水位 0.5～2m 内），桥台侧墙尾部顶面和锚碇的上、下游两侧各 1～2 点	垂线法或测斜仪
3	桥面高程	沿行车道两边（近缘石处），按每孔跨中、L/4，支点等不少于 5 个位置（10 个点）。测点应固着于桥面板上	水准仪
4	拱桥桥台、吊桥锚碇水平位移	在拱座、锚碇的上、下游两侧各 1 点	经纬仪
说明	① 上下行分离式桥按两座桥分别设点； ② 倾斜度测点应用于上下相距 0.5～1m 的两点标记检测； ③ 永久性测点宜用统一规格的圆头锚钉和在铝板上有钢印编号，或靠地固着于被测部件上； ④ 所有测点的位置和编号，以及检测数据必须在桥梁总体图和数据表中注明，并归档		

2. 桥梁检查

桥梁检查分为经常性检查、定期检查和特殊检查。

经常性检查是对桥面设施、上下部结构及其附属设施进行一般性检查，每季度不少于一次，并填写经常性检查记录表，汛期应加强不定期检查特大型桥梁宜采用信息技术与人工作业相结合的手段进行经常性检查。

定期检查是桥梁养护管理系统中，采集结构技术状况动态数据的工作通过定期检查可以对结构的损坏作出评估，评定结构构件和整体结构的技术状况，从而确定特别检查的需求与结构维修、加固或更换的优先排序。定期检查周期视桥梁技术状况而定，最长不得超 3 年，新建桥梁缺陷责任期满时进行第一次全面检查，临时性桥梁每年检查不少 1 次，定期检查应填写桥梁定期检查记录表，并校核桥梁基本状况卡片。在经常性检查中发现重要部（构）件的缺损明显达到三、四、五类技术状况时，应安排一次定期检查。

特殊检查是查清桥梁病害原因、破损程度、承载能力、抗灾能力，确定桥梁技术状况的工作。特殊检查分为专门检查和应急检查，在下列情况下应作特殊检查（专门检查）：

（1）定期检查中难以判明损坏原因及程度的桥梁；

（2）桥梁技术状况为四、五类者；

（3）拟通过加固手段提高荷载等级的桥梁；

（4）条件许可时，特殊重要的桥梁在正常使用期间可周期性进行荷载试验桥梁遭受洪水、流冰、滑坡、地震、风灾、漂流物或船舶撞击，因超重车辆通过或其他异常情况影响造成损害时，应进行应急检查。

桥梁特殊检查应根据需要对以下三个方面问题作出鉴定：

（1）桥梁结构缺损状况；

（2）桥梁结构承载能力，包括对结构强度、稳定性和刚度的验算、试验和鉴定；

（3）桥梁防灾能力，包括抵抗洪水、流冰、风、地震及其他地质灾害等能力的检测鉴定。

3. 桥梁技术状况评定分为一般评定和适应性评定

一般评定是依据桥梁定期检查资料，通过对桥梁各部件技术状况的综合评定，划定桥梁各部件及总体技术状况类别，提出各类桥梁的养护措施其评定方法应按现行《公路技术状况评定标准》(JTG H20—2007) 执行。

适应性评定是对桥梁的承载能力、通行能力、抗洪能力周期性地进行评定，评定周期一般为 3～6 年评定工作可与桥梁的定期检查、特殊检查结合进行。承载能力、通行能力的评定一般采用现行荷载标准及交通量，也可考虑使用期预测交通量承载能力、通行能力，评定方法见有关规定，抗洪能力按《公路养护技术规范》(JTG H10—2009) 规定进行评定。

4. 墩台基础的养护与加固应符合的要求

（1）应采取措施保持桥梁墩台基础附近即桥梁上下游各 200m 的范围内（当桥长的 1.5 倍超过 200m 时，范围应适当扩大）河床的稳定。

（2）若基础冲刷过深或基底局部淘空，应及时抛填块石、片石、铅丝石笼等进行维护。

(3) 桥下河床铺砌出现局部损坏时应及时维修。

(4) 对设置的防撞、导航、警示标志等附属设施应加强检查、维护，保持良好的技术状况。

(5) 当重力式基础或桩基础的承载能力不足，出现超过允许值的沉降，以及基础局部被冲空、墩台周围河床被严重冲刷或因基础病害致使墩台滑移、倾斜时，应对基础进行加固。

简支结构桥梁墩台容许沉降值：

1) 墩台均匀总沉降值（不包括施工中的沉降）：$20\sqrt{L}$（mm）；

2) 相邻墩台总沉降差值（不包括施工中的沉降）：$10\sqrt{L}$（mm）；

3) 墩台顶面水平位移值：$5\sqrt{L}$（mm）。

注：L 为相邻墩台间最小跨径，以 m 计。跨径小于 25m 时，仍以 25m 计。

5. 墩台、锥坡、翼墙（耳墙）的养护与加固应符合的要求

(1) 保持墩台表面整洁，及时清除墩台表面杂物。

(2) 当圬工砌体发生灰缝脱落，砌体表面风化剥落或损坏，砌体镶面部分严重风化和损坏，砌块出现裂缝，墩、台表面发生侵蚀剥落、蜂窝麻面、裂缝、露筋等病害，或墩、台混凝土裂缝宽度超过限值时（表 2.8-1），应根据损坏类型及程度，采取相应的技术措施进行维修处治。

(3) 锥坡应保持良好。锥坡开裂、沉陷、冲空时，应及时采取措施进行维修加固。

(4) 翼墙（耳墙）出现下沉、断裂或其他损坏时，应及时维修加固。

6. 钢筋混凝土及预应力混凝土桥的养护应符合的要求

钢筋混凝土及预应力混凝土桥包括简支梁（板）桥、连续梁桥等，还包括钢管混凝土拱、刚架拱、桁架拱、双曲拱等钢筋混凝土拱桥。

(1) 及时清除表面污垢；混凝土孔洞、破损、剥落、表面风化以及裂缝应及时修补。

(2) 钢筋混凝土及预应力混凝土梁桥梁（板）端头、梁体底面、隔板表面应适时清扫，保持清洁，排除积土。

(3) 箱形截面结构应保持箱内通风，减少因箱内外温差可能引起的裂缝。

(4) 构件裂缝宽度值在允许范围内时应进行封闭处理。

(5) 当裂缝宽度大于限值时，应采用压力灌浆法灌注环氧树脂胶裂缝宽度限值见表 2.8-2。

(6) 当裂缝发展严重时，应查明原因，采取加固措施。

(7) 对梁（板）体混凝土的空洞、蜂窝、麻面、表面风化、剥落等应进行修补，并切实防止钢筋因混凝土碳化引起锈蚀。构件缺损严重时，应及时进行修复和加固。

(8) 中、下承式的吊杆及系杆拱桥采用无混凝土包裹的预应力系杆的养护，参照《公路养护技术规范》(JTG H10—2009) 有关规定。

(9) 当钢筋混凝土、预应力混凝土梁式桥主梁或拱桥的挠度超过规定（表 2.8-3）的允许值并有严重发展的趋势时，应查明原因，经设计计算进行加固或更换构件。

裂缝宽度限值 表 2.8-2

<table>
<tr><th>结构类型</th><th colspan="3">裂缝种类</th><th>允许最大缝宽（mm）</th><th>其他要求</th></tr>
<tr><td rowspan="5">钢筋混凝土梁</td><td colspan="3">主筋附近竖向裂缝</td><td>0.25</td><td></td></tr>
<tr><td colspan="3">腹板斜向裂缝</td><td>0.30</td><td></td></tr>
<tr><td colspan="3">组合梁结合面</td><td>0.50</td><td>不允许贯通结合面</td></tr>
<tr><td colspan="3">横隔板与梁体端部</td><td>0.30</td><td></td></tr>
<tr><td colspan="3">支座垫石</td><td>0.50</td><td></td></tr>
<tr><td rowspan="2">预应力混凝土梁</td><td colspan="3">梁体竖向裂缝</td><td>不允许</td><td></td></tr>
<tr><td colspan="3">梁体纵向裂缝</td><td>0.20</td><td></td></tr>
<tr><td rowspan="3">砖、石、混凝土拱</td><td colspan="3">拱圈横向</td><td>0.30</td><td>裂缝高度小于截面高度一半</td></tr>
<tr><td colspan="3">拱圈纵向</td><td>0.50</td><td>裂缝长度小于跨径的 1/8</td></tr>
<tr><td colspan="3">拱波与拱肋结合处</td><td>0.20</td><td></td></tr>
<tr><td rowspan="7">墩　台</td><td colspan="3">墩台帽</td><td>0.30</td><td rowspan="7">不允许贯通墩身截面一半</td></tr>
<tr><td rowspan="5">墩台身</td><td rowspan="2">经常受侵蚀性水影响</td><td>有筋</td><td>0.20</td></tr>
<tr><td>无筋</td><td>0.30</td></tr>
<tr><td rowspan="2">常年有水，但无侵蚀性水影响</td><td>有筋</td><td>0.25</td></tr>
<tr><td>无筋</td><td>0.33</td></tr>
<tr><td colspan="2">干沟或季有水河流</td><td>0.40</td></tr>
<tr><td colspan="3">有冻结作用部分</td><td>0.20</td></tr>
</table>

注：表中所列除特指外适用于一般条件。对于潮湿环境和空气中含有较强腐蚀性气体条件下的缝宽限制，应比表列更严格。预应力混凝土梁指全预应力或部分预应力 A 类构件。

桥梁允许挠度值表 表 2.8-3

<table>
<tr><th colspan="2">桥梁结构类型</th><th>最大允许挠度值</th></tr>
<tr><td rowspan="3">钢筋混凝土桥及预应力混凝土桥</td><td>梁式桥，梁跨中</td><td>$1/6000L$</td></tr>
<tr><td>梁式桥，梁悬臂端</td><td>$1/300L_1$</td></tr>
<tr><td>拱、桁架桥</td><td>$1/800L$</td></tr>
<tr><td colspan="2">混凝土、砖、石拱桥和双曲拱桥</td><td>$1/1000L$</td></tr>
</table>

注：L 为桥梁的计算跨径；L_1 为桥梁悬臂端长度。

7. 圬工拱桥的养护应符合的要求

（1）及时清除表面污垢及圬工砌体因渗水而在表面附着的游离物。

（2）及时疏通泄水管孔，保持桥面及实腹拱拱腔排水畅通。如发现拱桥桥面漏水，应及时修补。主拱圈（肋）若发现渗水，应修补防水层，修理排水管道，堵塞渗水裂缝。

(3) 主拱及拱式腹拱的拱铰及变形缝应保持正常工作状态，如有损坏应及时修复。

(4) 当主拱圈（拱肋）或桁架拱、刚架拱、双曲拱构件由于各种原因引起开裂、劈裂、压碎、变形甚至失效时，应分别针对各种情况采取加大截面、粘贴钢板或复合纤维板、变更拱上建筑、更换填料等措施进行加固修复。

8. 钢桥的养护应符合的要求

(1) 及时清除钢结构的表面污垢，保持杆件清洁。

(2) 更换松动和损坏的铆钉或销子、螺栓。

(3) 发现连接螺栓松动应及时拧紧，对于高强螺栓应施加设计的预拉应力。

(4) 焊接连接的构件，焊缝处若发现裂纹、未熔合、夹渣、未填满、弧坑等缺陷时，应进行返修焊，焊后的焊缝应随即铲磨匀顺。

(5) 钢杆件受到冲击造成局部弯曲时，应及时矫正。

(6) 及时更换破损桥面板，加铺轨道板或加设辅助横梁。

(7) 定期对钢桥构件进行防锈、油漆，一般应1～2年进行一次。如钢桥所处环境属严重污染区，则防锈、油漆间隔时间应适当缩短。

(8) 钢桥杆件如有损坏应及时进行加固或更换。

(9) 钢—混凝土组合梁桥应防止钢材与混凝土之间的联结因开裂或钢材锈蚀而失效。

9. 悬索桥养护与维修应符合的要求

(1) 悬索桥的索塔视其结构形式可参照钢筋混凝土、预应力混凝土桥或钢桥进行日常养护。

(2) 主缆各索股的受力应保持均匀，如出现明显偏差、松弛或过紧，应通过索端拉杆螺栓进行调整。

(3) 防止主缆索股的锚头、锚杆、裸露索股、分索器、散索鞍等锈蚀，涂装防锈油漆的部分应定期涂刷，涂抹黄油的部分应定期加涂，发现剥落、锈蚀应及时处治。

(4) 主缆索的防护层如有开裂、剥落应及时修复，保持其良好状态。

(5) 网格式悬索桥，肢杆拉索应保持正常的工作。若发现松弛，应调整端头拉杆螺母使其复位。

(6) 索鞍尘土杂物堆积、积水（雪）及锈蚀应及时清扫和处治。索鞍的辊轴或滑板应保持正常工作状态。

(7) 锚室及封闭的索鞍罩内应保持干燥。有除湿设备的应保持设备正常工作，发现故障应及时检修。

(8) 索夹、索鞍、吊杆等的坚固螺栓应保持其原设计受力状态，视其工作情况，每半年到两年定期坚固，若发现松动应及时坚固，如有损坏应及时更换。

(9) 若吊杆有明显摆动、倾斜或经检查发现其受力变化，应查明原因。若索夹松动，应使其复位并坚固锚栓；若拉杆螺栓松动，应予拧紧；若吊索锚头出现松动应予更换；因锚具、钢索损坏而超出安全限值的吊杆、锚具、钢索应予更换。吊杆复位后应进行索力检测。

(10) 吊杆的保护套、止水密封圈、防雨罩等应保持良好，若发现老化、开裂、破损应及时修补、更换。

(11) 吊杆的减震装置应保持正常工作状态，发现异常或失效应及时检修。

(12) 未做衬砌的岩石锚室或锚洞，若有表面风化或表面裂纹，应用环氧树脂砂浆或钢丝网水泥砂浆进行处治。

10. 斜拉桥的养护与维修应符合的要求

(1) 斜拉桥梁体和索塔部分的养护，视其结构类型可参照钢筋混凝土桥、预应力混凝土桥及钢桥的相关规定进行。

(2) 拉索

1) 拉索两端的锚具及护筒应保持清洁和干燥。塔端锚头若漏水、渗水，应及时用防水材料封堵；梁端锚头若漏水、积水，应及时将水排出并封堵水源。

2) 定期更换拉索两端锚具锚杯内的防护油。

3) 定期更换钢护筒与套管连接处的防水垫圈及阻尼垫圈，做好搭接处的防水处理。

4) 定期对索端钢护筒作涂漆防锈处治。

5) 若拉索护套出现开裂、漏水、渗水，应及时处治。

6) 斜拉索的减震装置应保持正常工作状态，发现异常或失效应及时维修。

7) 对因钢索、锚具损坏而超出设计安全限值的拉索应及时进行更换。

8) 对索力偏离设计限值的拉索应进行索力调整。张拉的顺序、级次和量值应按设计规定进行，并同时对测定索力和值进行控制。

9) 拉索的更换按改建工程进行，应对各方案技术经济的合理性进行分析比选，确定安全、简便的施工方案。竣工后应对全桥斜拉索的索力和主梁高程进行测定，检验换索效果，并作为验收的依据。

(3) 索塔

空心索塔的塔内应保持通风干燥。塔内通风、照明系统每年至少检查保养一次，损坏的灯具应及时更换。

(4) 加强对斜拉桥营运使用阶段的观测，并做好记录，进行数据对比、分析，及时发现问题，消除隐患。

11. 桥面系养护应符合的要求

(1) 桥面铺装：

1) 桥面应及时清扫，排除积水，清除泥土、杂物、冰凌和积雪。

2) 桥面出现病害，应及时处治。当损坏面积较小时，可局部修补；损坏面积较大时，有条件的可将整跨铺装层凿除，重铺新的铺装层。一般不应在原桥面上直接加铺，以免增加桥梁恒载。

3) 桥面防水层如有损坏，应及时修复。

(2) 排水系统：

桥梁的敞开式或封闭排水设施（排水管、泄水管、排水槽）应及时疏通，损坏的应及时更换，缺少的应补充。

(3) 人行道、栏杆、护栏、防撞墙：

1) 人行道块件应牢固、完整，桥面路缘石应保持良好状态。若出现松动、缺损，应及时进行修整或更换。

2) 桥梁栏杆包括钢筋混凝土及钢质护栏、防撞护栏等，应保持良好的技术状况。如有缺损，应及时修复。因栏杆损坏而采取临时防护措施时，使用时间不得超过3个月。钢质栏杆应涂漆防锈，一般每年一次，或根据环境实际条件确定。

3）桥梁两端的栏杆柱或防撞墙端面，涂有立面标记或示警标志的，应定期涂刷，一般一年一次，使油漆颜色保持鲜明。

（4）桥上灯柱应保持良好状态，如有缺损和歪斜，应及时修理、扶正。灯具损坏应及时更换。

（5）伸缩装置：

应及时清除缝内沉积物，拧紧螺栓等。伸缩缝发生松动、翘裂，破损、老化或功能失效，应及时修理、更换。

（6）桥头搭板脱空、断裂或枕梁下沉引起桥路连接不顺适，出现桥头跳车时，应进行维修处治，并检查桥台稳定等安全因素。

（7）交通安全设施：

桥上的交通标志和标线、防眩板、防护隔离设施、航空灯、航道灯、供电线路、通信线路、避雷设施等应齐全、醒目、牢固，标志板应保持整洁、无裂纹和残缺。若有损坏应及时修复或更换。

12. 桥梁支座养护应符合的要求

（1）支座各部位应保持完整、清洁。

（2）滚动支座的滚动面应定期涂润滑油（一般每年一次）。

（3）对钢支座应定期进行除锈防腐。除铰轴和滚动面外，其余部分均应涂刷防锈油漆。

（4）及时拧紧钢支座各部接合螺栓，使支承垫板平整、牢固。

（5）应防止橡胶支座接触油污引起老化、变质。

（6）应及时维护滑板支座、盆式橡胶支座的防尘罩，防止尘埃落入或雨、雪渗入支座内。

（7）支座如有缺陷或产生故障不能正常工作时，应及时修整或更换。

（8）应防止支座脱空。

13. 组织超重车辆安全通过桥梁应符合的要求

（1）收集查找桥梁技术档案，现场查看桥梁状况，依据桥梁的技术资料，按超重车辆的实际荷载，对结构进行强度、稳定性、刚度验算。

（2）必要时进行荷载试验。

（3）对不能满足通告条件的桥梁进行加固处治。当有多条线路可通行时，应选取桥梁技术状况好、加固工程费用低的路线通过。

（4）对超重车辆通过桥梁进行现场管理。

14. 超重车辆过桥时应遵守的规定

（1）一般情况下，超重车辆应沿桥梁的中心线行驶。

（2）车辆以不大于 5km/h 速度匀速行驶。

（3）不得在桥上制动、变速、停留。

（4）必要时可调整牵引车与平板挂车的行驶间距，或让其分别通过桥梁。

（5）超重车辆过桥时，应临时禁止其他车辆通过。

（6）超重车辆过桥时，应组织有关技术人员观测桥梁各部的位移、变形、裂缝等，并予记录。必要时，应观测应变、反力等。

（7）不宜在行洪等可能发生灾害时通过。

2.8.2 桥梁加固技术

随着我国高速公路建设和发展，逐步建成全国干线、高速公路网络，其中原有的公路将发挥从干线到支线、到各地分散物流的重要作用。因此，研究延长既有桥梁使用寿命的方法，力求加以充分利用，使有限的建设资金用于当前急需的工程，大力开展旧危桥加固、改造利用工作，这是一项十分重要的任务，应当提到各级公路管理部门的议事日程。

为了使旧危桥的加固改造工作顺利展开，应当采取行之有效的技术措施，防止那些不切合实际的做法，这就需要认真总结过去的旧桥加固的实践经验，认真研究旧桥加固、维修技术，扎扎实实，对症下药。

1. 旧桥评价原则

为了选定技术上可行、经济上合理的桥梁加固、改造方案，首先必须对桥梁技术状况、各种缺陷、病害进行全面细致的检查与检测；在检查、检测的基础上，对旧桥工程现状、承载能力作出正确的评价，这是旧桥加固、改造工作的重要环节之一。

旧桥评价一般包括使用功能、结构承载力和使用价值等三个方面。

（1）旧桥使用功能评价

在桥梁有效使用期内，对旧桥的评价首先是评价其使用功能，评价的具体内容如下：

1）设计技术标准：包括原设计荷载标准、桥面净空、桥下净空、孔径、基础埋置深度等等，是否满足运营要求；

2）桥涵各部构造完好程度：各部构造能否保持正常使用，如桥面平整度、伸缩缝、泄排水设施、支座、栏杆、人行道等构件的完好状况。上、下部承重结构质量状况，有无裂缝、腐蚀、风化、疲劳等破损现象及挠曲、沉陷等位移变形现象，以及对桥梁整体正常使用功能的影响程度；

3）桥梁养护状况及意外事故的分析：是否经常对桥梁进行检查、养护；养护难易程度，经常性养护费用及养护材料、机具设备消耗情况；有无发生过意外事故，发生事故的机率，处理发生事故难易程度等，并对影响桥梁使用功能进行分析，并作出评价。

（2）旧桥结构承载能力评价

在对桥梁使用功能评价的基础上，通过对上、下部结构作静、动载计算分析，或对静、动载试验结果分析，对桥梁结构承载能力作出切合实际进行评价，也是对旧桥使用功能作实质性的分析评定。

（3）旧桥使用价值评价

在对旧桥作出上述两项评价之后，从技术可能性、经济合理性的角度出发，对旧桥在设计运营期间内的使用价值作出评价。当分析结果表明：如果对旧桥加固、改造加以利用的总效益大于建新桥的总效益时，则认为对旧桥进行加固、改造利用是必要的、可行的，然后提出评价报告，申请列入旧桥加固、改造工程计划。

2. 旧桥上部结构加固、改造技术和方法

（1）桥面补强层加固法

在梁顶上加铺一层钢筋混凝土层，一般先凿除旧桥面，使其与原有主梁形成整体，达到增大主梁有效高度和抗压截面强度、改善桥梁荷载横向分布能力，从而达到提高桥梁的承载能力的目的。

(2) 增大截面和配筋加固法

当梁的强度、刚度、稳定性和抗裂性能不足时，通常采用增大构件截面、增加配筋、提高配筋率的加固方法。这种方法是在梁底面或侧面加大尺寸，增配主筋，提高梁的有效高度和抗弯强度，从而提高桥梁的承载力。该法广泛用于梁桥及拱桥拱肋的加固。

(3) 锚喷混凝土加固法

借助高速喷射机械，将新混凝土混合料连续地喷射到已锚固好钢筋网的受喷面上，凝结硬化而形成钢筋混凝土，从而增大桥梁的受力断面和补强钢筋，加强结构的整体性，使其能承受更大的外荷载作用。

(4) 粘贴钢板（筋）加固法

当交通量增加，主梁出现承载力不足，或纵向主筋出现严重腐蚀的情况时，梁板桥的主梁会出现严重的横向裂缝。采用粘结剂及锚栓，将钢板粘贴锚固在混凝土结构的受拉缘或薄弱部位，使其与结构形成整体，以钢板代替增设的补强钢筋，达到提高梁的承载能力的目的。这种加固方法的特点是：

1) 不需要破坏被加固的原结构的尺寸；

2) 施工工艺简单，施工质量较容易控制；

3) 施工工期短。

(5) 改变结构受力体系加固法

这种加固、改造方法是通过改变桥梁结构受力体系，达到提高桥梁承载能力的目的。如：在简支梁下增设支架或桥墩，或把简支梁与简支梁纵向加以连接，由简支变连续梁，或在梁下增设钢桁架等加劲或叠合梁等，以减小梁内应力，达到提高梁的承载力目的。改变结构体系的方法有多种，但往往都需要在桥下操作，或设置永久设施，因而减少桥下净空，或施工时会影响通航，所以必须考虑通航及桥梁排洪能力。该法由于加固效果较好，目前，也是国内外用来解决临时通行超重车辆的一种加固措施。重车通过后，临时支承可能随后拆除，故对通航影响不大，不影响河道排洪能力。用临时支架加固时，改变了原简支梁的受力体系，支点处将产生负弯矩，故必须进行受力验算。

(6) 体外预应力加固法

对于钢筋混凝土或预应力混凝土梁或板，采用对受拉区施以体外预加力加固，可以抵消部分自重应力，起到卸载的作用，从而能较大幅度地提高梁的承载能力。体外预应力加固法优点是：

1) 在自重增加很小的情况下，能够大幅度改善和调整原结构的受力状况，提高承重结构的刚度、抗裂性能；

2) 由于承重结构自重增加小，故对墩台及基础受力状况影响很小，可节省对墩台及基础的加固；

3) 对桥梁营运影响较小，可在不限制通行的条件下加固施工；

4) 预应力加固法既可作为桥梁通过重车的临时加固手段，又可作为永久性提高桥梁荷载等级的措施。

(7) 增设纵梁加固法（拓宽改建）

在墩台地基安全性能好，并具有足够承载能力的情况下，可采用增设承载力高和刚度大的新纵梁，新梁与旧梁相连接，共同受力。由于荷载在新增主梁后的桥梁结构中重新分布，使原有梁中所受荷载得以减少，由此使加固后的桥梁承载能力和刚度得到提高。当增设的纵梁位于主梁的一侧或两侧时，则兼有加宽的作用。为保证新旧混凝土能够共同工作，必须注意做好新旧梁之间的横向连接。横向的连接方法，如：企口铰接、键槽连接、焊接及钢板铰接等，使新增主梁与旧梁牢固连接，可提高主梁之间的横向连接刚度，有利于荷载的横向分布。

(8) 拱圈增设套拱加固法

当拱式桥梁的主拱圈为等截面或变截面的砖、石或混凝土等实体板拱时，且下部构造无病害，同时桥下净空与泄水面积容许部分缩小时，可在原主拱圈腹面下增设一层新拱圈，即紧贴原拱圈底面上，浇筑或锚喷混凝土新拱圈，外形上就像是在原拱圈下套做了一个新拱圈。

3. 旧桥下部结构加固、改造技术与方法

(1) 扩大基础加固法

桥梁基础扩大底面积的加固，称为扩大基础加固法。此法适用于基础承载力不足或埋深太浅，而墩台又是砖石或混凝土刚性实体式基础时的情况。扩大基础底面积应由地基强度验算确定。当地基强度满足要求而缺陷仅仅表现为不均匀沉降变形过大时，采用扩大基础底面积的加固，主要由地基变形计算来加以选定。

(2) 增补桩基加固法

当桥梁墩台基底下有软卧层，或墩台基础未下至坚硬岩层时，墩台发生沉陷；当桥梁墩台采用桩基础，而桩的深度不足，或由于水流冲刷等原因使桩发生倾斜。这些病害都直接影响桥梁结构的正常使用和服务年限。对此，采用增补桩基加固法是一种常用而且有效的方法。这种加固方法是：在桩式基础的周围补加钻孔桩，或打入钢筋混凝土预制桩，扩大原承台，以此提供基础的承载力，增强基础的稳定性。

(3) 钢筋混凝土套箍或护套加固法

当桥梁墩台由于基础埋置深度不够，或因施工质量控制不严等原因，导致墩台开裂破损时，有时会出现贯通裂缝，可采用钢筋混凝土围带或钢箍进行加固。加固时一般在墩身上中下分设三道围带，其间距应大致相当于桥墩侧面的宽度。每个围带的宽度，则根据裂缝的情况和大小而定，一般约为墩台高度的 1/10，厚度采用 10～20cm。当墩台损坏严重，如有严重裂缝及大面积表面破损、风化和剥落时，则可采用围绕整个墩台设置钢筋混凝土护套的方法（穿裤子）进行加固。

(4) 桥台新建辅助挡土墙加固法

由于桥台台背水平土压力过大，引起桥台倾斜，应设法采取平衡桥台后壁的土压力处理，在台背之后加建一挡墙，以抵御过大的土压力。

(5) 墩台拓宽方法

利用旧桥基础，靠墩台盖梁挑出悬臂加宽部分，以便安装加宽的上部结构。此种情况为只加宽墩台上部的盖梁，墩台身和基础则不需予以加固。采用此法加宽墩台时，旧桥墩台基础必须完好、稳定，且需经过承载力验算后才能采用。否则，应在老桥的墩台旁，从新浇筑拓宽部分的墩台及基础。

4. G213 白水溪大桥震后加固施工实例

(1) 工程概况

国道 213 线白水溪大桥上部为 25+3×40m 预应力混凝土 T 梁，下部构造为柱式墩加桩基础，设计荷载为汽车—20 级，挂车—100 级，桥面宽度为 8m，最高桥墩高度为 46m。白水溪大桥纵断面图见图 2.8-1。

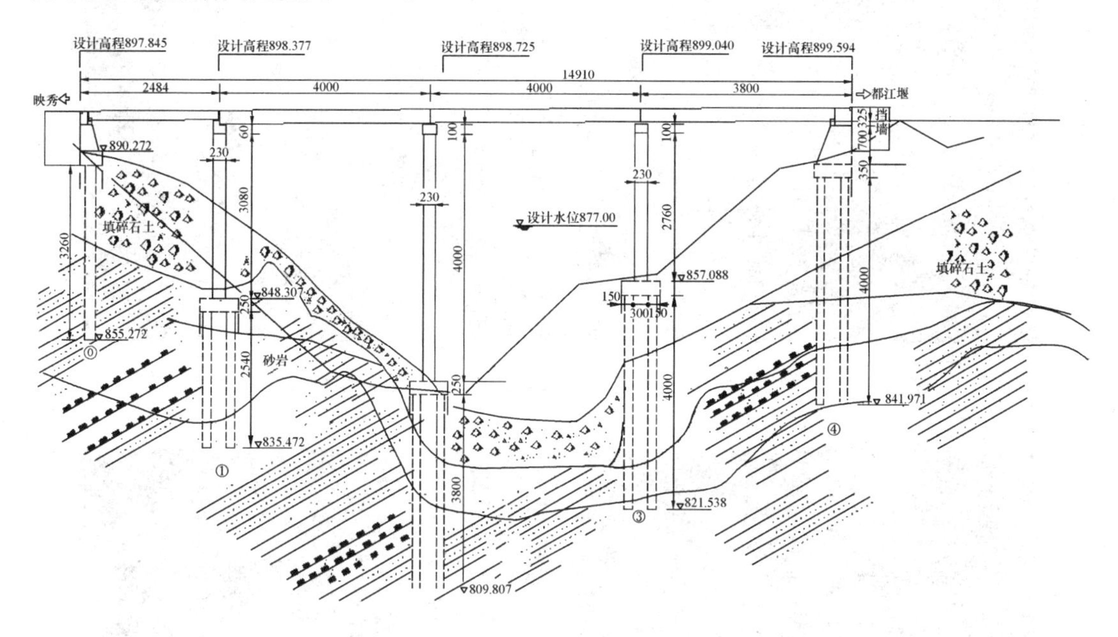

图 2.8-1 白水溪大桥纵断面图

(2) 主要病害

该桥受 2008 年“5.12”汶川大地震的影响，产生主要病害为：T 梁向右侧偏移，存在落梁危险；右侧挡块开裂。成都岸桥台后挡墙挤压纵、横向开裂，外鼓，成都桥台右侧防撞护栏外移开裂，台背侧墙外倾开裂，背墙横向裂缝；桥面铺装横向贯通开裂；

1) 上部结构

T 梁向右侧偏移，第 2、3 号墩上方支承 T 梁有落梁危险（图 2.8-2、图 2.8-3）。

图 2.8-2 T 梁横向偏位

图 2.8-3 T 梁有落梁危险

2）下部结构

右侧挡块开裂，侧倾破坏，如图 2.8-4 所示。成都岸桥台后挡墙挤压纵、横向开裂，外鼓，如图 2.8-5 所示。成都岸台背沉陷约 3cm，如图 2.8-6 所示，右侧防撞护栏外移开裂，台背侧墙外倾开裂、折断、破损，如图 2.8-7 所示。

图 2.8-4　右侧挡块开裂

图 2.8-5　成都岸桥台侧墙开裂、外鼓

图 2.8-6　成都岸桥台台背沉陷

图 2.8-7　成都岸桥台防撞护栏外移开裂

3）桥梁附属构造

成都岸伸缩缝变形，局部止水带橡胶被挤压变形，桥面下沉约 2cm。桥面铺装层横向贯通开裂，混凝土被挤压隆起，如图 2.8-8 所示。

4）主梁移位数据表（表 2.8-4）

主梁移位数据表　　表 2.8-4

序号	位置	病害种类	病害描述
1	第四跨	位移	第四跨 3 号墩顶 4 号梁向右横向位移 10cm
		位移	第四跨 3 号墩顶 3 号梁向右横向位移 9cm
		位移	第四跨 3 号墩顶 2 号梁向右横向位移 12cm
		位移	第四跨 3 号墩顶 1 号梁向右横向位移 8cm

续表

序号	位　置	病害种类	病　害　描　述
2	第三跨	位移	第三跨3号墩顶4号梁向右横向位移10cm
		位移	第三跨3号墩顶3号梁向右横向位移13cm
		位移	第三跨3号墩顶2号梁向右横向位移8cm
		位移	第三跨3号墩顶1号梁向右横向位移7.5cm
3	第三跨	位移	第三跨2号墩顶4号梁向右横向位移48.5cm；且整个挡块已经损坏，4号梁底板墩顶处有4/5的梁体已经位移至原挡块位置，因为挡块及下部盖梁混凝土破损，完全由内部钢筋承受上部梁体的荷载，使4号梁随时有掉落的可能，情况非常严重
		位移	第三跨2号墩顶3号梁向右横向位移48cm
		位移	第三跨2号墩顶2号梁向右横向位移41.5cm
		位移	第三跨2号墩顶1号梁向右横向位移44cm
4	第二跨	位移	第二跨2号墩顶4号梁向右横向位移44.5cm，1号梁底板墩顶处有4/5的梁体已经位移至原挡块位置，因为挡块及下部盖梁混凝土破损，完全由内部钢筋承受上部梁体的荷载，使1号梁随时有掉落的可能，情况非常严重
		位移	第二跨2号墩顶3号梁向右横向位移43cm
		位移	第二跨2号墩顶2号梁向右横向位移42cm
		位移	第二跨2号墩顶1号梁向右横向位移43cm
5	整个上部结构	位移	整个上部结构往都江堰方向纵向位移12cm

图2.8-8　桥面铺装层横向贯通开裂

（3）主要加固方案

T梁复位根据现场情况拟定在对上部荷载保持自由状态下进行具体工艺的操作，在进行横向移动前应首先保证上部结构所受的阻力较小，一切结构约束已经解除，在盖梁及桥台右侧设置支撑挡块，然后通过横向顶推力将上部结构移动至设计位置。

1）解除梁体约束

2）平台搭设

施工平台的搭设，关系到施工人员、机械设备的安全，搭设时应根据现场情况随机进行变动。考虑到本次桥梁净空较大的具体情况初步建议利用简易挂架及爬梯，搭设完毕后的操作平台必须进行加密处理，并设置安全护栏。

施工平台采用角钢加工而成的门字挂架，同时在施工人员操作位置铺设5cm厚木板，并利用铁丝进行锚固；在施工平台四周设置1m高的护栏（2道以上），护栏利用钢管横向交叉扣牢，同时在平台四周设置脚踢板以确保施工人员安全。

3）设置顶升及横移反力架

考虑到2号墩右侧边缘盖梁已破坏一部分，为了保证边梁顶升安全，在盖梁两侧设置顶升反力架。

横移反力架设置与盖梁顶部，每个盖梁设置6套。

4）设置千斤顶

本次桥梁横向移动受高空作业影响较大，根据本次桥梁的上部荷载及安全角度考虑，拟定在每片T梁底部设置4台100t超薄液压千斤顶，千斤顶的位置设置在T梁正下部梁端内侧，并在千斤顶顶部设置2cm厚加宽钢板，钢板尺寸大于千斤顶顶面尺寸。同时根据现场实际情况可适当增加或减少钢板的厚度，如一块钢板厚度不够时可多加，但不能超过3层。

5）同步系统布置

本次顶升采用同步顶升系统。

同步顶升系统采用位移和顶升压力的双控作为顶升控制依据，外部数据采集以百分表作为位移采集，压力传感器作为压力采集。

位移传感器的安装应注意安装位置必须在支顶千斤顶位置附近梁体底部，距离以最近距离控制以真实反映顶升过程中的位移情况。

同时应在梁底板安装百分表作为辅助位移控制和纠正控制措施。

6）顶升

① 预顶升

预顶升（以梁体顶起5mm为准）主要目的为消除全套顶升系统可能出现的问题，如气压、油路接头漏油、油泵压力不够等，同时消除顶升过程中可能出现的非弹性变形。

预顶升以千斤顶顶至设计荷载为控制荷载，并应持荷5min以上卸载。

卸载后同时还应认真检查千斤顶上下钢板有无变形现象，必要时可调整钢板的厚度以满足顶升要求。

卸载后应认真检查千斤顶放置位置下的结构物有无区别于顶升前的现象，如存在，应认真查出原因后方可正式顶升，严禁情况未明时继续进行纠偏顶升。

卸载后应立即组织沟通会议，对于组织机构、信息传递及反馈等过程控制中有无需再次强调及改进等。

卸载后各系统的负责人员应各自把出现的问题书面统一上报给总指挥，经协调处理后方可再次顶升。

② 正式顶升

在预顶升过程完全无遗留问题时，便可进行正式顶升，正式顶升时应严格控制顶升压力及顶升位移的同步控制，相互千斤顶的位移差不能超过2mm，同时在顶升过程中注意系统各部位的检查。

7）安装滑板支座

当顶升上部结构离开原接触面时，便可取下原支座，将新定制的滑板支座涂刷一层硅渍油后安放于梁底部，考虑到本次横向位移较大，在滑板的定制上应充分考虑到位移的量值。滑板支座安装后应充分使其正常受力。

8）落梁

落梁程序与顶升程序相反，应严格执行其程序。

落至支座承载以前应注意各墩减速是否一致，位移变化是否一致，相差过大时应找出原因处理后重新落梁。

9）横向安装千斤顶

滑板支座摩擦系数较小，在进行横向移动时应采用可控推力设备，超薄液压千斤顶其行程小、顶升压力、位移均能准确控制，在进行横向移位时将千斤顶纵向设置以满足水平顶推的要求。

10）设置位移传感器

位移传感器的设置关系到横向移动的精确度，在进行设置时应以固定的结构物为基准点，并将位移传感器固定在上部结构上；考虑到本次桥梁顶推工作的特殊性，上部结构的移动是与盖梁、桥台成相对性比较，因此位移传感器的设置可以桥台、盖梁为基准点进行设置。

11）横向移动

上部结构的横向移动采用计算机同步系统进行控制，为确保每个点的移动具有统一性及可在移动频率发生较大误差时进行调整，因此需要在每个点上各采用同一台液压操作平台。

横向移动的方法与上部结构顶升安装滑板支座工艺类似。

横向顶推时应重点进行位移量，只能在可控范围内方能进行本工程的完整施工。

横向顶推移动上部结构控制指标应严格按照《公路桥涵施工技术规范》（JTGT F50—2011）顶推施工要求进行。每一级顶推位移量不得大于 5mm，反复顶推直至 T 梁复位。

12）纵向移动

待梁体横移到位后，对纵向偏位进行复测，然后以桥台或前面连续断开处的梁端为支点，进行顶推复位。技术要求与横向移位相同。

13）下部结构

在移梁完成后，进行其余部位的修复加固。

挡块修复：原盖梁端部损坏挡块进行清除，然后植入钢筋，重新浇筑盖梁端部及挡块。

桥台裂缝修补：对桥台的裂缝采用灌注灌缝胶的形式修补。

挡墙裂缝处理：对挡墙的裂缝采用灌注水泥浆的形式修补。

台背下沉：在台后钻 10 个直径约 10cm 的孔，然后往搭板下面注入水泥浆，直至搭板下方填实。最后通过铺装使桥梁与道路部分顺接。

14）桥面铺装及附属结构

桥面铺装：桥面铺装损伤位置位于桥面连续处。加固方案为修复桥面连续，恢复铺装；

伸缩缝：拟对成都岸伸缩缝进行更换，步骤如下：

① 桥梁横移前，凿除铺装，拆除伸缩缝。

② 利用原伸缩缝钢筋，安装新伸缩缝。

③ 恢复桥面铺装。

④ 护栏修复：对护栏受损部位采取环氧混凝土修补。

3　公路工程质量与安全生产管理典型案例分析

3.1　高速公路路堤失稳、滑塌案例分析

3.1.1　工程背景

珠江三角洲地区某高速公路工程，大部分路段都位于软土地基之上，其工程性质特点是含水量高，一般在70%～100%。压缩性高，压缩系数大于2MPa^{-1}，十字板强度低，淤泥厚度不均匀，一般在10m以上，20～30m也很常见。这些特性给工程施工带来较大困难，时有失稳滑塌事故出现。特别是某日凌晨，K22＋010～K22＋260路堤填筑段和紧接其后的互通式立交项目同时发生大规模失稳滑塌，虽未造成人员伤亡，但经济损失较大，而且严重影响了施工进度。

K22＋010～K22＋260路堤填筑段前接一大桥，后连一互通式立交，于某日凌晨进行最后一层超载土方施工时，突然发生全路段滑塌事故。从K22＋160填方段向两侧鱼塘近似对称滑出，并沿路堤纵向两侧扩展，在桥头粉喷桩地区停止，整个滑塌过程呈现出渐进性破坏特征。

立交的滑塌位于B匝道K0＋120～＋200段，共80m，宽约10m，错台高差达2.8m。该段右侧距坡脚10m处有一4m宽、3m深的排水渠道。淤泥呈“深灰色灰黑色，饱和流—软塑”，淤泥从左向右侧逐步加深，高差为2～4m，淤泥层最厚为16.4m，在地下22～32m间普遍存在溶洞，大部分为软塑亚黏土充填溶洞。采用袋装砂井施打15.4m，直径0.07m，间距1.2m，呈三角形排列，0.5m砂垫层，铺一层土工格栅，再填0.3m砂垫层，再铺一层土工格栅，然后填土。填土高至8.75m，设计填土高12.28m（含超载），最后一层填土间隔19d，于当日凌晨滑塌。

图3.1-1　路段坍塌现场实拍

3.1.2　原因剖析

1. 勘察设计原因

勘察地质资料缺乏和不准确导致软基处理设计与地质条件相脱节是造成工程事故的主要原因之一。该路段软基处理设计形式为：桥头地区采用粉喷桩处理；K22＋080～K22＋240段为超载预压区，采用“薄层轮加法”填筑路堤。滑塌段主要集中于超载预压区。原勘察没有在该段布置钻探孔，原软基设计是根据zk227钻孔（K22＋040）资料进行的，软基厚度仅为9.6m，而据补充地质勘察所揭露的软土厚度深达15～20m。袋装砂井设计长度为10.6m，施工长度为11.4m（砂井设计长度＋砂垫层厚度），因此根据原勘察而设计的砂井未能打穿软土层，砂井底部下覆厚达3～10m的淤泥层。这层淤泥在快速填土荷载作用下不能得到有效的固结，强度得不到提高，因此随着填土高度的增加地基的稳定性变得越来越差，一旦超过极限填土高度，地基必然会失稳滑塌。

另据调查表明：由于路堤填方和沉降等因素的综合影响，砂垫层完全被包了起来，削弱了砂垫层的排水作用，使超静孔隙水压力不断累加。按照有效应力原理和库仑定律，超静孔隙水压力的不断累加必将导致土体抗剪强度持续下降，增加了地基发生滑塌的可能性。该段路堤横穿鱼塘，属回填型路堤，两侧鱼塘水深1m左右，原设计没有采取反压措施，不利的排水和受力边界条件增加了地基发生滑塌的可能性。

立交滑塌段原设计采用常规的处理方法没能达到应有的处理效果。目前袋装砂井有的受机架高度的限制，一般最多能处理15m深，深层很难排水固结。当填土较厚时，往往会发生滑塌。该滑塌段在软基施工中，砂垫层、土工格栅和袋装砂井均按设计要求施工，施工现场土层标高距设计标高相差2.03m，加超载预压层1.5m，尚有3.53m填土才达到设计标高，在填土高度8.75m仅为全高12.28m（含超载）的71%的高度时，以间隔19d填一层尚且发生了土体失稳，说明软基设计方案在设计上考虑不周。

2. 施工技术原因

(1) 水平位移桩设置不当

水平位移桩打入深度过浅，致使位移桩露出地面长度过长。当路基坡脚地面随着位移地面隆起时，位移桩地面向外侧位移，桩顶向内侧转动，两位移方向相互抵消，使水平位移观测数值偏小，引起误导。另一方面，在路基重量作用下，淤泥一方面固结，一方面在侧向滑移（滑移小是不会引起滑塌的），淤泥滑移对位移桩的水平推力被位移桩的土抗力（硬壳层）相互抵消，使位移桩测得的水平位移很小，很不敏感。直到硬壳层随淤泥整体滑动时才能测出较大的水平位移，这时往往来不及采取措施防止滑塌。

(2) 填料性能不满足要求

路基施工规范规定：软土、沼泽地区下层路堤，应采用透水材料填筑，路堤沉陷到软土泥沼中部分，不得采用不渗水材料填筑，其中用砂砾垫层的最大粒径不应大于5cm，含泥量不大于5%。设计上砂垫层厚度一般为1m以下，但当淤泥厚度大于10m以上时，填土的设计沉降往往达2～3m以上，说明在大部分的路基填土陷在软土泥沼中，与规范不符。直接影响软基排水固结，给沉降观测造成假象，一旦基底承受不起路堤重量，就必然发生滑塌，这也就说明了为什么路基日沉降明明在允许的沉降范围内，而仍然发生了失稳滑塌。

(3) 施工填土不规范

因避免工期违约罚款，填土速度过快，盲目抢工，这也是一个普遍原因。

图3.1-2 现场位移观测装置

3. 现场管理原因

对于软土较厚、填土高度较大的软基路段在路堤填筑过程中必须对地基的应力、位移进行全方位适时的观测（图3.1-2），并及时整理分析观测结果，将其应用到填土过程中，做到以“监测”为指导的信息化施工。全方位观测包括：表面沉降观测、侧向位移观测、孔隙水压力观测以及分层沉降观测。然而监测单位和软基施工单位在此仅布设了表面沉降板，并按照表面沉降速率不大于10mm/d的标准控制填土期间路堤的稳定，而且认为只要沉降速率降低到设计的规定值以下，即可进入下一层填土加载。殊不知有的路段加载一层后，几天内虽然已稳定且日沉降在规定值内，但这时已处于极限平衡状态，再加一层土就有可能产生滑塌。因此必须分析本次加土与上次加土后的沉降变化，特别是第一天的沉降观测值，如有异常就应进行分析，采取措施。

同时，在施工中普遍对沉降位移观测点保护不好，在填土过程中被破坏，被碰斜，没有及时扶正，或扶正后没有及时进行标高检查，使累计沉降误差较大。检测人员责任心不强，误差大。有的沉降还会发生上拱（位移边桩除外），有的为了虚报沉降土方数，夸大总沉降值，造成沉降观测的误导。

3.1.3 处理措施

1. 处理措施的确定

处理措施确定的原则是有针对性且方案应技术上可行、经济上合理。针对该事故采取常规堆载预压法虽然是最经济的，但是由于滑塌后土体受到较大扰动，结构遭到破坏，强度变得很低，稳定性很难控制，填土速率较慢，填土工期长，沉降持续时间长，不能满足本工程工期的要求，因此其在技术应用上是不可行的。建桥在技术上安全可靠，工期上也能满足要求，但其成本高，约需1200万元，因而在经济上是较为不合理的。真空联合堆载预压法是排水固结法中较先进的软基处理方法，它通过改善土体的排水条件达到快速加固土体的目的，处理过程中超静孔隙水压力消散得快，土体强度增长速率能与较快的填土速率相匹配，因此地基的稳定性容易控制，能缩短工期并能降低工后沉降，而其造价较低(约为建桥的1/2)，在技术和经济上有优势。因此从技术和经济两个角度综合考虑，确定采用真空联合堆载预压法处理该段软基。

2. 处理效果

两处滑塌真空预压软基处理段于滑塌事故发生3个月后开始抽真空，历时4个月完成了抽真空任务。监控数据显示：在抽真空前期及路基填筑过程中，地表沉降较大，最大沉降速率达到20.1mm/d，抽真空3个月时至超载施工前沉降速率已稳定在2mm/d以下。在后期超载过程中，沉降较大，沉降速率最大达到4.0mm/d。超载结束后，地表沉降迅速地达到稳定，至抽真空结束时，各断面沉降速率均已小于2mm/d，且各断面的累计沉降已达到1.032～1.171m。该处理段进行真空卸载后沥青路面面层于两个月后完成施工。该高速公路工程经省交通工程质量监督站评定为优良工程，主线于次年正式通车。通车半年后分别进行了沥青路面高程实测，数据仅差1.2mm，表明该段已沉降稳定。

图3.1-3 真空联合堆载预压

3.1.4 事故经验总结

（1）一旦滑塌就会造成返工处理费用成倍增加，因此务必对软基路段的地质调查达到桩基地质超前钻探一样，详细、准确、可靠。同时业主单位应加大这部分的投入。前期工作做好，适当加大投入，很大程度上可以减少后期的损失浪费。

（2）在设计上，认真做好处理方案的比选。由于软基的物理力学特性、厚度及埋藏深度往往各处不同，不同情况的软基应作不同的设计。尤其是淤泥层厚，淤泥性质差的路段，须结合地形地貌，进行多方案的技术经济比选。对于淤泥厚度超过15m的路段要进行特别的专门设计。

(3) 特别重视软基段每层土的施工填筑。软土路段填筑必须严格控制厚度，原则上每层松铺厚度不得大于25cm，特别是路堤填土超过一定高度时，更应分薄层。避免一次填土过厚产生滑塌。

(4) 软土路基填筑时，必须严格控制填土速率或沉降监测，避免盲目施工，使路基填筑时，在软土中产生的附加应力增长与软基的强度相适应。要达到这个目的，除设计上的考虑外，施工中路基的沉降及水平位移观测是十分重要的。这就要求对观测实事求是，做到数据准确可靠。对水平位移观测点的设置埋设仍需进一步研究，尽量设置在敏感可靠的地方。

(5) 路基填筑过程中，要经常性检查。特别是下列情况应该引起重视：

1) 路基两边有鱼塘或渠道的；

2) 软基淤泥特别厚或不均匀的；

3) 路基旁边有一条旧路，而旧路与高速公路路基不平行，在离旧路最远的路段；

4) 路基填筑高度超过5m的路段。

以上这些路段应特别重视观测鱼塘水沟水位变化、侧面地面土情况、路基填土面有无裂缝情况，发现异常情况及时研究处理。

(6) 在有条件的地方，工期允许的话，软土路基填筑最好先做试验段，以检验软基处理设计的合理性，及通过试验段沉降观测，尽早了解软基的沉降变形特性，从而正确地确定填土速率。

(7) 合理确定工期，不能盲目赶工而快速填筑。正确处理软基处理与工期的关系，正确处理好造价与效果的关系。在设计施工中抓好各个环节，出现滑塌的可能性就会大大减小。

3.2　沥青面层整体从基层上滑移案例分析

3.2.1　工程背景

该路段位于某省道S线某段。路段修建历史：该路段始建于1982年，于2003年10月至2004年12月进行路面拓宽改建，公路等级为二级公路，路基宽12m，路面宽12m，行车道宽9m，路面结构为2.5cm+4cm沥青混凝土，20cm水稳砂砾基层+20cm水稳砂砾底基层。交通量：平均日交通量9800次/日。其中大型超限车辆占70%，最大超限吨位高达170t。车辆行驶到该段时，使该段沥青路面面层产生严重推移和车辙破坏，如图3.2-1所示，而水泥稳定砂砾除少量出现开裂和松散破坏外大部分比较完好。

图3.2-1　推移和车辙破坏实拍

3.2.2　路面滑移原因分析

引起沥青路面推移破坏的最普遍、最大的原因就是超限，特别是超载运输。该路段上的重型车辆轻则二三十吨，重则五六十吨，更有七八十吨者，最大的可能达到一百七十吨。由于旧路面结构层设计较薄，在重车的反复碾压和推挤下，轮胎对路面的剪切力过大，基层与面层间粘结力不足，路面面层很快就出现车辙、起拱、裂缝和推移，有的部位甚至完工不到一年，就出现大面积推移的现象。在坡度为4%～7%的路段上更是如此，重车急刹车更会加剧路面破坏。

3.2.3 处置方案

采用半柔性路面结构——8cm厚的SFAC-20进行修复。

对于路面滑移比较严重的地方，采用机械先将表面铲除，再对其进行罩面处理。为提高路面的抗车辙能力，在开级配多孔基体沥青混合料中填充以水泥为主要成分的特殊水泥胶浆而形成半柔性复合式路面。修复方案实施步骤如下：

1. 水泥砂浆配合比设计

水泥砂浆通常由胶结料、细集料和水配制而成。水泥砂浆是由普通硅酸盐水泥、粉煤灰、矿粉、河砂、水和外加剂组成的。配制好的水泥砂浆必须具有足够均匀性、流动性和渗透性，作为使用在半柔性混合料中的水泥胶浆必须具备如下性质：

(1) 必须具有足够的抗压强度和抗折强度；

(2) 必须具有良好的流动度；

(3) 在硬化过程中，体积变化要求小于0.5%；

(4) 具有较小的干缩、温缩特性；

(5) 必须具有良好的与沥青混合料结合的性能。

总结国内外砂浆配比经验值及室内试验研究确定水泥砂浆的参考配合比，铺筑用的水泥砂浆单方用量如表3.2-1所示。

半柔性路面用水泥砂浆原材料参考用量（单位：kg/m^3） **表3.2-1**

水	水泥	河砂	矿粉	粉煤灰	早强剂
520	760	252	183	114	11.4

2. 母体沥青混合料设计

沥青混合料的级配类型为SFAC-20。

(1) 集料掺配比例（表3.2-2）

集料掺配比例 **表3.2-2**

集料粒径及种类	10～20mm	5～10mm	石屑	矿粉
集料掺配比例（%）	53%	25%	16%	6%

(2) 合成级配（表3.2-3、图3.2-2）

矿料合成级配 **表3.2-3**

筛孔（mm）		26.5	19	13.2	4.75	2.36	0.6	0.3	0.15	0.075
设计级配	级配上限	100.0	100.0	70.0	30.0	20.0	14.0	12.0	8.0	6.0
	级配下限	100.0	93.0	40.0	12.0	7.0	6.0	5.	4.0	2.0
	级配中值	100.0	96.5	55.0	21.0	13.5	10.0	8.5	6.0	4.0
合成级配		100.0	87.7	58.2	18.5	9.4	7.3	6.7	5.4	4.1

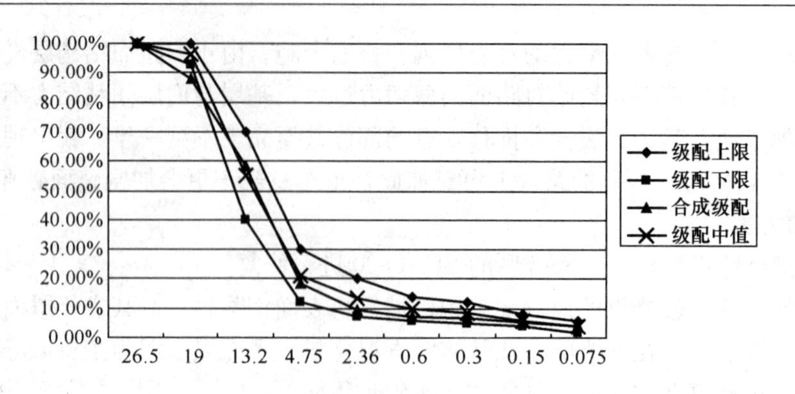

图 3.2-2 矿料合成级配曲线图

(3) 母体沥青混合料的试验结果（表 3.2-4）

母体沥青混合料技术指标 **表 3.2-4**

序号	油石比（%）	高度（mm）	空隙率（%）	稳定度（kN）	流值（0.1mm）
1	2.7	64.28	25.7	7.26	23.1
2	2.9	63.74	24.6	7.81	27.6
3	3.1	63.16	23.6	7.36	33.2
4	3.3	62.82	22.1	7.28	26.4
5	3.5	62.38	21.3	7.14	24.8

根据母体沥青混合料的马歇尔稳定度和空隙率要求，再由表 3.2-4 中的数据综合考虑，选定 2.9%为此级配下沥青混合料最佳沥青含量。

3. 半柔性路面试验路段铺筑

根据半柔性混合料的特点，以及国外实施半柔性路面施工的经验，得出半柔性路面的主要施工步骤如图 3.2-3 所示。

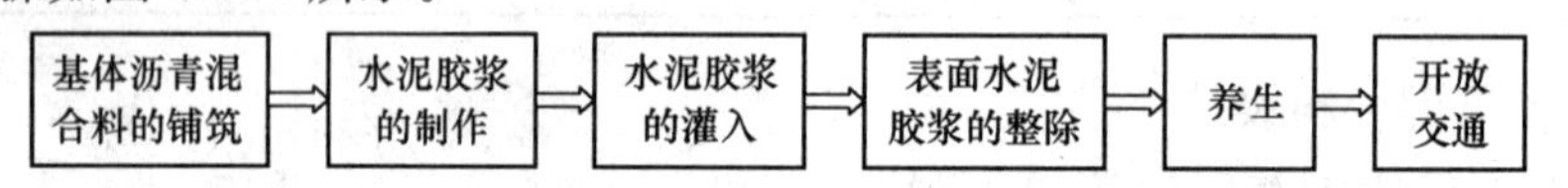

图 3.2-3 施工步骤示意图

(1) 母体沥青混合料的铺筑

母体沥青混合料路面施工过程应包括四方面：混合料的拌制，运输，摊铺和压实成型。

沥青混合料在沥青拌合厂内采用拌合机械拌制，拌合设备采用连续滚筒式拌合机，其拌制过程与其他沥青混合料基本一致，拌合时需要严格控制沥青用量和拌合温度。对于大孔隙的半柔性混合料来所说，沥青用量的少量增加，就会沉积到面层底部，阻碍水泥胶浆的灌入，严重影响施工质量。拌合温度的确定，既需保证沥青对矿料能良好裹覆，又应尽量减少因加热引起沥青性质的变化。温度的确定主要由沥青的黏度决定。

母体沥青混合料采用自卸汽车运输到摊铺地点。现场铺筑包括基层准备、放样、摊铺、整平、碾压等工序，与普通沥青混合料一样。铺设面层的基层应平整、坚实、洁净、干燥，标高和横坡符合要求。铺设母体沥青混合料的施工工艺与普通沥青混合料一样，采用热拌热铺并碾压成型（图 3.2-4 和图 3.2-5）。摊铺混合料时应均匀，无离析现象。半柔性复合路面的平整度主要取决于母体沥青混合料的平整度，摊铺碾压过程中应严格控制表面的平整度，杜绝因摊铺速度变化、摊铺操作不均匀或集料级配不正常所引起的不平整。摊铺层厚度和路拱应符合要求。半柔性路面是在母体沥青混合料中灌入水泥胶浆而形成的路面结构，因此在母体沥青混合料的铺设中要严格控制骨架空隙率，选择合适的压实机械和碾压次数。为防止表面堵塞而影响填充水泥胶浆的渗入，基体沥青混合料的碾压以低吨位双钢轮压路机为宜，胶轮压路机作为辅助碾压工具。碾压时，碾压轮上需要喷水，碾压次数可比普通沥青混凝土少一遍，但是当材料温度降到 80℃左右时要进行整平碾压，以消除轮迹。成型后，非施工车辆不得上路行驶，在交通完全封闭的情况下冷却至常温，并防止砂石、脏物等附在路面上。

母体沥青混合料铺设的质量，将直接影响半柔性路面的使用性能，因此，铺设时应特别注意诸如平整度等方面的质量管理。另外，为了防止灌入的水泥胶浆渗透到母体沥青混合料铺装层以下的基层内，铺设前要认真检查基层的密实情况，必要时可加设隔离层。

图 3.2-4　母体沥青混合料摊铺

图 3.2-5　碾压后母体沥青混合料

(2) 水泥胶浆的制作

通常使用水泥胶浆拌合机现场制作水泥胶浆。其加料顺序为：矿粉→水泥→粉煤灰→细砂→早强剂→水。加水之前应将其他材料拌合 1～2 分钟至均匀，加水再拌合 2～3 分钟，搅拌直至材料均匀一致，即可制成水泥胶浆。如要求达到某种景观效果，可以与矿粉一起加入一定成分的颜料（色粉）进行拌合。水泥胶浆制作的设备一般用移动式搅拌机进行，可根据工程规模，选用专门适用水泥胶浆制作和灌入的移动式混合设备车进行施工。

(3) 水泥胶浆的灌入

首先钻芯取样，测定已铺半柔性路面母体沥青混合料的空隙率，以此作为控制填充水泥胶浆用量与技术指标设计的参数，控制水泥胶浆的流动度，保证水泥胶浆的渗入。渗透用水泥砂浆的使用数量，根据渗透深度、母体沥青混合料的空隙率以及砂浆损失率等因素计算确定。砂浆损失率一般为 10%左右。

当确认铺设的母体沥青混合料已冷却至 50℃以下后，将设计用量的水泥胶浆搅拌完毕后，尽快灌浆，一般应在搅拌后的 5～15min 内使用，以免水泥胶浆随着时间增长流动度变小，影响水泥胶浆的渗透效果。因此，与一般沥青混凝土路面施工相比，要求各工序之间的衔接要更加迅速、紧凑。灌浆时，使用橡胶路耙反复拖拉使其自然漫透，为了使灌的水泥胶浆更加均匀、密实，必要时辅以小型振动机辅助灌入，如图 3.2-6 所示。当大面积施工时，可采用特制的水泥胶浆喷洒车进行灌入。由于水泥胶浆喷洒车可以在喷洒的过程中边喷洒边搅拌，能够保证水泥胶浆的流动性和均匀性，防止水泥胶浆中砂的沉积，从而提高施工质量。

(a)

(b)

图 3.2-6　平板振动器灌浆施工

(4) 刮除多余浆料

渗透完毕后，用路耙将残余在表面的水泥胶浆清除干净，以暴露出母体沥青混凝土表面的凹凸不平为宜，防止水泥浆残留在铺装面上，降低路面的抗滑性能，造成收缩裂缝。在此之前，禁止人员车辆通行。

由于在沥青混合料母体中灌入水泥浆体，可能在一定程度上影响路面外观，可以在水泥浆体灌注完毕，待初凝后将表面清理干净，将缓凝剂喷洒在路表面上（图 3.2-7），最后在内部水泥浆体终凝以前将表面的水泥浆冲洗干净，这样既可以保证下层水泥浆体的强度，又能保证路表面色泽的均匀性和理想的表面结构。如图 3.2-8 所示。

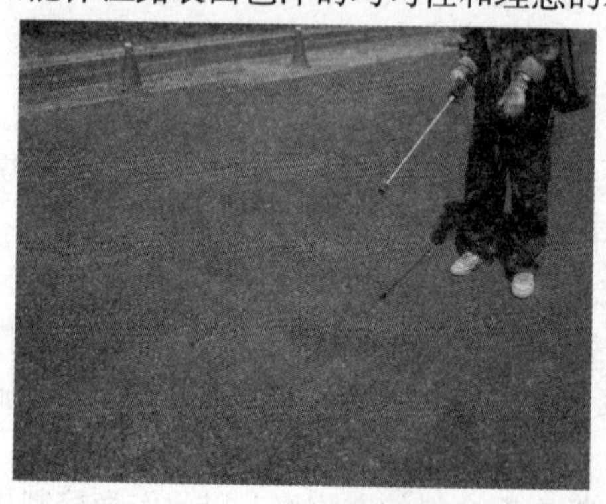

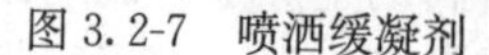

图 3.2-7　喷洒缓凝剂

图 3.2-8　冲洗后路面效果图

(5) 养生

对渗透浆料要进行一定时间的养生。当施工气温在 30℃以下时，不需要特殊的养生方式；而在 30℃以上时，有必要使用塑料薄膜进行养生。养生时间视浆料的性质而不同，通常 2～3d 后便可开放交通，如在胶浆中使用早强水泥或掺加早强剂，则可望在数小时后开放交通。待浆料硬化后即可开放交通。在注入水泥胶浆前最好封闭交通，否则会引起骨料的剥落，产生灰尘泥土飞散，堵塞母体沥青混合料的空隙。成型后路面见图 3.2-9。

(a)

(b)

图 3.2-9 成型后路面
（a）远观路面；（b）近观路面

开放交通前的一般养生时间如表 3.2-5 所示。

半柔性路面开放交通时间 **表 3.2-5**

水泥砂浆类型	养生时间
普通型	约 3d
早强型	约 1d
超速硬化型	约 3h

（6）施工注意事项

1）严格控制母体沥青混合料的空隙率，在拌合母体沥青混合料前须将所有料斗清空，以保证母体沥青混合料级配符合要求，从而达到设计空隙率要求。

2）拌合时需要严格控制沥青用量和拌合温度。如果拌合温度过高，则引起沥青老化。

3）母体沥青混合料的碾压以钢轮压路机为宜，轮胎式压路机易使孔隙阻塞。

4）水泥砂浆的灌注施工必须在路面温度降至 50℃以下才进行，否则过高的温度会使浆料迅速硬化。同时必须确保路面表面没有尘埃和水等物质。

5）水泥浆料的撒布要迅速，一次撒足，满足灌浆量需求，避免在开始硬化后二次补料。

6）使用平板振动器帮助浆料渗透时，要控制行驶速度和振动次数，使胶浆徐徐下渗，避免快速行驶引起浆料四溅。

7）灌浆后应将多余的浆料迅速刮除，以保证半柔性路面拥有理想的表面结构。

8）要注意初期严格封闭交通，防止雨水冲刷和污物阻塞孔隙。

9）水泥胶浆应具有良好的流动度，为满足施工工艺要求，尽量采用水泥胶浆专用拌合机。

4. 半柔性路面路段观测

路段竣工后，对该路使用情况进行了观测。观测内容主要包括：路段面层钻孔取样观测；路面回弹弯沉值和回弹弯沉值的变化。

取样用手推牵引式路面取芯钻机于灌浆后三天进行，测试结果及计算见表 3.2-6、表 3.2-7。由表 3.2-6 可知，路面的施工厚度平均值为 8.40cm，最大值为 8.94cm，最小值为

7.83cm。水泥胶浆平均灌入深度为8.40cm，形成的面层结构为灌入式半柔性面层，且和基层结合很好，具体效果如图3.2-10、图3.2-11所示。

半柔性路面钻芯各项指标　　表3.2-6

序号	路面厚度（cm）	水泥胶浆灌入深度（cm）	灌浆后空隙率（%）	稳定度（kN）	流值（0.1mm）
1	8.94	8.94	1.8	20.19	3.04
2	8.02	8.02	1.6	16.48	2.82
3	8.79	8.79	1.3	18.72	3.15
4	7.83	7.83	2.4	15.53	2.57
平均	8.40	8.40	1.8	17.73	2.88

弯沉计算结果表　　表3.2-7

标　段	区间（m）	平均弯沉（0.01mm）	标准差 σ（0.01mm）	代表弯沉 L_r（0.01mm）
第一段	50	14	3.352	19
	50	10	1.728	14
第二段	50	13	2.137	16
第三段	70	12	1.653	15

注：$T_0=27℃$，5d日平均气温为26℃。

图3.2-10　灌浆效果

图3.2-11　与基层结合情况图

实验表明半柔性路面与基层结合良好，与同类型普通沥青混合料相比稳定度得到大大提高，从而提高路面抗车辙能力，减少由荷载剪切力产生的路面滑移现象。

3.3　连续刚构桥跨中底板崩裂案例分析

3.3.1　工程概况

某连续刚构桥主跨为50m＋110m＋50m的单箱单室的预应力混凝土连续刚构桥，箱梁底板曲线方程为 $y=(100x)^{1.9}/2553840$，悬臂分12节段浇筑，其中6～11号梁段底板施加预应力，每束预应力束的锚固力为2734.2kN。底板设置15cm×30cm的单肢箍筋，箍筋规格为直径12mm的HRB级钢筋。箱梁底板跨中处厚30cm，箱梁底板宽7m，跨中设有横隔板。当全部底板预应力钢束张拉、压浆完毕后，发现 9 号节段底板有纵桥向裂纹，经敲打，一定范围内的混凝土剥落，发现波纹管下移，横纵向钢筋下弯变形，经测量其裂缝的长度 3.3m，底板混凝土横向剥落的宽度为 1.1m，最大深度为 10cm。如图 3.3-1 所示。

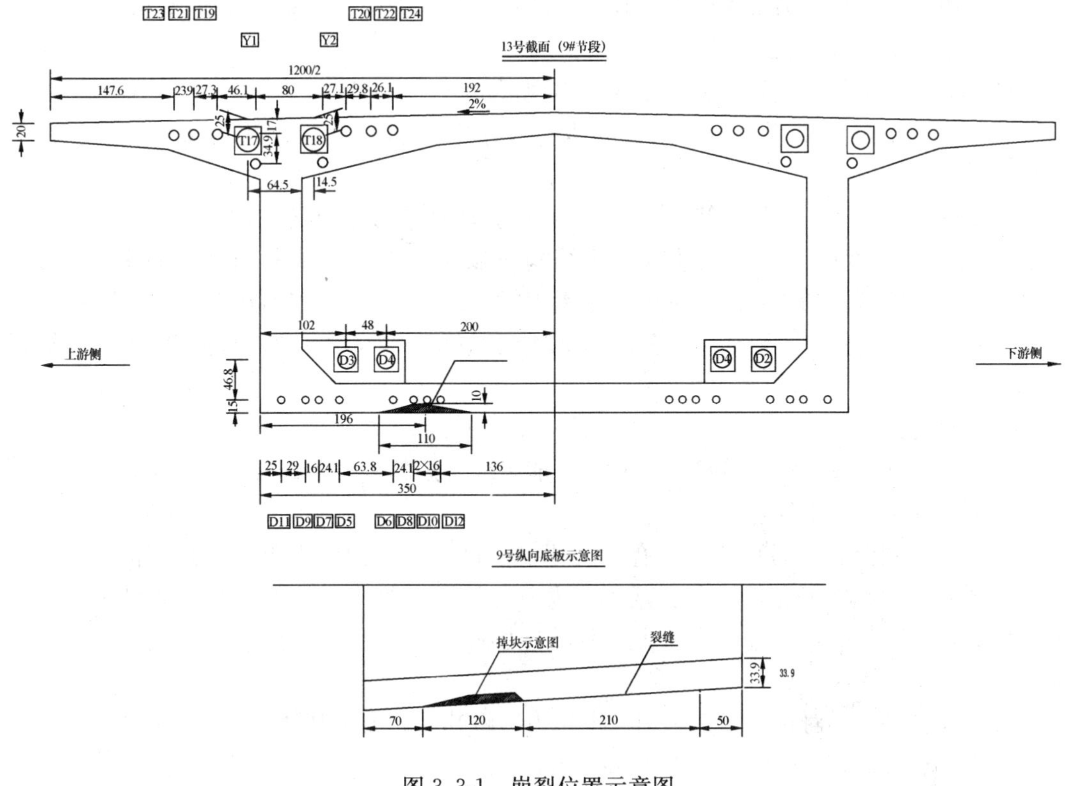

图 3.3-1　崩裂位置示意图

3.3.2　事故原因分析

1. 设计方面原因

（1）连续刚构桥在设计时一般采用平面杆系有限元程序（如桥梁博士、GQJS）进行计算，不能准确反映箱梁、中跨底板预应力束空间分布的效应；尤其底板的宽度较宽时，不能计入剪力滞和纵向预应力钢束分布不均效应，导致截面应力的理论值与实际值有较大出入，不能对底板裂纹的出现从理论上预警。

（2）对底板预应力束引起的径向力估计不足，主要表现在以下方面：

1）在通常的设计中，忽略底板预应力束引起的径向力的计算。

2）在设计中，底板预应力束通常为平顺的曲线，而在实际的施工过程中每个节段预应力束通过多段直线段来模拟曲线，在直线段的交点处导致应力集中。

3）对底板预应力束的定位钢筋不够重视，有的设置较少，有的连接不牢固，容易脱落。

（3）对底板横桥向应力重视不够，有的可能没有进行局部受力分析，不能给底板上下层横向钢筋的设计提供理论指导。

（4）底板箍筋或勾筋等防崩钢筋直径偏小，数量偏少，且有的设计连接在底板上下层纵向钢筋上，没有与底板上下层纵横钢筋的交点处连接牢固，容易忽视底板防崩钢筋的应力计算，不能给防崩钢筋设计提供理论依据。

(5) 底板预应力束过多，预应力偏大，是引起底板崩裂的主要原因之一。

2. 施工方面原因

(1) 由于底板预应力束主要分布在腹板附近，分布密集，容易与防崩钢筋冲突，导致少放甚至不放防崩钢筋。

(2) 波纹管定位与设计有较大出入，出现折角点，引起应力集中。

(3) 施工单位为了赶工期，未按照设计要求分批张拉底板预应力束，而是一次性张拉。

3. 通过计算跨中底板箍筋应力为 92MPa，9 号节段底板箍筋应力为 27MPa，都小于箍筋抗拉强度设计值，从计算来看结构应该是安全的。在打开此处底板时发现，此处波纹管与箍筋位置冲突，在施工过程中只设置了少量单肢箍筋，且都没有与底板上下层纵横钢筋的交点连接，只勾在底板上下层纵向钢筋上，导致不足以抵抗此处的径向力。

3.3.3 处理方案

这座桥发现裂纹时波纹管已经压浆，不能采取常规的放张后修复的方法。经过专家会仔细论证，提出了以下处理方案：

(1) 引起底板混凝土开裂主要有 D8、D10、D12 三根预应力束，这几束由于底板混凝土开裂剥落，混凝土对其反力已减小，为避免该段混凝土在凿开后增加其他节段的压力，因此在操作前，将 9 号节段的此三束预应力施加一定向上的拉力，再凿除开裂部位的混凝土。

(2) 孔凿好后，对预应力束施加一定拉力，将其径向力由其他临时结构承担，共有两个上提力，经过计算每处的上提力为 45.6kN。

(3) 施加拉力完毕后，采用风镐将其余部分的混凝土凿掉，开孔的宽度为 60cm，长度为 330cm。

(4) 当底板凿开后，将预应力束恢复到原设计位置，然后增加底板上下层之间的勾筋，间距为 15cm×15cm，勾筋与底板上下层纵横钢筋的交点连接牢固，同时在波纹管的下方每隔 30cm 设置一道“U”形箍筋，以加强预应力束定位。

(5) 浇筑 C60 膨胀混凝土（其混凝土标号较原主梁混凝土高一个等级）。

(6) 经过养生，当混凝土强度达到设计强度的 90%且龄期不小于 4d，去除预应力束的拉力。

经过上述处理后，在去除上提力后，底板未出现裂纹，且已达到荷载试验要求。

3.3.4 连续刚构桥跨中底板崩裂的预防措施

(1) 在连续刚构桥的设计中应建立实体模型来对平面杆系模型的计算进行复核，必要时建立局部模型分析局部受力，不要忽略底板防崩钢筋的应力计算。

(2) 底板变化曲线宜低于 2 次的抛物线，以减小径向力，不宜采用底板变化曲线高于 2 次的抛物线。

(3) 径向力在通常情况下跨中最大，因而在跨中需加强防崩钢筋的设计。

(4) 在跨中可以考虑增设横隔板，以增强局部刚度。

（5）当径向力较大时，可在底板增设横向预应力钢筋。

（6）波纹管应不要偏离设计位置，以免径向力集中。

3.4 桥梁支架模板预压整体垮塌案例分析

3.4.1 工程背景及事故经过

某高速公路××大桥为21m+34m+21m三跨预应力变截面连续空心板，柱式墩，钻孔灌注桩基础，桥宽19m。施工单位为××局，监理单位为××监理咨询有限责任公司。

2003年7月，施工单位开始按规范要求进行支架模板预压，预压加载采用袋装沙堆载，共分五段进行。9月23日开始进行第四段试验，加载应达1065t。

9月25日早上6点45分，施工负责人指挥51名工人进行堆沙袋作业。9点10分，当堆到距模板约2.5m高，堆沙重量达700余吨时，支架模板突然发生整体垮塌，在模板上堆沙的作业人员随垮塌的支架模板上的沙包掉到10m深的壕沟，其中27人被支架模板、沙包埋压，造成6人死亡、20人受伤的重大事故。

3.4.2 事故原因分析

1. 直接原因

（1）施工过程擅自改变施工方案，支架体系存在严重隐患。

（2）堆沙不均匀造成支架体系失稳。

由于钢管立柱柱基不坚实，产生了一定的竖向和水平位移，桥梁施工支架支撑体系侧向约束薄弱，在堆载过程的外力作用下，由于支撑体系的局部变形引发支撑体系整体失稳破坏，造成支架垮塌事故。从现场观察和资料查阅情况看，支架体系在实施中存在以下几个主要问题：

（1）原设计单位要求的施工方案为满堂式支架，为保持支架下市政道路的通车要求，施工单位将满堂式支架的大部分改为贝雷支架，且未办理相关的更改和报批手续。

（2）支撑体系的搭设存在比较明显的隐患和缺陷。

对加载过程中引起的支架变形没有跟踪观测，不能适时了解支架加荷过程中的变形情况，不能及时发现险情并采用有效措施确保安全，加载过程带有盲目性，施工中对支架进行加载时现场较乱，未能按一定的顺序加载。施工单位在本项目支架施工过程中违反了《公路施工安全技术规程》中“地基承载能力应符合标准，否则应采取加固措施”以及“支立排架要按设计要求施工，应有足够的承载能力和稳定性”的规定。同时施工中还违反了《公路桥涵施工技术规程》中“应设计绘制支架总装图，细部构造图”，以及“支架的立柱应保持稳定，并用斜撑拉杆固定”等要求。总而言之，这次事故是不完善的施工设计、不规范的施工作业，导致支架体系的失稳而垮塌。

2. 间接原因

（1）技术管理混乱，支架设计和预压试验方案未按规定程序审批。

（2）施工现场管理混乱，堆沙作业未按程序进行。

（3）未对临时招用的堆沙作业人员进行必要的安全教育。

（4）工程监理不严，对施工设计方案未经审批，支架体系存在明显隐患，未采取有效措施予以制止并及时向上级反映。

（5）相关部门对监理单位的监理工作监督检查不力。

（6）施工安全监督管理不严。

3.4.3　事故结论与教训

交通部经过认真调查研究后认为：施工单位在施工方案变更未得到监理批准的情况下擅自施工，不符合有关程序的规定；贝雷支架的搭设存在明显缺陷和隐患，整体稳定性差，如钢管立柱的底板与地面无固定连接，各榀贝雷梁之间缺少斜向支撑，特别是另增加的一排七根立柱直接顶在贝雷梁上，无水平连接，在加载的情况下，改变了受力结构，导致侧向失稳；现场技术力量薄弱，管理混乱，施工单位仅有一名技术人员，其余均为民工；施工单位未按要求对民工进行安全教育，堆砂作业程序不规范，产生不均匀荷载；也未按要求派人观测预压时支架的变形情况。因此，施工单位应对该事故负主要责任。

交通部就本次事故通报批评了现场监理人员素质不高，未能履行监理工程师应尽的职责，负责大桥的现场监理工程师明知该施工方案未经批准而施工，未能及时制止，也未向上一级主任监理工程师汇报，对支架存在的问题也未能及时发现并指出。所以，监理单位应对事故负次要责任。

项目法人单位和项目总监理办公室对该事故也负有一定的管理责任。

根据国家有关法律法规和规章的规定，经研究，除省交通厅已对事故有关单位做出的处理决定外，交通部对有关责任单位和个人做出以下处理决定：

（1）根据《公路建设市场准入规定》第 20 条、《公路工程质量管理办法》第 41 条规定，决定对××集团有限公司通报批评，对具体承担该工程施工任务的××集团有限公司第×工程公司取消 2 年资信登记，自通报之日起，2 年内不得承担公路工程施工。建议施工企业资质管理部门吊销其施工资质证书或降级。

（2）根据《公路水运工程监理单位资质管理暂行规定》第 24 条、《公路水运工程监理工程师资质管理办法》第 27 条规定，对监理单位某监理咨询有限责任公司通报批评，现场监理人员 3 年内不得申报交通部监理工程师资格，建议项目法人追究该项目总监理工程师的责任。

（3）其他处理意见

1）技术负责人擅自改变已存在缺陷的设计方案，致使实际施工方案存在严重隐患，对本起事故负直接责任，建议司法机关依法追究其刑事责任。

2）第五工程队负责人在没有设计方案的情况下，即组织开工搭设支架模板，现场劳动组织管理混乱，造成堆沙不均匀，对本起事故负直接责任，建议司法机关依法追究其刑事责任。

3）驻地监理办公室负责该项目的监理未认真履行监理职责，对本起事故负直接责任，建议司法机关依法追究其刑事责任。

4）分管施工的项目部副经理对该项目施工组织管理不力，严重失职，对本起事故负直接责任，建议司法机关依法追究其刑事责任。

5）项目部经理对该工程施工组织管理不力，对本起事故负主要领导责任，建议纪检监察机关按干部管理权限依照有关规定给予政纪处分。

6）指挥部总指挥（承包人）未对该项目施工实施有效的监督检查，对本起事故负重要领导责任，建议纪检监察机关按干部管理权限依照有关规定给予政纪处分。

7）驻地监理工程师对该项目施工监理不力，对本起事故负主要监理失职的责任，建议有关部门吊销其监理工程师资格证。

8）高速公路有限责任公司总监办驻县代表处负责人未认真履行监督检查职责，对驻地监理工作监督检查不严，对监理人员资格把关不严，对本起事故负重要领导责任，建议纪检监察机关按干部管理权限依照有关规定给予政纪处分。

9）高速公路有限责任公司分管安全工作的副总经理对该项目施工安全管理不严，对本起事故负重要领导责任，建议纪检监察机关按干部管理权限依照有关规定给予政纪处分。

10）市交通局、市高速公路有限公司董事长兼总经理对该工程施工安全重视不够，对本起事故负有一定责任，责成其向市政府作出深刻书面检查。

11）建议有关部门对某监理咨询有限责任公司给予资质降级处理，并给予经济处罚。

12）建议有关部门对承包人××集团有限公司第×工程公司（第×工程处）给予资质降级处理，并给予经济处罚，停止在该省招投标2年。

13）承包人××集团有限公司必须依照有关规定，对在本起事故中伤亡的人员给予抚恤、补偿。

3.4.4 事故预防对策

（1）要充分认识安全生产工作的极端重要性，认真贯彻“安全第一、预防为主、综合治理”的方针，深入排查安全隐患和管理漏洞，认真研究确定施工方案，并按规定程序审批。特别要加强对施工设备关键部位突发意外的事前防范，制定有效的技术措施和应急救援预案。要加强对支架模板预压试验施工的安全技术交底工作。

（2）采取有效的监控措施，发现异常状况，应及时采取措施。

（3）建立安全生产责任制，落实各级管理人员和操作人员的安全职责，做到纵向到底，横向到边，各自做好本岗位的安全工作。公司领导应提高安全生产意识，加强对下属工程项目安全生产的领导和管理，下属工程、项目部必须配备安全专职干部。对临时招用的施工人员也要进行必要的安全教育。

（4）建立健全安全生产规章制度和操作规程，加强对职工的安全生产知识和操作规程的培训教育，提高职工的自我保护意识和互相保护意识，严禁违章作业，吸取事故教训，落实安全防范措施，确保安全生产。企业负责人、项目负责人、专职安全员按规定参加安全生产知识培训，做到持证上岗。

（5）项目管理中应增强合同管理的规范化，清晰界定相关单位的职责，应重视常规工艺的施工安全。工程开工前应明确危险源，按要求进行风险评估，并落实防控措施和人员；对施工工艺的论证和对材料的检测一定要重视，严格按规范执行，对需要进行监控的项目严格按照合同和有关规范执行。

（6）要加大安全管理责任的落实力度，加强对施工设备特别是特种设备的安全技术检查，督促企业实现安全目标。

（7）加强对监理人员的相关专业的技术培训，提高监理人员素质，切实履行监理职责。

（8）政府主管部门及业主单位要对高速公路项目施工实施有效的监督检查，加强安全监管，正确处理安全生产和经济效益的关系。

3.5 过江隧道透水案例分析

3.5.1 工程背景及事故经过

某轨道交通4号线是市轨道交通环线的东南半环，全长22km。2003年7月1日凌晨4时，在过江隧道区间用于连接上下行线的安全联络通道的施工作业面内发生渗水，随后出现大量的水和流沙涌入，引起隧道部分结构损坏及周边地区地面大幅沉降，造成中山南路3栋建筑物严重倾斜，其主楼裙楼部分倒塌，黄浦江防汛墙局部坍塌并引起管涌。由于发现报警及时，隧道和地面建筑物内所有人员全部安全撤离，没有造成人员伤亡，但事故造成直接经济损失1.5亿，修复费用至少10亿。

3.5.2 事故原因分析

事故调查结论表明，引发事故的原因是：①施工单位在用于冷冻法施工的制冷设备发生故障、险情征兆出现、工程已经停工的情况下，没有及时采取有效措施，排除险情；②现场管理人员违章指挥施工，直接导致了这起事故的发生；③施工单位未按规定程序调整施工方案，且调整后的施工方案存在欠缺；④总包单位现场管理失控；⑤监理单位现场监理失职。

事故发生段为地铁董家渡段、靠黄浦江260m处、两条隧道之间的一条狭小连接通道，即安全联络通道。当时，由于竖井与安全联络通道的开挖顺序错误、冷冻设备出现故障导致温度回升以及土体下沉压水导致喷沙这三方面不利因素同时，最终导致了事故的发生。事故主要是由于以下三大技术原因：

1. 施工方改变开挖顺序

据介绍，6月底，轨道交通4号线浦东南路——南浦大桥段上下行隧道安全联络通道上方一个大的竖井已经开挖好，在大竖井底板下距离隧道四五米处，还需要开挖两个小的竖井，才能与隧道相通。按照施工要求，应该先挖安全联络通道，再挖竖井。但是施工方改变了开挖顺序，这样极容易造成坍塌。事故发生时，一个小竖井已经挖好，另外一个也已开挖2m左右。

2. 断电导致温度回升

隧道施工时使用的冷冻技术，相当于一个大的冷却塔，利用氟利昂、盐水等冷却剂循环制冷，将土层冷却到－10℃才能开挖。施工单位用于制冷的设备相当于家庭使用的空调机，事故前，冷冻的温度已经达到所需温度，但是6月28日“空调”因断电出现故障，温度慢慢回升，大概回升2℃的时候，技术人员将情况汇报给××工程有限公司上海分公司项目副经理，但该副经理认为不要紧，要求继续施工。到了6月30日，由于工人继续施工，向前挖掘，管片之上的流水和流沙压力终于突破极限值，在7月1日出现险情。

3. 土体下沉压水导致喷沙

上海地层属于典型的软土，黄浦江两侧砂土分布比较广，大约分布在浦东浦西两侧10余米至20余米左右，进行地下作业时，很容易遇到流沙、沉降等情况。“冻结法”施工是解决松软含水地层水平隧道施工的可靠技术，但是由于工程地质情况复杂，稍不注意就会出大问题。并且，轨道4号线隧道施工所处土层在地下七层，为沙层土，含沙量很高，沙中又含水，而水是有一定压力的，因为水源头与江河湖泊相连，水的压力还会随着潮汐随时变化，根据连通器的原理，通了以后水就会将大量流沙源源不断喷出。6月30日晚，施工现场出现流沙，施工单位采取措施，用干冰紧急制冷，但现在看来当时的措施是很不得力。

另据事后介绍，工程监理单位当时只在技术管理层面上把关，有关负责人根本就不在4号线施工现场，而是在别的工地，施工方案变更单一直放在抽屉里。

3.5.3 事故结论与教训

事故发生后，相关部门十分重视调查工作，成立了由建设、公安、监察等部门组成的事故调查组。调查结果经市政府常务会议同意并提出处理意见后报至建设部，并转报国务院领导同意。

该轨道交通4号线工程事故是一起造成重大经济损失的工程责任事故。调查结论是根据两项规定（即国务院《特别重大事故调查程序暂行规定》和建设部《工程建设重大事故报告和调查程序规定》），经市政府组成包括中国工程院院士等资深技术专家在内的事故调查组，进行调查取证、技术鉴定和综合分析后查明认定的，相关责任人和责任单位领导受到严肃处理。

这起事故的相关责任人已受到司法机关追究，其中3人因涉嫌“重大事故责任罪”被批准逮捕，另有3人被取保候审，并对相关单位领导追究领导责任；国家有关部门还建议，对××工程有限公司主要领导、××科学研究总院分管领导、××上海分公司主要领导和分管领导进行责任追究。

对相关责任单位也作出处罚：××隧道公司市政公用工程施工总承包企业资质等级由特级降为一级，××矿山工程有限公司地基与基础工程专业承包企业资质等级由一级降为二级，××监理公司市政公用工程监理企业资质等级由甲级降为乙级。

3.5.4 事故预防对策

该事故损失惨重，影响很大。应当吸取教训，尊重科学，严格执行标准规范，加强工程监管，切实保证工程质量和安全生产，做好以下事故预防工作：

（1）认真开展安全检查，进一步落实安全生产责任。

（2）大力提升科技水平，严格执行标准规范和法律法规。

（3）尊重科学，严格执行经过论证的技术方案。

工程项目的可行性研究、勘察设计方案、施工组织设计、监理方案，应严格按照规定程序论证、审定并按规定的程序组织实施。施工企业应当认真编制施工组织设计，根据工程特点对可能影响结构安全和施工安全的重要施工技术方案组织专家论证；并必须严格执行审批程序，不得擅自修改论证过的技术方案，不得在实施过程中违章指挥、违章作业。

（4）抓好安全培训和宣传教育工作。

（5）政府主管部门应加强对工程建设尤其是地铁建设的监督管理，加强对工程建设标准和有关法律法规执行的监督；加强对地铁项目的初步设计和施工图设计文件的审查，保证国家强制性标准的执行；尽快建立地铁建设安全评价制度，在地铁规划、设计、建设安装等阶段开展安全评价，对项目进行全过程安全监督。同时，应督促地质勘察、设计和施工各方加强协调，对因地铁施工可能产生、诱发与加剧地质灾害的潜在威胁进行评估，确保城市的安全。同时加强责任追究制度，促使责任制的落实。

3.6 公路隧道瓦斯爆炸案例分析

3.6.1 工程背景及事故经过

2005年12月22日14时40分，某高速公路建设工程项目某合同段××隧道工程右线隧道发生特别重大瓦斯爆炸事故，造成44人死亡，11人受伤，直接经济损失2035万元。

1. 隧道工程及事故相关单位概况

××隧道是某高速公路建设工程项目的重点控制工程之一，该隧道设计为上下行左右线隧道，洞口线间距40m，其中左线隧道进口里程K16+350，全长4160m。

隧道进口端（左线长2556m，右线长2525m，合同造价1.6亿元）属于某合同段，施工单位为××局集团第×工程有限公司；出口端（左线长1540m，右线长1545m）由××工程总公司×局负责施工。分界里程为K15+900。中标工程监理单位为××工程咨询有限公司××分公司。

2. 隧道工程地质情况

根据地质勘察报告、设计文件和相关资料描述，该隧道地质条件复杂，隧道穿越地层为三叠系底层，穿越层位共16层，其中9层不同程度有炭质泥岩及薄煤层（厚度一般为0.1～0.3m），岩性主要为炭质泥岩、砂岩、泥岩砂岩互层、煤岩，此外，在砂岩段中零星分布冲刷煤屑或包体，有瓦斯设防段、涌水段和岩爆段，Ⅲ、Ⅳ、Ⅴ级围岩大致各占1/3，发生瓦斯爆炸地段的掌子面位于龚家背斜组成的复式褶皱中，为挤压强烈、地应力相对集中地段。该地带节理裂隙发育、岩层十分破碎，构成瓦斯并存的空间。地质详勘报告指出，此段隧道穿越一组背斜，在其褶曲轴部地带中的炭质泥岩及薄煤层中并存有瓦斯等有害气体，有瓦斯聚集涌出的可能，施工中应按防瓦斯安全规程进行重点设防，加强通风及瓦斯的监测工作。

3. 隧道施工情况

隧道开挖断面为80～100m^2，掘进方式为简易台架配合YT28风钻钻眼，电雷管矿用炸药起爆，装载机配合自卸车运输，压入式通风，锚喷支护，泵送混凝土和整体模板台车浇注衬砌，软弱围岩地段衬砌紧跟掌子面。

当右洞开挖至K14+872处时，施工单位发现K14+790至K14+872段初期支护变形超限，当即停止开挖。从10月17日开始，施工单位按照建设、设计、监理、施工四方会勘纪要对变形地段初期支护进行拆除。12月16日，初期支护钢拱架拆换至K14+860（距掌子面12m）处，随着围岩的剥落，K14+860至K14+865段逐渐形成大空腔（塌腔高度约0～4m），并伴有直径约5cm的股状水流出。12月19日下午，初期支护钢拱架拆换至K14+865处，原有初期支护背后围岩左前上方形成一漏斗状空腔，建设、设计、监理、施工四方有关人员再次对现场进行了会勘。12月20日至21日，施工单位按照四方共同研究的处理方案对塌腔内进行了喷射混凝土支护，但塌方没有得到控制，空腔继续扩大，至22日零点班，塌腔已与掌子面连通，形成4～5m高、6～7m宽、约5m长的空腔，空腔内时有掉块现象。

4. 事故经过及抢救情况

2005年12月22日白班先后有43人进入右洞。其中，在掌子面附近喷射混凝土作业5人、打锚杆前准备作业8人、架设拱架作业4人、二次衬砌浇注混凝土作业11人，在2号横洞出渣作业1人，接风管作业1人，瓦斯检查员2人，运输工6人，技术员和管理人员5人。这些人中，有9人于14时30分先后出洞。当班因接风筒于10时起停风1h，11时接好风筒，恢复供风，当时风筒出风口距掌子面约30m，送风距离超过1400m。14时40分，洞外人员突然听到从右洞传来巨大爆炸声，同时看到洞口一片昏暗，爆炸冲击波将停放在距右洞口20m重达70t的模板台车冲出40多米，洞口通风机错位、配电柜损坏，大幅宣传牌被掀飞，在洞外组装模板台车人员、门岗等有10人死亡、11人受伤。

事故发生后，施工单位及时向政府及有关部门报告了事故情况，并立即撤出当时在左洞作业的人员。省人民政府及有关部门接到事故报告后，迅速启动应急预案，组织抢救。随后，省长、安全监督总局领导和××工程总公司负责人也赶到事故现场督促指导事故抢救和善后工作。救护队到达事故现场后，立即进入右洞进行搜救，并迅速安装风筒，恢复右洞通风。经救护队多次进洞侦察搜索，洞内没有发现生还者，当时在右洞和2号横洞工作的人员全部遇难。此次事故共造成44人死亡（其中洞内死亡34人，洞外死亡10人）、11人受伤，大量施工设备损坏。

3.6.2 事故原因分析

1. 直接原因

由于掌子面处塌方，瓦斯异常涌出，致使模板台车附近瓦斯浓度达到爆炸界限，模板台车配电箱附近悬挂的三芯插头短路产生火花引起瓦斯爆炸。

调查组在现场查明，发生爆炸事故的右线隧道风机，风筒出风口距掌子面30m左右，与《公路隧道施工技术规范》规定的不大于15m不相符，且风机的2台电机事故前一班只有1台风机在中档运行，喷射混凝土时只有1台电机在低档运行，无法完全稀释掌子面有害气体，易造成瓦斯聚集。尤其是右线隧道在打右矮边墙时，还需要移动模板台车，修补、延长风筒，均要停风。更有甚者，施工队带班人员杨××为节约电费还擅自停过风机。

此外，该工程瓦斯检测员使用的是便携式瓦斯报警仪，在检测高处的瓦斯时一般将仪器绑在1根长2—3m的竹竿上举起来检测，达不到规定的检测高度，并且还存在减少检测次数等违规情况。另外，右线隧道仅有的1台瓦斯传感器，安装高度也不符合规定要求，10月19日至12月5日，右洞隧道掌子面拱顶瓦斯浓度经常超过0.5%，最大值还曾达到4.12%，但这台瓦斯传感器自安装以来却从未报过警。

2. 间接原因

(1) ××局×公司作为施工单位，违规将劳务分包给无资质的作业队伍。在施工过程中没有严格执行安全生产法规和有关规章制度，施工现场安全管理混乱，对农民工的安全知识和技能培训不到位，有部分瓦斯监察员无证上岗，检查质量、次数不符合规定等；通风管理不善，右洞掌子面拱顶瓦斯浓度经常超限；虽然在隧道实施性施工组织设计中要求在开挖掌子面与二衬之间全部使用防爆电器和设备，但施工队在衬砌模板台车上使用非防爆配电箱并接普通插座；右洞仅有一台甲烷传感器，事故当天安装于隧道左侧距垮塌处5m、离隧道底板2m高的地方，安装位置不符合要求，不能有效监控瓦斯。

(2) ××局集团有限公司作为该合同段的中标单位，虽然制定了《瓦斯隧道工程施工指南》等安全生产规章制度，但对该隧道工程施工安全管理不力，没有认真督促所属×公司和合同段项目经理部严格执行防治瓦斯措施，未能督促有关部门和人员及时解决工程建设中存在的安全生产隐患等问题。

(3) ××工程咨询有限公司作为中标监理单位，没有认真履行监理职责，从参加投标到实施监理都是委托他人操作，没有派人参加具体监理业务，没有对分公司的监理工作实施监督管理。××工程咨询有限公司的分公司对 JL1 合同段监理部管理混乱，监理组人员长期缺编，人员岗位变换频繁，关键岗位人员不符合资质条件，无证上岗，对隧道施工中的安全生产监理不到位。

(4) 某公路有限责任公司作为项目法人，对施工单位违规分包、现场安全管理混乱、监理单位人员缺编和人员资质不符合要求等问题，未能加以纠正；没有及时采用有效措施解决隧道施工过程中出现的瓦斯隐患问题，未能有效地督促项目法人单位加强对该工程的安全生产管理，未能有效地督促各方加强对瓦斯隧道施工过程的安全管理。

(5) 省交通厅公路规划勘察设计研究院作为设计单位，对涉及施工安全的瓦斯异常涌出认识不足，在施工现场技术服务中对瓦斯异常涌出的防范措施不到位，特别是在右洞施工处于预测的高瓦斯工区和发生塌方的情况下，没有充分考虑瓦斯异常涌出情况和瓦斯异常涌出后可能造成的危险，未能及时向有关单位提请修改设计，提高瓦斯设防等级。

(6) 省交通厅公路水运质量监督站作为公路水运工程建设质量安全监督机构，对该隧道项目参建各方的安全生产工作监督检查不力，未能及时督促各有关单位发现并纠正施工中存在的安全隐患及管理不到位问题。

3.6.3 事故结论与教训

1. 事故结论

(1) 经调查认定，该特别重大瓦斯爆炸事故为一起责任事故。

(2) 此次隧道瓦斯爆炸事故暴露出施工、建设、监理、设计单位和有关行业管理部在贯彻执行安全生产法规、标准和安全生产监管方面存在的突出问题。

2. 对事故责任人员的处理

共有 6 名事故直接责任人移交司法机关处理，另共有 17 名责任人受到相应的党纪、政纪处分。

3.6.4 事故预防对策

(1) 施工单位要依法落实企业安全生产安全主体责任，严格执行《安全生产法》、《建设工程安全生产管理条例》等法律、法规和有关标准，严禁违法分包、转包工程，加强对施工人员的安全培训教育，对瓦斯隧道特别是高瓦斯工区施工，应按有关规程规定使用防爆电器设备，配备足够的瓦斯监测检查装备和具有相应资格的瓦斯检查员等特种作业人员，严格执行瓦斯隧道施工的各项规定，切实落实施工现场安全生产责任制。同时要认真吸取此次事故在处理塌方时发生瓦斯爆炸的深刻教训，特别是对软弱、破碎围岩地段隧道施工，要采取严格的安全防范措施，避免和减少隧道发生塌方。一旦发生塌方，必须制定切实可行的瓦斯事故防范措施，加强通风和瓦斯监测，并及时治理。

(2) 建设单位要认真履行对工程建设项目的安全生产监督管理职责。一是要认真吸取事故教训，加强公路隧道瓦斯危害调查研究，聘请有资质的单位对该隧道等正在施工隧道工程的瓦斯并存情况进行全面探查、检测、评价和论证，并根据实际情况重新确定瓦斯事故设防等级，要求设计和施工单位重新编制施工组织设计方案和安全措施，加大对瓦斯防治的安全投入，切实加大预防隧道瓦斯事故力度。组织有关专业技术人员对此次瓦斯爆炸事故造成该隧道右洞支护部分的损坏情况和围岩的稳定性进行全面探测和评价，并根据探测和评价结果采取固强措施，以确保隧道建成后的安全运行。

(3) 监理单位要认真履行对施工现场的安全监理职责。监理单位按照有关规定和合同约定，加强对现场监理人员的管理，配齐合格的监理人员，并依法履行工程监理和施工现场安全生产监理职责，督促施工单位立即整改，对隐患严重的，应下达停工令，要求施工单位暂停施工，消除事故隐患，并及时、如实向业主和有关部门反映施工过程中的重大问题，并对整改情况实施监理。

(4) 设计单位要加强对工程建设项目施工安全的技术设计指导和服务。有关工程设计单位应严格按照法律、法规和工程建设强制标准的要求，进行隧道工程设计，不得随意降低瓦斯隧道工程的瓦斯设防等级。对涉及瓦斯隧道施工安全的重点部位和环节要在设计文件中加以注明，提出明确的防范瓦斯事故的技术指导意见。对施工过程中发现瓦斯变化异常的情况，应会同有关单位及时提请调整、修改原设计，并制定施工现场安全防范措施，预防事故发生。

(5) 政府有关行业主管部门要强化对重点工程建设项目的安全监督管理。人民政府应依法加强公路建设工程特别是瓦斯隧道工程施工的安全生产监督管理，建立健全公路建设工程项目安全生产监督管理制度和规范，进一步督促有关单位落实安全监管责任，严格施工现场安全日常检查，监督工程建设、施工、设计和监理单位严格依法履行安全生产职责，切实落实工程建设各方安全主体责任。

3.7 公路工程信息工程案例分析

路桥集团国际建设股份有限公司（简称“路桥建设”）于 1999 年 3 月 18 日在北京设立，现有 2 家分公司，3 家全资子公司，5 家控股公司，2 家参股公司，在建施工项目部 90 多个。主要业务范围为国内外高等级公路、特大型桥梁、市政工程、铁路、隧道、机场、港口等基础设施建设，公路工程项目信息化管理工作开展较好。

3.7.1 路桥建设的信息化建设

1. 聘请专家制订信息化规划

2008 年 4 月，路桥建设聘请信息化专家制订了路桥建设的信息化规划。按“整体规划、分步实施”的原则稳步推进信息化建设，期望通过 2 年时间建立一套既要满足基层员工的业务处理操作需要，又要满足各级管理人员管理控制需要的管理信息系统，将各种业务工作流程固化到系统中，彻底抛弃让员工进行“数据采集”的观点，各级管理层需要的决策依据和统计报表的数据要全部来自最基础的业务处理流程中保存的数据。

该系统将是项目部现场管理技术人员、企业各级管理人员处理日常业务的唯一系统，也是企业各级组织进行业务审批的唯一工作平台，是集业务操作处理、管理决策控制和监督一体化的集约化管理信息系统。融先进管理理念与成熟的信息技术应用方案于一体，具有功能先进、安全可靠、易扩展、操作简便、网络通畅、信息资源共享、业务处理能力强、界面美观等特点，能够提高公司的管理水平，提高经济效益，实现公司从传统管理方式向信息化管理方向的转变，从而全面提升公司的核心竞争能力。具体包括：成本管理、合同管理、物资管理、机械设备管理、进度管理、质量管理、安全生产管理、竣工管理、风险管理、人力资源管理、财务管理、OA办公自动化管理、BI报表管理、知识管理等，上述系统实现与财务系统的数据集成，并建立公司统一身份认证门户，实现对结构化数据（业务系统中产生的关系型数据）和非结构化数据（分散在企业内的大量文件）进行处理，将数据经过转换、重构后储存在数据仓库中，利用合适的查询、分析和挖掘工作对信息进行处理，最终提供给决策者，帮助决策者提高决策水平和质量，进而对路桥建设各个管理环节的动态监控，确保项目成本控制到位、项目盈利能力得到保障，能实现多项目的统计分析，并能自动生成、查询和打印相关的报表和图表等。实现办公自动化、各项管理业务一体化，实现集团、分子公司、项目部的办公和业务协同，实现集团层面宏观管理统一；通过标准接口，实现各业务管理系统的高度集成。

信息系统的整体设计思想是：以PDCA模式、全面预算和“六个集中统一”管理思想为指导，以项目部现场实际情况、施工设计图纸和业主合同条款为依据，进行项目总体策划，按合同工期制定项目管理的质量、工期、安全、成本等计划目标，如劳务人工费成本目标、材料消耗计划目标、机械使用计划目标、管理费用计划目标、工期进度计划目标、质量控制计划目标、安全管理计划目标等，并将上述各项指标量化后输入信息系统，然后实行“例外化管理”——即对在设计目标值范围内的各种日常业务数据流只需按固化的管理流程流转，仅对超过设计标准的业务数据流进行控制——中止流程或变更设计目标值。

2. 成立信息化领导小组和流程梳理小组

路桥建设进行管理信息系统建设，必须更新改造已有的旧系统、兴建新的信息系统，一般需要投入大量的资源，并且还需要有管理思想上的革新。因此在项目实施以前，首先要成立信息化领导小组，由企业的一把手担任领导小组的组长，主管领导担任副组长，各个部门的主管领导担任领导成员。按业务系统不同成立了合同管理流程梳理专项小组、物资管理流程梳理专项小组、机械管理流程梳理专项小组、费用管理流程梳理专项小组、OA办公流程梳理等专项小组，各业务主管领导任组长，部门负责人任副组长。

3. 成立专项小组进行业务流程优化重组

路桥建设各项目及各下属公司在日常业务管理过程中，人为因素影响较大，存在许多不规范之处，制度上也存在一定的漏洞。实际管理中，因为多数项目地处偏远山区，公司管理不到位，导致项目经理往往按个人的行为习惯处理事情，相同的一项业务在不同的项目上有不同的处理方式，如合同的审批流程、结算流程、材料采购流程、周转材料的摊销方式各不相同。公司组成了多个专项小组对管理流程进行梳理，主要包括OA办公系统、人力资源管理、市场开发管理、项目成本管理、合同管理、材料管理、机械管理、费用管理、进度管理、技术质量管理、安全生产管理、财务管理等各个子系统，使全公司相同的业务处理流程规范一致。流程梳理、重组主要达到了以下目标：

（1）过程管理代替职能管理，取消了不增值的管理环节；

（2）事前管理代替事后管理，减少不必要的审核、检查的控制活动；

（3）以计算机协同处理为基础的并行过程取代串行和反馈控制管理过程；

（4）用信息技术实现过程自动化，尽可能取消手工管理过程；

（5）系统中相同数据来源的唯一性原则，实现原始数据一处录入、多处引用，最终领导层需要的分析数据自动生成。

4. 组织专门人员进行基础编码整理

成立专门编码人员对人员编码、组织机构编码、材料编码、分包商供应商编码、费用科目编码等进行整理编制。这些都是企业信息化必须整理的标准化基础编码，是信息系统上线的必要条件。上述编码的整理是一项浩大的工程，因为计算机语言只认编码，所以在信息系统上线前可以不要求编码统一，但一旦实行信息化，编码必须统一，这样才能达到利用计算机进行数据处理的目的。材料编码、机械设备编码和供应商编码还可能随着应用种类的增加而增加。

5. 聘请专业软件公司开发系统与购置 OA 集成

信息系统的常规开发方式有委托专门开发方式、独立开发方式、合作开发方式和购置现成软件方式。因目前市场上的应用系统软件种类繁多，从单一功能的小软件到覆盖大部分企业业务的大系统，档次分明，其中以 ERP 系统（企业资源计划）和 CRM 系统（客户关系一营销管理）等管理软件为主流。商品软件以规范模式研制，经过反复调试，得到广泛应用，质量有所保证。购置商品软件方式可加快信息系统的开发进度。但由于每个组织的管理模式不尽相同，有保持独特个性的要求，不可能买到能解决所有管理问题的商品软件。为此需要采用应用系统软件购置与专门开发并举的集成方式，即对一些管理过程较稳定、模式较统一的功能模块购置商品软件（如 OA 办公系统、财务管理软件），而对结合具体组织特点的、独有的核心管理业务的功能模块则采用专门开发（如成本管理系统、生产进度管理系统、技术质量管理系统、安全管理系统、人力资源管理系统、市场开发管理系统），两者有机地结合能保证开发的质量和进度。

无论是购置还是专门开发，或者两者并举集成的方式，系统分析都十分必要，对集成方式，最重要的是接口设计与集成工作。具体工作方式见图 3.7-1。

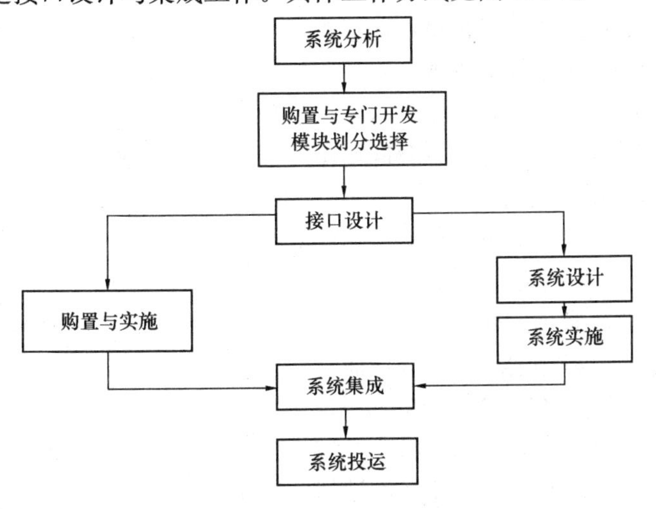

图 3.7-1 具体工作方式

鉴于路桥建设自身不具备软件开发能力的实际情况，按业务系统不同，采取了购置与专门开发并举集成方式：OA 办公系统购买北京联达动力信息科技发展有限公司的产品（因之前路桥建设下属公司用过该公司产品）；成本管理、合同管理、物资管理、机械管理、费用管理、进度管理、质量管理、安全生产管理、人力资源管理、市场开发管理等系统采取招标方式，由易建科技（北京）公司专门开发，开发平台为J2EE。财务管理系统由路桥建设上级单位中国交通建设集团统一委托山东浪潮软件公司开发完成，由路桥建设信息中心负责制订各子系统的数据集成标准和应用集成标准。

6. 系统推广过程及方法

系统推广过程主要采用先试点运行，等系统成熟后大面积推广使用的方法。如第一期成本、合同、物资、机械、费用管理信息系统于2008年12月开始在五个分公司总部及五个项目部试点运行，2009年6月份试点运行结束后，在集团公司全面开展培训后推广使用，其他系统也是采取相同方法进行推广应用。在系统推广过程中，提出了“成熟一个项目上一个项目，成熟一项功能，使用一项功能”的口号。不贪大求全，而是采取循序渐进的方式，最终达到全面使用。在系统操作培训时，充分利用了公司建成的视频会议系统进行大量培训，并且对于各专业业务系统采用业务操作人员培训合格后持证上岗的方法，保证了系统运行的效果。

3.7.2 信息化主要建设内容及架构

成本管理、合同管理、物资管理、机械管理、费用管理、进度管理、质量管理、安全管理、人力资源管理、市场开发管理、财务管理、OA办公管理、BI报表管理等系统的开发方法与步骤为：前期规划与设计、需求分析、系统具体研发（软件公司）、系统集成与测试、系统试运行、系统实施、系统培训、系统维护。系统的前期规划与设计、需求分析均由软件开发商参与进行，并聘请了专家顾问进行指导。核心业务成本管理、合同管理、物资管理、机械管理、费用管理、人力资源管理、市场开发管理系统功能如下：

1. 主合同管理

功能包括主合同交底、主合同基本信息、主合同变更索赔管理、主合同计量、主合同收款管理、主合同总结算、主合同履约评价。功能要点如下：

（1）对合同交底的重要信息记录，能够对主合同交底的审批过程记录。

（2）对工程合同实现标准化管理，按照业主方要求的编码规范，对于已经形成的合同工程量清单信息进行系统导入，并能实时进行维护。

（3）支持各项单价分解，包括主合同清单项目单价，能通过单价分析分解出人、材、机，并形成详细的预算表。

（4）能形成以主合同工程量清单为依据的对业主结算和对分包结算的工程量、结算量的比对。

（5）具备合同评审管理、合同签订管理、合同履行管理、合同变更管理、合同索赔管理、合同法律纠纷及债权的清理清收等功能。

2. 成本管理：实现分包成本、材料成本、机械设备成本以及现场管理费用等的及时归集，并可进行由浅到深分析。对材料、机械、分包、现场经费等成本进行系统集成。主要功能包括：标后预算管理、预计总成本计划、期间成本计划、成本归集核算分析、成本风险控制、成本计划调整、成本决算管理、报表分析。概要点如下：

（1）通过人、材、机械、分包预算与实际的人、材、机械、分包成本进行对比，形成以合同工作量清单为核心的成本分析，能通过项目的计划进行成本估算，通过结算情况和内部单价分析表进行成本预算，通过消耗情况进行实际成本统计，最终对项目进行挣值分析。

（2）具备公司责任成本管理、项目预控成本管理、项目实际成本管理、项目收入管理、成本分析管理等功能，能与预算管理、招投标管理、计划进度管理、材料管理、设备管理共享数据，实现超计超付的及时预警功能，能进行成本的实时在线分析，并能自动生成、查询和打印相关的图表。

（3）整合企业的项目计划进度、物资、设备、合同管理信息，构建企业级的成本管控体系，实现量价双控。

（4）形成成本分析报表和图表，并能进行由粗到细的成本数据估取。

3. 劳务分包合同管理

劳务分包合同管理（以下“分包”均指“劳务分包”），主要功能包括：分包合同基本信息、分包合同清单、分包合同变更、分包合同结算、分包合同付款、分包合同履约评价。其要点如下：

（1）对工程合同实现标准化管理，按照业主方要求的编码规范，对于已经形成的合同工程量清单信息进行系统导入，并能实时进行维护。

（2）提供分包商管理功能。

（3）提供分包结算管理功能，并实现分包成本的核算分析，向成本系统输出数据。

（4）支持各项单价分解，包括主合同清单项目单价和分包合同清单项目单价，能通过单价分析分解出人、材、机并形成详细的预算表。

（5）能形成以主合同工程量清单为依据的对业主结算和对分包结算的工程量、结算量的比对。自动归集分包合同成本，并进行核算分析。

（6）实现业主承包合同、内部承包合同、劳务协作分包合同、租赁合同以及其他所有合同的分类管理。

（7）具备合同评审管理、合同签订管理、合同履行管理、合同变更管理、合同索赔管理、合同法律纠纷及债权的清理清收等功能。

4. 费用管理

主要功能包括：费用预算编制、费用报销、费用归集核算分析等。

5. 材料管理

材料管理系统主要对物资采购管理流程、物资消耗与库存管理流程、物资成本核算与分析、物资信息库管理等四个主要功能，按照路桥建设总部、分公司、项目部三个层级进行管理，其功能要点如下：

（1）材料计划管理：项目开工前项目物资部门根据计划部门提供的需用量计划编制物资采购计划，根据采购权限上报采购计划。路桥建设物资采购分四部分，甲供、路建统供、公司统供、项目自购。采购计划按级上报能汇总生成总的采购计划。

（2）材料验收：物资到货后，物资部门填写试验通知单，实验室收到通知后做抽检试验，试验合格后把试验结果返回到物资部门，物资部门做入库手续。

（3）材料发放：使用单位向物资部门提出申请，物资部门根据计划设计数量进行发放，超限额领料必须由使用部门填单，报单位主要领导审批后物资部门才能发放。物资消耗能自动传到项目成本系统，能自动进行物资成本核算。物资调拨填写调拨单，能按调拨单位生成报表，能生成调拨汇总表。

（4）物资回收和损坏丢失处理：物资丢失或损坏由使用单位提出申请，填写报告单，主管领导审批后，由物资部门进行账务处理。工程结束剩余物资要进行回收，如果能退回供应商的则退回供应商，不能退回的有利用价值的，则回收利用，没有利用价值的，上报主管部门批准后按程序处理。系统能生成物资损失报表和物资回收报表。

（5）周转材料管理：租赁的周转材料按月结算生成租赁报表，购置的周转材料按各单位要求进行摊销，形成周转材料摊销报表。

6. 机械设备管理

主要有设备台账、设备的财务信息、技术文本档案、设备图片信息、购置计划、修理、保养计划、设备费用台账、报废在用设备台账、设备动态分布情况、设备动态技术状况、内部租赁信息、对外租赁信息、设备信息的查询、统计、汇总等功能，其功能要点如下：

（1）系统主要从自有机械设备管理、外租设备和作业层设备管理、船舶管理、机械事故处理管理四个管理流程进行设备的管理。

（2）自有机械设备管理主要对项目部机械设备配备管理、设备购置计划审批管理、设备购置审批管理、设备购置、设备采购合格供方评审管理、设备验收管理、设备使用、保养、维修管理、设备报废管理、机械设备配件管理、购置计划、购置、进出库、库存等进行统一管理。

（3）外租设备管理和作业层的设备管理主要包括外租设备审核、外租合同管理，进退场管理、使用、费用管理、外租设备结算管理；作业层的机械设备动态台账、进退场管理，安全、技术状况；维修保养和安全、技术状况检查，以及操作人员执证上岗。

（4）船舶管理主要对船舶设备配备管理、船舶购置计划审批管理、船舶购置审批管理、船舶购置、船舶采购合格供方评审管理、船舶验收管理、船舶使用、保养、维修管理、船舶报废管理、船舶设备配件管理、购置计划、购置、进出库、库存等进行统一管理。

7. 生产进度管理

（1）从总体进度计划→实施进度计划→进度填报→进度对比分析的功能完全实现了PDCA的管理理念，系统通过多方参与的计划编制过程建立完善的工程进度计划，并通过对计划编制、计划跟踪、工程计划优化、进度填报、计划检查、计划重编、计划更新的过程，确保进度计划完成。

（2）通过严谨的工程量清单、成本控制、成本和合同管理对应机制严格控制进度执行。在用户定义了进度预警参数后，系统能够实现进度的自动预警提示，并在相关人员页面中展现。

（3）包含如下业务流程：①总体进度计划；②生产进度计划；③进度填报；④进度控制；⑤进度分析；⑥生产管理报表。

8. 技术质量管理

（1）通过工程质量文件、质量目标的有效设置及追踪管理、质量控制点的技术交底以及全面、详细记录分部分项出现的质量事件、事故，全面帮助工程师有效管理工程质量，科学而快速地整理项目质量文档。

（2）在积累企业各类型工程分部分项质量管理数据的基础上，使企业质量管理工作形成有企业自身特点的管理策略。

（3）包含如下业务功能：①在技术管理模块中包括技术策划、施工方案、日常技术工作、科技管理、施工日志与施工总结等功能；②质量管理模块主要包括质量策划、分部分项验收评定、不合格品控制、质量检查、质量事故、检测设备管理、试验管理、测量记录等功能。

9. 安全管理

（1）通过工程安全策划、安全检查的有效设置及追踪管理、危险源控制点的技术交底以及全面、详细记录分部分项出现的安全事件、事故，全面帮助工程师有效管理工程安全，科学而快速地整理项目安全文档。

（2）在积累企业各类型工程分部分项安全管理数据的基础上，使企业安全管理工作形成有企业自身特点的管理策略。

（3）项目部安全管理模块包含如下业务流程：①法律法规；②安全管理机构；③安全生产责任制；④安全生产人员；⑤安全教育与交底；⑥安全生产检查；⑦安全事故与处理；⑧应急救援；⑨安全生产费用；⑩安全管理报表。分（子）公司与集团安全管理模块包含如下业务流程：①法律法规；②安全管理机构；③安全生产人员；④安全生产检查；⑤应急救援；⑥安全管理报表。

10. 市场开发管理

（1）主要是网上处理投标立项申请审批、办理授权申请审批、办理银行产品申请审批等业务流程，并对资审项目、投标项目、中标项目进行汇总分析。

（2）包含如下业务流程：①投标立项申请审批程序；②办理授权申请审批程序；③办理银行产品申请审批程序；④汇总报表编制审批程序（每半年汇总）。

11. 人力资源管理

包含如下业务流程

（1）公司信息管理：公司信息、公司资质、岗位设置。

（2）人员招聘管理：社会招聘、人才储备、招聘计划、正式录用、校园招聘、招聘计划、人员信息、招聘结果。

（3）员工信息管理：员工基本信息。

（4）人员调动管理：人员调动、离职管理。

（5）人才评审管理：三优人才管理、后备人才管理、集团后备人才、公司后备人才、项目后备人才。

（6）劳动合同管理：合同信息管理、新签合同管理、续签合同管理、解除合同管理。

（7）日常考勤管理：日常考勤、考勤汇总。

（8）绩效考核管理：考核管理、考核汇总。

（9）奖惩管理：奖惩管理。

（10）社保福利管理：基础设置、社会保险管理、住房公积金管理、年金管理。

（11）薪酬管理：基础设置、账套设置、人员账套设置、工资管理。

（12）职称评审：职称评审。

（13）证件管理：安全证书、职业资格证书、职称证书、毕业证、五大员证书、铁路11大员证书、试验检测证书、其他证书。

（14）培训管理：培训计划、年度计划、实施计划、培训管理、培训人员管理、培训结果管理、培训汇总、培训效果评价、员工培训申请。

(15) 外事管理：护照登记、报表管理、高级查询。

12. 财务管理

(1) 科目配置。

(2) 制单记账（录入记账凭证的内容、制单、审核、记账）。

(3) 账簿管理（自动生成所有账簿）。

(4) 编制财务报表。

13. 资金、预算及报销管理

(1) 全面管理费用预算及报销。

(2) 资金计划及支付管理。

14. OA 办公管理

(1) 公文管理。

(2) 请示报告管理。

(3) 公用信息管理。

(4) 文件档案管理。

(5) 工作计划日志管理。

(6) 电子论坛管理。

(7) 邮件管理。

(8) 手机短信管理。

15. BI 报表管理

(1) 用数据抽取工具 FineReport，对不同数据库中的数据统一抽取分析，进行各种计算及汇总分析。

(2) 按需要开发生成各种报表为企业管理层提供决策依据。

另外公司开发了手机办公平台，领导层通过 3G 手机审批业务，大大加快了流程审批速度，提高了办公效率，实现了领导层移动办公。

3.7.3 关键技术与措施

1. 遵循 J2EE 工业标准（图 3.7-2）

J2EE 是一种技术规范，它给开发人员提供了一种工作平台，它定义了整个标准的应用开发体系结构和一个部署环境，通过一个基于组件的方法，来设计、开发、装配及部署

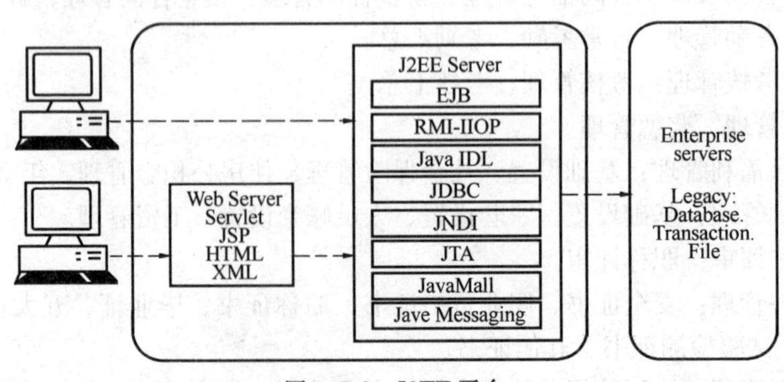

图 3.7-2 J2EE 平台

企业应用程序。J2EE平台提供了多层的分布式应用模型、组件重用、一致化的安全模型以及灵活的事务控制。应用软件厂商不仅可以比以前更快的速度向市场推出创造性的客户解决方案，而且其平台是独立的，基于组件的J2EE解决方案不会被束缚在任何一个厂商的产品和AI上。

2. 标准三层分布式结构

系统采用了一个三层结构的分布式的应用程序模型，该模型具有重用组件的能力、基于扩展标记语言（XML）的数据交换、统一的安全模式和灵活的事务控制。如图3.7-3所示。

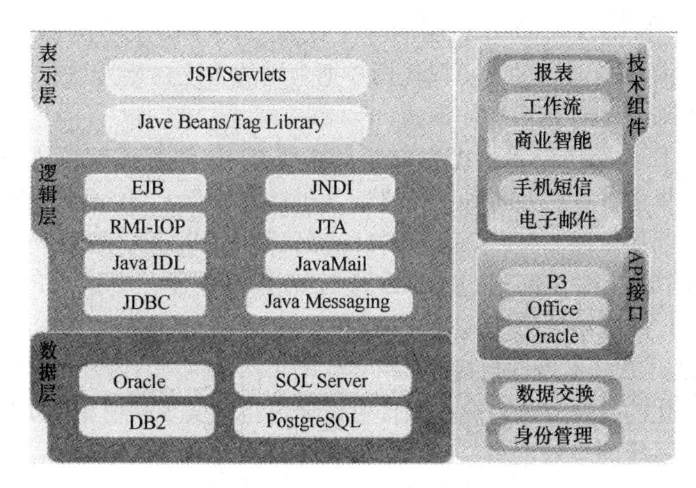

图3.7-3 标准三层分布式结构

（1）J2EE客户端的具体实现

在J2EE体系结构中，客户端的具体实现可以有三种选择：第一种是被称为瘦客户端的WEB客户端；第二种是Web页面内嵌的applet；第三种是用Swing或抽象窗口工具包（AWT）API建立的图形用户界面（GUI）。

（2）J2EE业务逻辑层的实现

在业务逻辑层，有三种类型的企业级组件技术：session beans、entity beans和message-drivenbeans。一个session bean描述了与客户端的一个短暂的会话。当客户端的执行完成后，session bean和它的数据都将消失。与此相对应的是一个entity bean描述了存储在数据库的表中的一行的持久稳固的数据。如果客户端终止或者服务结束，底层的服务会负责entity bean数据的存储。一个message-drivenbean结合了一个session bean和一个Java信息服务（JMS）信息监听者的功能，它允许一个商业组件异步地接受JMS消息。

（3）J2EE数据层的实现

数据层包括存储数据的数据库服务器和处理数据、缓存数据的Bean。在J2EE技术体系中，采用数据库链接池技术提供应用所需要的数据库链接，并将一些大量使用的数据放入系统的缓存，以提供高效的数据访问和处理机制。在J2EE技术体系中，提供的JDBC API向应用程序开发者提供了独立于数据库的统一的API。这个API提供了编写的标准和考虑所有不同应用程序设计的标准，其奥秘是一组由驱动程序实现的Java接口。驱动程序负责标准JDBC调用向支持的数据库所要的具体调用转变。

应用程序编写一次并移植到各种驱动程序上。应用程序不变，驱动程序则各不相同。驱动程序可以用于开发多层数据库设计的中间层，也称中间件（middleware）。

除了向开发者提供统一的独立于DBMS的框架外，JDBC还提供了让开发者保持数据库厂家提供的特定功能的办法，JDBC具有以下优点：

1）JDBC API与ODBC十分相似，有利于用户理解。

2）JDBC使得编程人员从复杂的驱动器调用命令和函数中解脱出来，可以致力于应用程序中的关键地方。

3）JDBC支持不同的关系数据库，使得程序的可移植性大大加强。

4）用户可以使用JDBC-ODBC桥驱动器将JDBC函数调用转换为ODBC。

5）JDBC API是面向对象的，可以让用户把常用的方法封装为一个类以备后用。

3. Intranet/Internet的B/S操作模式

系统完全基于B/S操作模式，在客户端只需要有IE浏览器就可进行工作，也就是说，用户可以使用桌面计算机及各种手持终端（包括有线及无线终端）来进行工作。系统可以良好地支持集团局域网（VLAN）、SDH光纤网、VPN网、互联网的访问方式；支持Internet用户IE浏览器访问通过DMZ的HTTP服务器；支持VPN用户或者拨号VPN用户连接的IE浏览器访问模式。

4. 可深度二次开发技术组件与接口

系统采用组件化的开发方法，这些组件可以通过组装实现路桥集团国际建设股份有限公司企业管理信息系统的有效重用，也非常方便与第三方软件的整合。

第一部分是应用功能组件，系统可以灵活选择不同组件代码部署不同应用功能模块，也可以灵活选择不同代码段进行二次开发修改，满足产品实施中的具体个性要求。

第二部分是技术功能组件，这些组件包括：图形组件、报表组件、检索组件、网络计划组件。这些组件提高系统的实用性，提高系统的直观易用性，提高软件代码的可重复性，提高软件二次深度开发和后续维护的效率。

第三部分是接口组件，这些组件包括：Excel导入导出组件、Project导入导出组件、P3导入导出组件。利用这些组件可以非常容易地实现与其他软件系统的无缝集成。

第四部分是集成组件，这些组件包括：短信组件、邮件组件、工作流组件、报表组件、商业智能组件、数据交换组件、数据加密组件、身份认证组件、应用功能组件。这些组件都是可独立部署运行可以深度开发的子系统，使系统成为一个良好的可深度开发的技术开发和应用集成平台。

由于路桥集团国际建设股份有限公司设计的企业管理信息系统是真正的基于JAVA的组件体系结构，使得系统的集中管理成为可能，整个企业可以实现统一的业务过程标准，统一的数据库管理，统一的系统架构。对于企业内不同的分公司或机构，能够保障各自以不同的业务流程协同工作，从而满足地域分布较广的企业应用实际情况。系统的上述集成特点便于实现这种管理模式，为系统未来的扩展提供了可能。

3.7.4　应用成效

1. 实现了集团公司管理流程规范化和管理标准化

信息化系统作为核心的企业管理工具，对相同业务工作进行了规范化、标准化，固化了企业各项管理流程和管理标准。信息系统作为企业员工处理日常管理业务的唯一系统，各级管理人员及一线人员必须按照信息系统中设定的固化流程处理业务，实现了流程第一、管理者第二的管理方式，任何人不按照系统设定的流程操作则无法进行下一步业务流转，从而保证了企业管理程制度彻底得到执行。同时企业员工业务处理过程在系统中留下了记录，企业高层通过授权可以对各个业务处理过程及结果随时监控，避免了传统工作方式的暗箱操作产生的各种其他问题。通过固化的管理流程和统一的管理标准，较大地降低了项目经营管理风险。管理信息系统为集团公司的集约化管理提供了一种工具手段，实现了集团公司的管理制度创新。

2. 提高了业务操作人员的办公效率和管理人员的决策效率

采用B/S架构的管理信息系统，全部员工通过网上处理业务，输出各种原始业务凭证，实现了数据的一次录入，重复利用。充分利用计算机系统的强大运算能力去完成各种统计、汇总，广大员工不再需要去人工统计、汇总各种报表，全部由系统自动生成，避免了在人工统计汇总过程的数据错误，节约在广大员工的大量工作时间，提高了工作效率。旧的工作模式下，员工上报的报表可能不正确，可能人为去修改报表，也可能拖延上报时间。使用管理信息系统后，操作员工只是日常通过系统处理业务，报表是按时自动生成的，项目无法修改报表。从数据的源头上保证了报表的真实可靠性和及时性，为管理层人员的决策提供了坚实的基础。

3. 实现了公司总部对项目的监控的“零距离”

以前旧的工作模式是项目通过报表、电话向公司总部汇报项目的生产、质量、安全、资金等情况，公司总部仅是听汇报或个别项目去现场看，由于时空距离及项目经理个人利益等因素，总部无法真实地了解全部施工项目的实际真实情况。使用管理信息系统后，公司总部根据系统的权限设置，可以随时查看项目的各种业务处理单据和报表，及时掌握项目的成本、生产进度、质量、安全、资金等详细情况，根据项目实际情况对项目进行管控，发现违反公司规定的项目可以及时下达处理指令，使项目时刻处于受控状态。实现了对项目的“零距离”监控管理。

4. 降低了项目施工成本

通过系统的应用，实现了项目精细化管理，使项目生产经营活动处于可控范围之内，项目部发生的每笔管理费用对于公司是实时、动态和透明的，项目管理费用得到有效控制，上线后，项目部管理费用下降了约5%；物资采购、验收，工程领用、摊销、调拨及库存管理均采用信息系统管理，主要材料采购单价降低了1%，材料库存下降了，材料设计用量得到了有效控制，材料损耗率降低5%左右，由于材料和机械设备需求的透明度提高，工程进度计划也能及时根据实际情况调整，机械设备周转率提高，停工待料得到了避免。初步估算相比应用系统之前的粗放型管理，每年可降低施工成本约3000万元。

5. 增加了项目部的变更收入

根据预计总收入及预计总成本的核算，每个月都能准确及时计算项目部的盈亏分析，人工劳务费、材料领用消耗和摊销、机械费用等每笔成本均在实际业务发生时进行按清单项目归集，当单项清单发生成本大于收入（合同金额）时，及时进行警示并进行原因分析，为项目变更索赔提供了有利的条件和基础资料，有效避免项目错、漏、少报因非自身原因产生的变更项目，使项目部变更立项申报的成功率大大提高。

6. 节约了办公成本和会议、培训成本

通过使用协同OA办公平台和电话、视频会议系统，节约了大量行政办公费用和差旅费用，电话、视频会议代替了以前的集中会议形式，除了年度工作会外，大部分的业务会议、培训学习会议均通过电话视频会议完成，节约了大量的会议费用和差旅费用，同时电话、视频会议也方便了沟通交流，间接提高了管理效率。经统计，每年节约的各级单位的会议费用、住宿费用、差旅费用达1000多万元。

3.7.5 信息化经验

（1）信息系统的推广过程中，业务部门应该成为自身业务系统推广的核心。业务主管部门负责人认为信息化的事情跟他没有关系，当甩手掌柜；业务部门之间存在推诿扯皮现象，导致系统的修改完善和推广应用非常困难。企业的信息化建设实质上是对企业的一次“管理革命”，是深层次的管理变革，信息化不是技术问题，而是管理问题。企业应以文件形式明确信息系统只是一种服务工具，真正的核心是“管理”，各业务职能部门应该是信息化建设和推广的核心，使各相关业务部门积极解决问题，主动推广信息系统。

（2）如果没有标准化编码，直接去上信息化，将造成以后大量返工工作量。例如，施工企业的物资材料编码，目前国内还没有统一的国家标准或行业标准，在做信息系统的建设前一定要做好这个编码标准，否则在系统上线时会发现要输入的材料在系统中找不到编码，部分项目材料无法录入，而且这个材料编码标准涉及上万种材料名称和编码，是一项浩大的标准化工作。它和人员编码、组织机构编码、分包商供应商编码、费用编码、角色权限一样，必须在系统上线之前做好，它们都是信息系统上线的必要条件，没有它们，是无法真正实现管理信息化的。他们在系统上线前没有做好完整材料编码，导致有些项目在系统中找不到要输入的材料，只好找其他材料代替输入，但这与事实就不符，有的项目部提的“系统”问题就是“材料编码缺少”。另外，分包商编码开始也没有统一，导致同在广州地区施工的6个项目部在系统中对同一家供应商起了5个不同的名字。这些问题虽然后来得到了改正，但花费的精力却多了好几倍，在改正的过程中要发文指导，甚至造成部分数据的丢失，引起用户对系统的不信任。

（3）直接把旧的管理模式拿过来用计算机实现是信息化过程中常见错误。流程梳理过程中最容易发生的错误是把旧的管理模式拿过来直接用计算机实现，没有认真科学地进行流程梳理、流程优化和流程重组。在传统的管理模式下，企业流程被分割为一段段分裂的节段，每一节段关心的焦点是单个任务单元，而不是全局。流程优化重组就是按现代化的管理理念，根据信息技术的特点，以事物发生的自然过程为依据，通过详细逻辑思维分析，寻找到解决问题的最优路径，并固定下来。他们在流程梳理过程中也出现了一些失误，有许多表格本来该重新设计，但当时不知道，直接拿来用计算机实现，在后来到项目部完善系统的时候，又感觉到以前的表格或流程不合理，进行了修改，不仅浪费了程序设计人员的大量工作，而且因为是在系统推广过程中作修改，也浪费了广大项目部用户的大量精力，造成了广大用户的抱怨。

（4）信息化建设不能完全依赖软件开发商，造成系统跟着软件商的设计思路走，脱离了企业本身的管理思路。信息化建设要充分利用专业软件公司的力量，但合同双方的利益是对立冲突的，软件商为了节约成本，总是想把甲方的管理思路往已有的设计方案里套，就是引导企业跟着他们走，而企业缺乏信息化开发的经验和相关专业知识，在与软件商的博弈中信息不对称，处于弱势方，常常被软件商的许多专业词汇搞懵，一不小心就被对方牵着走，软件商说怎么做，企业只能听之任之。所以，对于没有专业信息系统开发人员的企业单位，最好能请一家第三方信息化咨询单位（相当于施工监理单位），帮助企业消除对软件商的信息不对称。他们聘请了外部专家顾问，在信息化建设过程中不断地提供咨询意见，对软件商也起到了一定的制约作用，最终成本管理系统完全按公司管理思路完成。另外因为企业的核心竞争力不能外泄，所以不能没有自己的核心技术力量，否则企业信息化就没有可持续发展的动力。企业应该具备自己的技术力量（复合型人才），他们不但了解软件和系统，同时要对公司的管理核心业务流程和职能权限等非常清楚，具体程序开发工作可找专业软件商。

4 建造师职业道德与执业相关制度

4.1 建造师职业道德

4.1.1 建造师职业道德概述

1. 职业道德定义

从业人员在职业活动中应当遵循的道德规范。各行各业都有自己的职业道德，如医务道德、商业道德、体育道德、律师道德、军人道德等。它通过公约、守则、条例、誓言等形式制定，要求从业人员忠于职守，提高技术业务水平，讲究工作效率，服从秩序和领导，团结协作，以推动事业的发展。

2. 建造师从事的行业特点

按照《建造师执业资格制度暂行规定》，经过注册的建造师可以担任建设工程项目施工的项目经理，从事其他施工活动的管理，从事法律、行政法规或国务院建设行政主管部门规定的其他业务，主要是在建设领域从事不同岗位的管理工作，行业特点表现为：

(1) 流动性。建筑行业从业人员的工作地点很难固定在一个地方。建成一座建筑物后，建设者就要转移。

(2) 综合性。每座建筑物的诞生，都需要综合考虑多方面因素，运用多方面的知识，包括测量、地质、水利、机械、电气、力学、美学、材料学、给水排水、供热通风、环境保护、城市规划，以及政治、历史、经济、文化、心理等学科的知识。

(3) 固定性。建筑物一旦建成就要长时间固定在一个位置上，因而建筑工程的每一个环节、每一道工序都要有严格的质量保证。否则，就要造成人、财、物的巨大浪费，而且要给人民生活构成威胁。

(4) 群体性。建筑行业队伍的构成复杂、人员众多，一个项目从勘察、设计到施工，常常要几千人乃至上万人协同工作。

(5) 艰苦性。建筑工程大都是露天作业、高空作业，施工人员夏顶烈日、冬披严寒，风吹雨淋是经常的，住宿多是工棚。有些大型项目是在荒无人烟的地方兴建的，建设者的生活条件十分艰苦。

(6) 社会性。建筑工程项目生产过程中，几乎与国民经济中所有部门都有协作关系，而且建筑物的经济价值很大，一旦建成成为商品，其功能应满足社会的需要，满足国民经济发展的需要。建筑物只有在体现出自身的社会价值之后才能体现出自身的经济价值。

4.1.2 建造师职业道德要求

1. 国家对职业道德的基本要求

在 1993 年 11 月，《中共中央关于建立社会主义市场经济体制若干问题的决定》正式提出要建立我国的职业资格证书制度，该文同时指出："积极倡导在社会主义市场经济条件下坚持正确的人生观和文明健康的生活方式，加强社会公德和职业道德的建设，反对拜金主义、极端个人主义和腐朽的生活方式。"

自2001年中共中央印发《公民道德建设实施纲要》到党的十六大、十七大报告，都强调要以社会公德、职业道德、家庭美德为着力点，加强职业道德等方面的道德教育。其目的就是要实现整个社会职业活动的精神文明和科学发展，促进中国特色社会主义经济建设又好又快地发展，促进和谐社会的构建。

《公民道德建设实施纲要》明确指出，社会主义道德建设要坚持以为人民服务为核心，以集体主义为原则，以爱祖国、爱人民、爱劳动、爱科学、爱社会主义为基本要求，以社会公德、职业道德、家庭美德为着力点。在公民道德建设中，应当把这些主要内容具体化、规范化，使之成为全体公民普遍认同和自觉遵守的行为准则。

《公民道德建设实施纲要》要求，社会公德教育应大力倡导以文明礼貌、助人为乐、爱护公物、保护环境、遵纪守法为主要内容的社会公德，鼓励人们在社会上做一个好公民。

《公民道德建设实施纲要》要求，职业道德教育应大力倡导以爱岗敬业、诚实守信、办事公道、服务群众、奉献社会为主要内容的职业道德，鼓励人们在工作中做一个好建设者。

2. 交通行业的一些要求

《交通行政执法职业道德基本规范》。

为贯彻《中共中央关于加强社会主义精神文明建设若干重要问题的决议》，加强交通行业精神文明建设和交通职业道德建设，创建交通行政执法文明“窗口”，1997年11月交通部制定《交通行政执法职业道德基本规范》：

（1）甘当公仆

忠于祖国：指忠于社会主义祖国，树立爱国主义思想。

热爱人民：指必须关心人民群众，尊重人民群众，相信人民群众，维护人民群众的根本利益。

听党指挥：指要服从党的领导，贯彻执行党的路线、方针、政策，与党保持一致。

服务群众：指寓管理于服务之中，全心全意为人民服务，这是交通行政执法职业道德的核心。

（2）热爱交通

爱岗敬业：指交通行政执法人员立足本职，服务交通，热爱行政执法岗位，有强烈的事业心和责任感。

乐于奉献：指以本业为荣，以本职为乐，为交通经济建设大局服务，在交通行政执法岗位上发扬忘我工作的精神。

钻研业务：指对事业尽职尽责，勤恳忠诚，注重务实，钻研业务，不断提高行政执法工作能力和水平。

艰苦奋斗：指保持艰苦奋斗的光荣传统和创业精神，反对追求豪华、奢侈浪费的不良风气，发扬开拓进取、勇于斗争的革命精神。

（3）忠于职守

严肃执法：指认真维护交通行政管理秩序，严格执行交通法律、法规和规章，不失职、不失当，保持必要的执法力度，保证交通行业的有效管理。

不畏权势：指坚持依法管理，反对以权代法、以权压法，不趋炎附势，敢于顶住各种压力，依法行政，坚持法律面前人人平等。

违法必究：指自觉维护宪法和法律尊严，对违反交通行政管理秩序的违法行为敢于依法追究，严肃处理。

不枉不纵：指严格依法办事，力求执法正确、准确，不冤枉一个守法者，也不放过任何违法者。

(4) 依法行政

属守职责：指坚持职权法定原则，严格履行法定义务，不超越职权，不滥用职权，维护国家行政机关的尊严。

法为准绳：指坚持执法依据法定原则，对违反交通行政管理秩序的违法行为，必须以事实为根据，以法律为准绳，依法认定和处理，法律没有明文规定不得随意处理和处罚。

严守程序：指坚持执法程序法定原则，严格按照法律规定的方式、方法和步骤从事行政执法活动，防止行政程序违法。

裁量公正：指坚持交通行政执法的合法性与合理性统一原则，正确适用法律和正确使用行政自由裁量权，力求执法行为公正、准确、合理、适当。

(5) 团结协作

互助友爱。指执法人员要团结互助，建立正常的上下级关系，大力提倡集体主义和团队精神。

通力协作：指地区之间、部门之间、单位之间在行政执法中互相配合、协作，提倡互谅互让，互通信息。

顾全大局：指树立大局观念，局部服从全局，下级服从上级，在行政执法中不搞地方保护主义和部门保护主义。

联系群众：指执法人员要密切联系群众，建立良好的政民关系，积极开展法制宣传教育，争取广大群众的理解和支持。

(6) 风纪严整

遵章守纪：指严格遵守国家工作人员的政治纪律、组织纪律和各项工作纪律。

作风严谨：指行政执法过程中认真负责，一丝不苟，注重调查研究，讲究工作效率，办事不推诿，不拖延，不懈怠。

平等待人：指执法过程中态度和蔼，尊重当事人的人格，反对特权思想，杜绝以势压人。

举止文明：指着装整洁规范，仪表举止庄重，语言表达准确文明。

(7) 接受监督

办事公开：指树立民主政治意识，使行政执法活动公开化，做到执法依据公开，执法程序公开，权利义务公开，处理结果公开。

欢迎批评：指认真接受社会监督，虚心听取和诚恳接受来自社会组织、人民群众和社会舆论的批评、意见和建议。

服从检查：指严格执行国家行政法制监督制度，自觉服从和接受国家权力机关、司法机关、上级行政机关和党组织的监督检查。

有错必纠：指勇于改正行政执法中的缺点错误，认真纠正不当或违法行政行为，依法定程序纠正错案，及时采取补救性措施，保护当事人合法权益。

(8) 廉洁奉公

清正廉明：指严格执行党和国家有关廉政建设的有关规定，努力做到自重、自省、自警、自励，勤政廉洁，严格自律。

反腐拒贿：指发扬“拒腐蚀，永不沾”的精神，反对拜金主义、享乐主义，杜绝权钱交易，自觉拒腐防变。

不谋私利：指不利用职务上的权力和便利谋取个人私利，自觉做到不以权谋私、不假公济私、不损公肥私。

一心为公：指自觉树立社会主义道德风尚的同时，大力提倡公而忘私、大公无私的共产主义道德精神，这是交通行政执法职业道德的落脚点。

3. 交通运输行业核心价值体系建设实施纲要

为贯彻落实党的十七大和十七届三中、四中、五中全会精神，大力加强交通运输文化建设，进一步提高交通运输发展软实力，推动现代交通运输业发展，根据中央关于社会主义核心价值体系建设的有关要求和《全国交通运输行业精神文明建设规划（2011—2015年）》总体安排，制定《交通运输行业核心价值体系建设实施纲要》，纲要指出“行业核心价值观、行业使命、共同愿景、交通精神、职业道德构成了交通运输行业核心价值体系的基本内容，明确了交通运输行业的发展方向、时代责任、价值取向以及精神动力、职业操守等内容。”

职业道德：爱岗敬业、诚实守信、服务群众、奉献社会。职业道德是行业核心价值体系的基础，解决的是交通运输职工行为规范和职业操守的问题。交通运输行业职业道德是与交通运输管理与服务活动紧密联系的符合职业特点所要求的道德准则、道德情操与道德品质的总和，既是对交通运输职工在职业活动中行为的要求，同时又是职业对社会所负的道德责任与义务。爱岗敬业是职业道德的基础，交通运输工作直接面向社会，与群众利益息息相关，交通运输职工首先要热爱本职工作、履行岗位职责。诚实守信是职业道德的精髓，诚实守信要求交通运输职工做到诚实、诚恳，讲信义、守信用。服务群众是职业道德的基本要求，服务是交通运输工作的本质属性，做好服务是交通运输发展的突出主题。奉献社会是职业道德的最高境界，交通运输职工要将奉献社会作为职业道德建设的出发点和归宿，在奉献中实现自我价值。

4. 公路建设从业管理人员的一些行为规范

(1) “廉政合同”：针对施工领域的腐败行为，交通部在《公路工程国内招标文件范本》中，增加了业主与施工单位签订的“廉政合同”，以约束施工单位及项目经理的行为。规定：

不得以任何理由向甲方及其工作人员行贿或馈赠礼金、有价证券、贵重礼品。

不得以任何名义为甲方及其工作人员报销由甲方单位或个人支付的任何费用。

不得以任何理由安排甲方工作人员参加超标准宴请及娱乐活动。

乙方不得为甲方单位和个人购置或提供通信工具、交通工具和高档办公用品等。

(2) 交通运输部“关于2009年交通基础设施建设领域廉政工作的实施意见”指出：

1) 强化约束自律机制，规范领导干部从政行为。针对工程建设领域易发权钱交易的环节和特点，完善制定交通基础设施建设领域领导干部廉洁自律有关规定，进一步规范全系统领导干部从政行为，设置“高压线”。严禁领导干部违规干预和插手工程招标投标、工程分包、物资设备采购、工程资金拨付、设计变更等活动；不准接受与行使职权有关系的单位、个人的现金、有价证券和支付凭证。大力开展领导干部廉政教育，继续总结、推广廉政建设先进典型，打造“阳光工程”，在全行业形成廉荣贪耻的廉政文化氛围，提高党员干部拒腐防变能力。

2）推动信用体系建设，规范交通建设市场行为。以建设项目为载体，制定全国统一的《公路工程建设从业单位信用等级评价办法》，贯彻实施《公路水运工程监理信用评价办法》，建立全国从业单位信用信息发布平台，增强从业单位和个人诚信意识，建立部省信用信息联动机制，推进建立全国统一的交通建设市场信用体系。梳理完善交通建设市场管理、招标投标等方面的规章制度，规范招标投标活动，规范项目业主行为，规范工程分包管理，加强对评标专家、中介机构等的管理监督。推行合理标价、合理工期和合理标段划分，防止因低价抢标、压缩工期而导致腐败问题和质量安全隐患。

（3）交通运输部“关于印发建立公路建设市场信用体系的指导意见的通知”指出：坚持公开、公平、公正和诚实信用的原则，各级交通主管部门要按照依法执政和执政为民的要求，切实加强行政监管，提高工作透明度，发挥建设单位和行业协会的作用，接受社会监督，确保信用体系建设工作的公开、公平、公正。不得将信用作为地方保护和行业保护的工具，不得泄漏相关单位的商业秘密和个人隐私资料。各从业单位和人员要信守承诺，依法从业，并按照相关规定如实填报、更新相关信用信息，不得弄虚作假。

5. 国际上对建造师的要求

注册建造师作为一项执业资格制度，1834 年起源于英国，迄今已有近 170 年的历史。在项目管理的发源地美国，注册建造师制度也建立了 30 多年。目前，世界上许多国家均建立起这项制度。

在建造师制度经过百年的发展中，世界各国形成了比较完善的管理制度，比如美国建造师协会就有对建造师行为规范准则：

（1）建造师在执业中要充分关注公众利益；

（2）建造师不得参与任何为自己或他人获取利益的欺诈行为；

（3）建造师不得无意或恶意损坏或企图损坏他人的职业名誉；

（4）建造师在提供咨询服务时，必须保证提出的建议是公平的、无偏见的；

（5）建造师不得将执业中得到的机密信息泄露给任何人、任何公司或组织；

（6）建造师要履行与其职业相应的职责；

（7）建造师要不断充实与其职业相关的新理念、新发展。

6. 公路行业建造师的职业道德规范探索

改革开放以来，在我国建设领域已建立了注册建筑师、注册结构工程师、注册监理工程师、注册造价工程师、注册房地产估价工程师、注册规划师等执业资格制度。2002 年 12 月 5 日，人事部、建设部联合下发了《关于印发〈建造师执业资格制度暂行规定〉的通知》（人发［2002］111 号）。根据该规定，建造师是建设领域全面实行注册职业资格制度的重要组成部分，建造师以专业技术为依托、以工程项目管理为主业的执业注册人员，近期以施工管理为主。建造师是懂管理、懂技术、懂经济、懂法规，综合素质较高的复合型人员，既要有理论水平，也要有丰富的实践经验和较强的组织能力。建造师注册受聘后，可以建造师的名义担任建设工程项目施工的项目经理，从事其他施工活动的管理、从事法律、行政法规或国务院建设行政主管部门规定的其他业务。在当今我国大规模的基础设施建设时期，作为百年大计的建筑产品，事关人民群众的生命安全，事关子孙后代的福祉，建造师作为建设领域的主要管理者，对工程建设的质量起着决定性的作用，肩负着国家和人民的信任，因此加强建造师的职业道德教育意义重大。

目前，我国还没有国家、行业、协会发布的有关建造师的职业道德规范，根据国家对社会公德、职业道德的一些相关要求，公路工程建造师作为国家执业资格制度规定的一种职业，从业过程中应该遵守以下一些基本行为规则：

(1) 热爱祖国，热爱人民。热爱祖国，忠于宪法，维护国家统一和民族团结。严守国家秘密，同一切危害国家利益的言行作斗争。热爱人民，全心全意为人民服务。密切联系群众，关心群众疾苦，维护群众的合法权益。

(2) 遵纪守法，秉公办事。认真贯彻执行国家有关法规，依法从业，秉公办事，树立良好的信誉和职业形象。

(3) 注重公益，忠于职守。从业过程中，充分考虑社会、公共安全、环境的最佳利益，只接受符合职业背景、经验、技能和资格规定的任务，坚持科学精神，对自己的工作成果敢于承担责任。

(4) 用户至上，诚信服务。树立用户至上思想，事事处处为用户着想，积极采纳用户的合理要求和建议，热情为用户服务，建设用户满意工程，为用户排忧解难，维护企业的信誉。

(5) 讲求质量，重视安全。公共工程，事关人民生命财产，管理上应精心组织，严格把关，不得以任何理由降低对工程质量的要求。加强劳动保护措施，对业主财产和施工人员的生命安全高度负责，不违章指挥，及时发现并坚决制止违章作业，检查和消除各类事故隐患。

(6) 清正廉洁，不谋私利。从业过程中既不向那些与雇主或客户有业务往来的对方直接或间接赠送，也不直接或间接接受他们的任何超出普通价值的礼物、酬金或服务。不以权谋私，不吃宴请，不收礼金，不参加有妨碍公正的各种活动，不做有损所服务单位的事情。

(7) 团结协作，互相配合。树立全局观念和整体意识，部门之间、岗位之间做到分工不分家，搞好团结协作，遇事多商量、多通气，互相配合，互相支持，不推诿、不扯皮，不搞本位主义。

(8) 保守秘密，诚实守信。自觉维护所服务企业的利益，不得将执业中得到的机密信息泄露给任何人、任何公司或组织。做事言行一致，不阳奉阴违。

(9) 注重学习，崇尚效率。坚持学习业务知识，精通本职业务，掌握与职业相关的新理念、新发展，不断提高业务素质、工作能力。改进工作作风，讲求工作方法，提高工作效率，注意工作实效，对待工作质量要精益求精。统筹兼顾，综合平衡，加强协调，实现经济效益、社会效益和环境效益的相统一。

总之，这里提到的，一些是国家相关管理部门倡导的，一些是从业人员认可的，要形成行业建造师公认的职业道德、行为规范，还需要行业人士共同努力。

4.2 公路工程注册建造师执业相关制度

4.2.1 公路工程执业工程规模标准解读

1. 建造师执业工程规模

2007年7月4日，中华人民共和国建设部印发了《注册建造师执业工程规模标准》（试行）（建市［2007］171号文），公路工程注册建造师执业工程规模划分如表4.2-1。

公路工程注册建造师执业工程规模标准　　表4.2-1

序号	工程类别	单位	规模		
			大型	中型	小型
1	高速公路各工程类别	m	>0		
2	桥梁工程	m	单跨≥50	13≤单跨<50	单跨<13
			桥长≥1000	30≤桥长<1000	桥长<30
3	隧道工程	m	长度≥1000	0≤长度<1000	
4	单项合同额	万元	>3000	500～3000	<500

2. 建造师执业规模

一级注册建造师可担任大中小型工程项目负责人，二级注册建造师担任中小型工程项目负责人；不同工程类别所要求的注册建造师执业资格不同时，以较高资格执行。

3. 建造师执业工程规模标准解读

（1）工程类别

《注册建造师执业工程规模标准》（试行）将公路工程划分为高速公路各工程类别、桥梁工程、隧道工程、单项合同额四个类别。除高速公路各工程类别外，另三个的类别又进一步划分为大型、中型、小型。

高速公路各工程类别包括所有新建高速公路的路基工程、路面工程、桥梁工程、隧道工程、交通安全设施工程、交通机电系统工程以及高速公路大修改造工程。

桥梁工程包括一级公路及一级以下公路的桥梁工程、桥上桥下设施。

隧道工程包括一级公路及一级以下公路的隧道工程、隧道内设施。隧道工程只按长度划分，忽视了隧道跨度对于建造技术难度的影响，由于一级公路路面宽度已经达到高速公路双车道单幅宽度，意味着中型隧道也包括15m以上跨度的隧道，显然是不合理的，有待进一步修改完善《公路工程注册建造师执业工程规模标准》。

单项合同额除高速公路各工程类别外以的公路工程，不论公路等级，均以单项工程造价大小划分工程规模。它是指单项工程规模不大的混合性工程，一个工程项目可以包括路基、路面、桥梁、隧道、交通安全设施工程、交通机电系统工程中的一项或几项，工程可以是新建、改建、养护。

（2）工程规模

《注册建造师执业工程规模标准》（试行）将除高速公路各工程类别以外的公路工程规模划分为大型、中型、小型。高速公路各工程类别不论工程规模，均划分为大型工程。桥梁工程按照单座桥梁长度和单跨跨径大小分为大型、中型、小型，隧道工程按长度分为大型、中型。其他混合性工程则按照单项工程造价划分为大型、中型、小型。

《注册建造师执业工程规模标准》（试行）是不同级别的建造师的执业规模标准，与公路工程技术标准等级划分不同。比如桥涵，公路工程技术标准划分为特大桥、大桥、中桥、小桥、涵洞五类，中桥的划分标准为：20≤单跨＜40，30＜桥长＜100，意味着二级建造师能担当中桥技术难度，且单项合同额≤3000 万元经济规模的项目负责人。

《注册建造师执业工程规模标准》（试行）与建筑业企业资质等级标准不尽相适应，一级公路工程注册建造师可以担任各级公路工程总承包企业、各级公路工程专业承包企业资质所能承担的所有公路工程项目的项目经理。二级公路工程注册建造师则不可以担任二级公路工程施工总承包企业或二级公路工程专业承包企业资质所能承担的所有公路工程项目的项目经理。二级公路工程施工总承包企业可承担单项合同额不超过企业注册资本金 5 倍的一级标准及以下公路、单跨跨度＜100m 的桥梁、长度＜1000m 的隧道工程的施工；二级公路工程专业承包企业可承担单跨 100m 及以下桥梁工程的施工。显然，根据公路工程注册建造师执业工程规模标准，二级公路工程注册建造师不可以担任上述二级公路工程施工总承包企业或二级公路工程专业承包企业资质所能承担的所有的公路工程项目的项目经理。不符合“按照建设部颁布的《建筑业企业资质等级标准》，一级建造师可以担任特级、一级建筑业企业资质的建设工程项目施工的项目经理；二级建造师可以担任二级及以下建筑业企业资质的建设工程项目施工的项目经理”的规定（《建造师执业资格制度暂行规定》第二十九条）。再修订时要使建造师执业工程规模标准要与建筑业企业资质等级标准相适应。

4.2.2　公路工程注册建造师签章文件解读

1. 建造师签章文件组成

中华人民共和国建设部于 2008 年 2 月 21 日印发关于《注册建造师施工管理签章文件目录》（试行）（建市［2008］42 号），公路工程注册建造师施工管理签章文件目录如表 4.2-2。

公路工程注册建造师施工管理签章文件由施工组织管理、合同管理、进度管理、质量管理、安全管理、现场环保文明施工管理、成本费用管理 7 类 68 种文件组成。其中，施工组织管理 30 种、合同管理 6 种、进度管理 17 种、质量管理 9 种、安全管理 3 种、现场环保文明施工管理 1 种、成本费用管理 2 种。

公路工程注册建造师施工管理签章文件目录　　**表 4.2-2**

序号	项目名称	文件类别	文件名称	编码
1	公路工程	施工组织管理	施工组织设计审批单	CB101
			工程施工进度计划报批单	CB102
			总体工程开工申请单	CB103
			动员预付款支付申请表	CB104
			专项施工技术方案报审表	CB105
			建筑材料报审表	CB106
			进场设备报验表	CB107
			工程分包申请审批单	CB108
			分包意向申请	CB109
			单位工程开工报告	CB110

续表

序号	项目名称	文件类别	文件名称	编码
1	公路工程	施工组织管理	首件工程开工报告	CB111
			首件工程总结报告	CB112
			变更费用申请单	CB113
			材料价格调整申请表	CB114
			月计量报审表	CB115
			月支付报审表	CB116
			总体计量支付报审表	CB117
			索赔申请表	CB118
			复工申请	CB119
			设计变更报审表	CB120
			付款申请	CB121
			延长工期申请表	CB122
			业主、监理、社会往来文件	CB123
			工程交工验收申请表	CB124
			交通机电设施工程验收报告	CB125
			交工工程报告	CB126
			交工工程数量表	CB127
			未完工程一览表	CB128
			工程缺陷一览表	CB129
			工程交工验收证书	CB130
		施工进度管理	总体施工工程进度计划表	CB201
			阶段施工工程进度计划表	CB202
			月施工工程进度计划表	CB203
			工程进度统计表	CB204
			工程形象进度统计表	CB205
			月工程进度报告	CB206
		合同管理	合同协议书	CB301
			廉政合同	CB302
			安全生产合同	CB303
			材料采购合同	CB304
			机械设备租赁合同	CB305
			工程变更合同	CB306
			工程延期合同	CB307
			工程费用索赔及价款调整合同	CB308
			争端与仲裁合同	CB309
			分包、转让或指定分包合同	CB310

续表

序号	项目名称	文件类别	文 件 名 称	编码
1	公路工程	合同管理	保险合同	CB311
			清单核算	CB312
			变更单价测算表	CB313
			月变更支付月报	CB314
			月增补清单支付月报	CB315
			工程变更令	CB316
			工程变更一览表	CB317
		质量管理	分项工程质量检验评定汇总表	CB401
			分部工程质量检验评定表	CB402
			单位工程质量检验评定表	CB403
			设计交底记录	CB404
			工程质量事故报告单	CB405
			变更设计申请单	CB406
			工程竣工总结	CB407
			竣工资料编制	CB408
			竣工资料移交表	CB409
		安全管理	项目安全生产管理制度	CB501
			安全施工报批单	CB502
			企业职工伤亡事故月（年）报表	CB503
		现场环保文明施工管理	现场文明施工报批单	CB601
		成本费用管理	项目财务报表	CB701
			用款计划单	CB702

注：1. 公路工程根据项目不同类型以及大小，对项目的管理程序会略有差异，所需签章的表格由监理工程师视项目管理需要取舍。

2. 对于表中未涵盖的内容，应按相关行政主管部门要求、业主及监理工程师对项目管理的规定，补充表格，并签章生效。

2. 建造师签章文件解读

为更好地理解和解读建造师签章文件，我们先了解建造师执业资格制度和项目法施工的项目经理责任制。

“为了加强建设工程项目管理，提高工程项目总承包及施工管理专业技术人员素质，规范施工管理行为，保证工程质量和施工安全”，“国家对建设工程项目总承包和施工管理关键岗位的专业技术人员实行执业资格制度”，“建设工程项目施工管理关键岗位的确定和具体执业要求由建设部另行规定”。“注册建造师，是指通过考核认定或考试合格取得中华人民共和国建造师资格证书”，并按照规定注册，“取得中华人民共和国建造师注册证书和执业印章，担任施工单位项目负责人及从事相关活动的专业技术人员”。建造师“受聘于一个建设工程勘察、设计、施工、监理、招标代理、造价咨询等单位”，其执业范围：

"（一）担任建设工程项目施工的项目经理；（二）从事其他施工活动的管理工作；（三）法律、行政法规或国务院建设行政主管部门规定的其他业务"。"未取得注册证书和执业印章的，不得担任大中型建设工程项目的施工单位项目负责人"。"建设工程施工活动中形成的有关工程施工管理文件，应当由注册建造师签字并加盖执业印章。施工单位签署质量合格的文件上，必须有注册建造师的签字盖章"。

建造师执业资格制度建立以后，我国仍然实施项目法施工和项目经理责任制。项目经理岗位是企业设定的，项目经理是企业法人代表授权的工程项目施工管理者。选聘哪位建造师担任项目经理，是由企业决定，是企业行为，但项目经理必须取得注册建造师执业资格，这是国家的强制性要求。一个项目只能有一位项目经理，且项目经理必须是受聘的、具有注册证书和执业印章的注册建造师。从国家层面"加强建设工程项目管理，提高工程项目总承包及施工管理专业技术人员素质，规范施工管理行为，保证工程质量和施工安全"."取消建筑业企业项目经理资质核准，由注册建造师代替"（国发［2003］5号）仅仅是将建筑业企业项目经理资格的行政审批管理制度改为建造师执业资格制度。

一个项目允许有若干名建造师或建造师群体，"国家对建设工程项目总承包和施工管理关键岗位的专业技术人员实行"建造师"执业资格制度"，建造师"建设工程项目施工管理关键岗位的确定和具体执业要求由建设部另行规定"。

公路工程注册建造师施工管理签章文件，是根据目前我国公路工程施工管理承包人与业主、监理、社会往来文件整理汇编而成。公路工程的项目类型、工程规模以及所在地区的差异，对项目的管理程序会有所差异，签章的表格可由监理工程师视项目管理需要进行取舍。对《公路工程注册建造师施工管理签章文件目录》表中未涵盖的内容，要按交通行政主管部门的要求，以及业主及监理工程师对项目管理的规定，补充签章文件表格。

在工程管理关键环节上，设计的一些建造师签章表格，这些表格必须由受聘的、具有注册证书和执业印章的注册建造师签署，旨在建造师执业资格制度下，落实工程质量和施工安全的责任。项目经理是注册建造师，可以以建造师的名以签署"公路工程注册建造师施工管理签章文件"。建造师"建设工程项目施工管理关键岗位的确定和具体执业要求由建设部另行规定"，其他施工管理关键岗位上的注册建造师对"公路工程注册建造师施工管理签章文件"的签署权，目前国家具体规定未出台，可根据业主合同、监理规则和承包人的授权确定。

4.2.3 建造师执业管理规定解读

建设部于2008年2月26日印发了《注册建造师执业管理办法》（试行）（建市［2008］48号），自颁布之日起施行。

《注册建造师执业管理办法》（试行）（建市［2008］48号）是依据《中华人民共和国建筑法》、《建设工程质量管理条例》、《建设工程安全生产管理条例》、《注册建造师管理规定》及相关法律、法规制定，旨在规范注册建造师的执业行为，加强对注册建造师的监督管理。对注册建造师注册、执业、法律责任、继续教育作出了明确规定。《注册建造师执业管理办法》（试行）的主要条款如下：

1. 注册建造师的执业

第四条 注册建造师应当在其注册证书所注明的专业范围内从事建设工程施工管理活动，具体执业按照本办法附件《注册建造师执业工程范围》执行。未列入或新增工程范围由国务院建设主管部门会同国务院有关部门另行规定。

第五条 大中型工程施工项目负责人必须由本专业注册建造师担任。一级注册建造师可担任大、中、小型工程施工项目负责人，二级注册建造师可以承担中、小型工程施工项目负责人。

各专业大、中、小型工程分类标准按《关于印发〈注册建造师执业工程规模标准〉（试行）的通知》（建市［2007］171号）执行。

第六条 一级注册建造师可在全国范围内以一级注册建造师名义执业。

通过二级建造师资格考核认定，或参加全国统考取得二级建造师资格证书并经注册人员，可在全国范围内以二级注册建造师名义执业。

工程所在地各级建设主管部门和有关部门不得增设或者变相设置跨地区承揽工程项目执业准入条件。

2. 注册建造师的责任

第七条 担任施工项目负责人的注册建造师应当按照国家法律法规、工程建设强制性标准组织施工，保证工程施工符合国家有关质量、安全、环保、节能等有关规定。

第八条 担任施工项目负责人的注册建造师，应当按照国家劳动用工有关规定，规范项目劳动用工管理，切实保障劳务人员合法权益。

3. 第二项目的执业规定

第九条 注册建造师不得同时担任两个及以上建设工程施工项目负责人。发生下列情形之一的除外：

（一）同一工程相邻分段发包或分期施工的；

（二）合同约定的工程验收合格的；

（三）因非承包方原因致使工程项目停工超过120天（含），经建设单位同意的。

第十条 注册建造师担任施工项目负责人期间原则上不得更换。如发生下列情形之一的，应当办理书面交接手续后更换施工项目负责人：

（一）发包方与注册建造师受聘企业已解除承包合同的；

（二）发包方同意更换项目负责人的；

（三）因不可抗力等特殊情况必须更换项目负责人的。

建设工程合同履行期间变更项目负责人的，企业应当于项目负责人变更5个工作日内报建设行政主管部门和有关部门及时进行网上变更。

第十一条 注册建造师担任施工项目负责人，在其承建的建设工程项目竣工验收或移交项目手续办结前，除第十条规定的情形外，不得变更注册至另一企业。

4. 注册建造师的签章

第十二条 担任建设工程施工项目负责人的注册建造师应当按《注册建造师施工管理签章文件目录》和配套表格要求，在建设工程施工管理相关文件上签字并加盖执业印章，签章文件作为工程竣工备案的依据。

省级人民政府建设行政主管部门可根据本地实际情况，制定担任施工项目负责人的注册建造师签章文件补充目录。

第十三条 担任建设工程施工项目负责人的注册建造师对其签署的工程管理文件承担相应责任。注册建造师签章完整的工程施工管理文件方为有效。

注册建造师有权拒绝在不合格或者有弄虚作假内容的建设工程施工管理文件上签字并加盖执业印章。

第十四条　担任建设工程施工项目负责人的注册建造师在执业过程中，应当及时、独立完成建设工程施工管理文件签章，无正当理由不得拒绝在文件上签字并加盖执业印章。

担任工程项目技术、质量、安全等岗位的注册建造师，是否在有关文件上签章，由企业根据实际情况自行规定。

第十五条　建设工程合同包含多个专业工程的，担任施工项目负责人的注册建造师，负责该工程施工管理文件签章。

专业工程独立发包时，注册建造师执业范围涵盖该专业工程的，可担任该专业工程施工项目负责人。

分包工程施工管理文件应当由分包企业注册建造师签章。分包企业签署质量合格的文件上，必须由担任总包项目负责人的注册建造师签章。

第十六条　因续期注册、企业名称变更或印章污损遗失不能及时盖章的，经注册建造师聘用企业出具书面证明后，可先在规定文件上签字后补盖执业印章，完成签章手续。

第十七条　修改注册建造师签字并加盖执业印章的工程施工管理文件，应当征得所在企业同意后，由注册建造师本人进行修改；注册建造师本人不能进行修改的，应当由企业指定同等资格条件的注册建造师修改，并由其签字并加盖执业印章。

5. 注册建造师的注册变更

第十八条　注册建造师应当通过企业按规定及时申请办理变更注册、续期注册等相关手续。多专业注册的注册建造师，其中一个专业注册期满仍需以该专业继续执业和以其他专业执业的，应当及时办理续期注册。

注册建造师变更聘用企业的，应当在与新聘用企业签订聘用合同后的1个月内，通过新聘用企业申请办理变更手续。

因变更注册申报不及时影响注册建造师执业、导致工程项目出现损失的，由注册建造师所在聘用企业承担责任，并作为不良行为记入企业信用档案。

第十九条　聘用企业与注册建造师解除劳动关系的，应当及时申请办理注销注册或变更注册。聘用企业与注册建造师解除劳动合同关系后无故不办理注销注册或变更注册的，注册建造师可向省级建设主管部门申请注销注册证书和执业印章。

注册建造师要求注销注册或变更注册的，应当提供与原聘用企业解除劳动关系的有效证明材料。建设主管部门经向原聘用企业核实，聘用企业在7日内没有提供书面反对意见和相关证明材料的，应予办理注销注册或变更注册。

6. 注册建造师的监督管理

第二十条　监督管理部门履行监督检查职责时，有权采取下列措施：

（一）要求被检查人员出示注册证书和执业印章；

（二）要求被检查人员所在聘用企业提供有关人员签署的文件及相关业务文档；

（三）就有关问题询问签署文件的人员；

（四）纠正违反有关法律、法规、本规定及工程标准规范的行为；

（五）提出依法处理的意见和建议。

第二十一条　监督管理部门在对注册建造师执业活动进行监督检查时，不得妨碍被检查单位的正常生产经营活动，不得索取或者收受财物，谋取任何利益。

有关单位和个人对依法进行的监督检查应当协助与配合，不得拒绝或者阻挠。

注册建造师注册证书和执业印章由本人保管，任何单位（发证机关除外）和个人不得扣押注册建造师注册证书或执业印章。

7. 注册建造师的禁止行为

第二十二条 注册建造师不得有下列行为：

（一）不按设计图纸施工；

（二）使用不合格建筑材料；

（三）使用不合格设备、建筑构配件；

（四）违反工程质量、安全、环保和用工方面的规定；

（五）在执业过程中，索贿、行贿、受贿或者谋取合同约定费用外的其他不法利益；

（六）签署弄虚作假或在不合格文件上签章的；

（七）以他人名义或允许他人以自己的名义从事执业活动；

（八）同时在两个或者两个以上企业受聘并执业；

（九）超出执业范围和聘用企业业务范围从事执业活动；

（十）未变更注册单位，而在另一家企业从事执业活动；

（十一）所负责工程未办理竣工验收或移交手续前，变更注册到另一企业；

（十二）伪造、涂改、倒卖、出租、出借或以其他形式非法转让资格证书、注册证书和执业印章；

（十三）不履行注册建造师义务和法律、法规、规章禁止的其他行为。

8. 建造师的违法处理

第二十五条 注册建造师违法从事相关活动的，违法行为发生地县级以上地方人民政府建设主管部门或有关部门应当依法查处，并将违法事实、处理结果告知注册机关；依法应当撤销注册的，应当将违法事实、处理建议及有关材料报注册机关，注册机关或有关部门应当在7个工作日内作出处理，并告知行为发生地人民政府建设行政主管部门或有关部门。

注册建造师异地执业的，工程所在地省级人民政府建设主管部门应当将处理建议转交注册建造师注册所在地省级人民政府建设主管部门，注册所在地省级人民政府建设主管部门应当在14个工作日内作出处理，并告知工程所在地省级人民政府建设行政主管部门。

对注册建造师违法行为的处理结果通过中国建造师网（www.coc.gov.cn）向社会公告。不良行为处罚、信息登录、使用、保管、时效和撤销权限等另行规定。

9. 建造师的不良记录

第二十七条 注册建造师有下列行为之一，经有关监督部门确认后由工程所在地建设主管部门或有关部门记入注册建造师执业信用档案：

（一）第二十二条所列行为；

（二）未履行注册建造师职责造成质量、安全、环境事故的；

（三）泄露商业秘密的；

（四）无正当理由拒绝或未及时签字盖章的；

（五）未按要求提供注册建造师信用档案信息的；

（六）未履行注册建造师职责造成不良社会影响的；
（七）未履行注册建造师职责导致项目未能及时交付使用的；
（八）不配合办理交接手续的；
（九）不积极配合有关部门监督检查的。

5 公路工程的法规、标准和规范

最近五年，我国公路建设规模得到了空前的发展。面对新的建设形势，四新技术的广泛运用，在交通行政主管部门的领导下，经过广大交通建设工作者的努力，交通运输部陆续出台了相关公路工程建设管理的法规，及时修订了部分公路工程标准和规范，满足了公路工程建设的需要。

5.1 《公路安全保护条例》要点解读

为了加强公路保护，保障公路完好、安全和畅通，根据《中华人民共和国公路法》，2011年3月7日国务院制定颁布了本条例。与注册建造师密切相关的内容主要有：

第十五条 新建、改建公路与既有城市道路、铁路、通信等线路交叉或者新建、改建城市道路、铁路、通信等线路与既有公路交叉的，建设费用由新建、改建单位承担；城市道路、铁路、通信等线路的管理部门、单位或者公路管理机构要求提高既有建设标准而增加的费用，由提出要求的部门或者单位承担。

需要改变既有公路与城市道路、铁路、通信等线路交叉方式的，按照公平合理的原则分担建设费用。

第二十七条 进行下列涉路施工活动，建设单位应当向公路管理机构提出申请：

（一）因修建铁路、机场、供电、水利、通信等建设工程需要占用、挖掘公路、公路用地或者使公路改线；

（二）跨越、穿越公路修建桥梁、渡槽或者架设、埋设管道、电缆等设施；

（三）在公路用地范围内架设、埋设管道、电缆等设施；

（四）利用公路桥梁、公路隧道、涵洞铺设电缆等设施；

（五）利用跨越公路的设施悬挂非公路标志；

（六）在公路上增设或者改造平面交叉道口；

（七）在公路建筑控制区内埋设管道、电缆等设施。

第二十八条 申请进行涉路施工活动的建设单位应当向公路管理机构提交下列材料：

（一）符合有关技术标准、规范要求的设计和施工方案；

（二）保障公路、公路附属设施质量和安全的技术评价报告；

（三）处置施工险情和意外事故的应急方案。

公路管理机构应当自受理申请之日起20日内做出许可或者不予许可的决定；影响交通安全的，应当征得公安机关交通管理部门的同意；涉及经营性公路的，应当征求公路经营企业的意见；不予许可的，公路管理机构应当书面通知申请人并说明理由。

第二十九条 建设单位应当按照许可的设计和施工方案进行施工作业，并落实保障公路、公路附属设施质量和安全的防护措施。

涉路施工完毕，公路管理机构应当对公路、公路附属设施是否达到规定的技术标准以及施工是否符合保障公路、公路附属设施质量和安全的要求进行验收；影响交通安全的，还应当经公安机关交通管理部门验收。

涉路工程设施的所有人、管理人应当加强维护和管理，确保工程设施不影响公路的完好、安全和畅通。

5.2 《公路水运工程质量安全督查办法》要点解读

为进一步加强公路水运工程质量安全督查力度，规范质量安全督查工作，促进质量与安全管理水平的提升，交通运输部于2008年4月印发了《公路水运工程质量安全督查办法》。

5.2.1 总则

（1）制定依据。为规范公路水运工程质量与安全监督抽查工作，提高督查的科学性，促进质量与安全管理水平的提升，根据《建设工程质量管理条例》、《建设工程安全生产管理条例》、《公路工程质量监督规定》、《水运工程质量监督规定》、《公路水运工程安全生产监督管理办法》，制定本办法。

（2）适用范围。适用于交通运输部组织的公路水运工程质量与安全督查活动。

（3）目的。了解质量与安全监管情况，掌握质量与安全动态，促进工程质量与安全综合水平的提高。

（4）原则。督查工作应坚持严肃、科学、客观、公正的原则。督查组成员应自觉遵守各项廉政规定。

（5）督查依据：

国家和行业有关公路水运工程质量与安全生产法律法规、部门规章和规范性文件；有关技术标准及强制性条文；项目设计文件及有关合同文件。

（6）问责制。质量与安全督查实行督查组负责制，督查组由部质监总站组织有关人员组成。督查组成员对督查记录及结论署名并负责，督查组负责人对督查的综合结论署名并负责。

5.2.2 督查方式和内容

（1）质量与安全督查分为综合督查和专项督查，可采取听取汇报、查阅资料、查看现场、询问核查、随机抽检等方式进行。

（2）综合督查是对公路水运工程质量与安全监管情况及在建项目质量与安全状况的抽查。质量与安全监管情况抽查，主要是抽查省级交通运输主管部门对有关工程质量和建设安全法规的贯彻落实情况，对违法违规行为的查处情况，对质量与安全问题举报的调查处理情况。在建项目质量状况抽查包括管理行为、施工工艺、工程实体质量的情况。

（3）专项督查是对公路水运工程的关键环节、重要部位的质量、安全状况采取的有针对性的抽查，具体工作方式和程序可根据工作需要确定。

5.2.3 综合督查的要求

（1）根据公路水运工程建设总体情况，制订年度综合督查计划。综合督查每年应抽查不少于全国1/3的省份。

公路工程具体督查项目由督查组赴现场前随机确定，一般选1至2个国家高速公路网或交通运输部确定的其他重点公路在建项目，每个项目抽查合同段数量不少于3个，且不少于项目总里程的30%。

水运工程具体督查项目根据建设规模、投资主体和水运工程类别确定。

(2) 综合督查应按下列程序进行：

(一) 省级交通运输主管部门汇报本地区工程质量与安全监管工作情况；

(二) 质监机构汇报督查项目的质量监督情况，安全监管部门汇报督查项目的安全监管情况；

(三) 项目法人（建设单位）汇报项目质量和安全生产的管理情况；

(四) 确定抽查合同段；

(五) 分组查阅资料、查看工地现场、抽检工程实体质量；

(六) 督查组评议，并对项目进行质量、安全评价；

(七) 督查组反馈意见。

(3) 项目确定后，项目法人（建设单位）应向督查组提交下列资料：

(一) 项目基本情况；

(二) 项目平面图（标注主体工程施工与监理合同段划分里程桩号及主要结构物、施工与监理驻地、拌合场、试验室位置）；

(三) 交通运输主管部门组织的监督抽查中，发现的主要质量、安全问题及整改落实情况。

5.2.4 综合督查结果处理

(1) 督查组应对督查发现的问题，及时反馈意见，提出整改要求和建议。发现影响主要结构安全的隐患或隐蔽工程重大质量缺陷时，应责令相关单位立即停止该工序或作业区的施工，由省级交通运输主管部门督促项目法人（建设单位）组织整改，整改合格后方可复工。督查组发现实体质量抽检指标不合格时，应责成项目法人（建设单位）对相应工程部位进行检测，对确定不合格工程，项目法人（建设单位）负责组织论证，实施修复或报废，省级交通运输主管部门负责监督。

(2) 部质量与安全督查意见书于督查组完成督查工作后15个工作日内发出，省级交通运输主管部门负责组织相关单位按督查意见书提出的要求，整改落实。

(3) 当被抽查施工单位质量管理行为有3项（含3项）以上评分不足6分时，省级交通运输主管部门应将该单位列为年度重点督查对象，对相应的施工工艺和工程实体质量进行深入督查。当被抽查合同段施工工艺评分不足6分时，由项目法人（建设单位）对相应的工程实体质量进行深入检查。当被抽查合同段工程实体质量关键指标有2项（含2项）以上抽查合格率低于90%时，省级交通运输主管部门应对相应的质量管理行为和施工工艺进行深入督查。

(4) 当督查项目所有被抽查合同段累计1/3的施工和监理单位质量管理行为评分不足6分时，质监机构应在该项目验收时的工程质量监督工作报告中予以记录。

(5) 在项目建设期内，同一被抽查单位质量管理行为两次督查评分不足6分的，质监机构应在该项目验收时参建单位工作综合评价中予以反映。

(6) 对质量管理行为和施工工艺评分不足6分的被抽查单位，部里将予以通报。对质量管理行为存在违规、工程质量存在严重缺陷或重大隐患的责任单位，省级交通运输主管部门应将其违规行为在建设市场信用信息管理系统中予以记录。

(7) 当被抽查合同段安全生产现场督查评价2项（含2项）以上评分为0分时，责令该合同段停工，由项目法人（建设单位）负责监督整改，并对相应的管理行为进行深入督查，合格后方可复工。当督查项目中3个（含3个）以上合同段被责令停工，该项目暂时停工，由省级交通运输主管部门负责监督复查，整改合格后方可复工，并予以通报。被抽查施工单位的安全生产管理行为评价4项（含4项）以上为0分，被抽查监理单位或项目法人（建设单位）其管理行为评价2项（含2项）以上为0分时，省级交通运输主管部门应将该单位列为年度重点督查对象，并将其违规行为在建设市场信用信息管理系统中予以记录。

（8）质量与安全督查资料应由专人整理、归档，可授权有关单位查阅。督查资料包括督查计划、督查记录、督查意见、检测数据和必要的声像资料等。

5.3 《公路水运工程安全生产监督管理办法》要点解读

5.3.1 《公路水运工程安全生产监督管理办法》实施时间

2007年2月14日，交通部以2007年第1号部令的形式，颁布了经2007年1月25日第二次部务会议通过的《公路水运工程安全生产监督管理办法》（以下简称《办法》），自2007年3月1日起正式施行。

5.3.2 《办法》出台的相关背景

随着我国经济社会的发展，“以人为本、安全为天”、构建和谐社会已成为全社会的共识。在这种情况下，交通行业需要进一步制定切实可行的管理办法，完善安全生产法规和技术标准体系。有效抓好安全生产工作、构建和谐交通，为实现交通又好又快发展打下基础。为适应公路水运安全生产管理工作在新形势的需要，交通部近期加快了安全方面的规章制度建设。

2002年11月1日颁发的《中华人民共和国安全生产法》和2004年2月1日颁发的《建设工程安全管理条例》明确了国务院铁路、交通、水利等有关部门要负责监督管理各自专业建设工程安全生产工作，其中有不少条款明确提出了由专业部门规定和细化的内容。《办法》就是根据这两部法规以及《安全生产许可证条例》制定的，是对建设工程安全法规和技术标准体系的具体完善。

5.3.3 《办法》的突出特点

《办法》所规定的内容，是个成套的系统，都非常重要。其中突出的特点很多，比如以下几个方面：

（1）落实了安全生产专项费用。《办法》明确了交通建设项目的安全投入“一般不得低于投标价的1%，且不得作为竞争性报价”；“安全生产费用，应当用于施工安全防护用具及设施的采购和更新、安全施工措施的落实、安全生产条件的改善，不得挪作他用”。

（2）明确了施工现场安全生产专职人员配备要求。《办法》要求“施工现场应当按照每5000万元施工合同额配备一名的比例配备专职安全管理人员，不足5000万元的至少配备一名”。

（3）对交通行业施工现场的特种设备及特种作业人员的范围及管理进行了规定。《办法》规定施工单位的垂直运输机械作业人员、施工船舶作业人员、电工、焊工等国家规定的特种作业人员，必须按照国家规定经过专门的安全作业培训，并取得特种作业操作资格证书后，方可上岗作业。施工单位在工程中使用施工起重机械和整体提升式脚手架、滑模、爬模、架桥机等自行式架设设施前，应当组织有关单位进行验收，或者委托具有相应资质的检验检测机构进行验收，使用承租的机械设备和施工机具及配件的，由承租单位、出租单位和安装单位共同进行验收，验收合格的方可使用。

（4）对施工企业“三类人员”考核管理做了规定。《办法》要求施工单位应当取得安全生产许可证，施工单位的主要负责人、项目负责人、专项安全生产管理人员必须取得考核合格证书，方可参加公路水运工程投标及施工。

（5）对各从业单位的安全职责都做了明确规定。同时，还对交通行业危险性较大工程范围进行了规定，特别强调在滑坡和高边坡处理、爆破等危险性较大的工程应当编制专项施工方法，并附安全验算结果，经施工单位技术负责人、监理工程师审查同意签字后实施，由专项安全生产管理人员进行现场监督。

另外，《办法》还对施工现场的施工区、办公区、生活区的设置以及现场施工人员的意外伤害保险等“细节”进行了规定。这些规定都具有非常强的可操作性。

5.3.4 《公路水运工程安全生产监督管理办法》的相关条款

第七条 从业单位从事公路水运工程建设活动，应当具备法律、行政法规规定的安全生产条件。任何单位和个人不得降低安全生产条件。

第八条 施工单位应当取得安全生产许可证，施工单位的主要负责人、项目负责人、专项安全生产管理人员（以下简称安全生产三类管理人员）必须取得考核合格证书，方可参加公路水运工程投标及施工。

施工单位主要负责人，是指对本企业日常生产经营活动和安全生产工作全面负责、有生产经营决策权的人员，包括企业法定代表人、企业安全生产工作的负责人等。

项目负责人，是指由企业法定代表人授权，负责公路水运工程项目施工管理的负责人。包括项目经理、项目副经理和项目总工。

专职安全生产管理人员，是指在企业专职从事安全生产管理工作的人员，包括企业安全生产管理机构的负责人及其工作人员和施工现场专职安全员。

第九条 交通部负责组织公路水运工程一级及以上资质施工单位安全生产三类人员的考核发证工作。

省级交通主管部门负责组织公路水运工程二级及以下资质施工单位安全生产三类人员的考核发证工作。

第十条 施工单位安全生产三类人员考核分为安全生产知识考试和安全管理能力考核两部分。考核合格的，由交通部或省级交通主管部门颁发《安全生产考核合格证书》。

第十一条 施工单位的垂直运输机械作业人员、施工船舶作业人员、爆破作业人员、安装拆卸工、起重信号工、电工、焊工等国家规定的特种作业人员，必须按照国家规定经过专门的安全作业培训，并取得特种作业操作资格证书后，方可上岗作业。

第十二条 施工单位在工程中使用施工起重机械和整体提升式脚手架、滑模、爬模、架桥机等自行式架设设施前，应当组织有关单位进行验收，或者委托具有相应资质的检验检测机构进行验收，使用承租的机械设备和施工机具及配件的，由承租单位、出租单位和安装单位共同进行验收，验收合格的方可使用。验收合格后 30 日内，应向当地交通主管部门登记。

第十三条 从业单位应当对从业人员进行安全生产教育和培训，保证从业人员具备必要的安全生产知识，熟悉有关的安全生产规章制度和安全操作规程，掌握本岗位的安全操作技能。未经安全生产教育和培训合格的从业人员，不得上岗作业。

第十四条 建设单位在编制工程招标文件时，应当确定公路水运工程项目安全作业环境及安全施工措施所需的安全生产费用。

安全生产费用由建设单位根据监理工程师对工程安全生产情况的签字确认进行支付。

第二十条 施工单位应当对施工安全生产承担责任。

施工单位主要负责人依法对本单位的安全生产工作全面负责。施工单位应当建立健全安全生产责任制度和安全生产教育培训制度及安全生产技术交底制度，制定安全生产规章制度和操作规程，保证本单位安全生产条件所需资金的投入，对所承担的公路水运工程进行定期和专项安全检查，并做好安全检查记录。

施工单位的项目负责人依法对项目的安全施工负责，落实安全生产各项制度，确保安全生产费用的有效使用，并根据工程特点组织制定安全施工措施，消除安全事故隐患，及时、如实报告生产安全事故。

本条所称安全生产技术交底制度，是指公路水运工程每项工程实施前，施工单位负责项目管理的技术人员对有关安全施工的技术要求向施工作业班组、作业人员详细说明，并由双方签字确认的制度。

第二十一条 施工单位应当设立安全生产管理机构，配备专职安全生产管理人员。施工现场应当按照每5000万元施工合同额配备一名的比例配备专职安全生产管理人员，不足5000万元的至少配备一名。

专职安全生产管理人员负责对安全生产进行现场监督检查，并做好检查记录，发现生产安全事故隐患，应当及时向项目负责人和安全生产管理机构报告；对违章指挥、违章操作和违反劳动纪律的，应当立即制止。

第二十二条 施工单位在工程报价中应当包含安全生产费用，一般不得低于投标价的1%，且不得作为竞争性报价。

安全生产费用，应当用于施工安全防护用具及设施的采购和更新、安全施工措施的落实、安全生产条件的改善，不得挪作他用。

第二十三条 施工单位应当在施工组织设计中编制安全技术措施和施工现场临时用电方案，对下列危险性较大的工程应当编制专项施工方案，并附安全验算结果，经施工单位技术负责人、监理工程师审查同意签字后实施，由专职安全生产管理人员进行现场监督：

（一）不良地质条件下有潜在危险性的土方、石方开挖；

（二）滑坡和高边坡处理；

（三）桩基础、挡墙基础、深水基础及围堰工程；

（四）桥梁工程中的梁、拱、柱等构件施工等；

（五）隧道工程中的不良地质隧道、高瓦斯隧道、水底海底隧道等；

（六）水上工程中的打桩船作业、施工船作业、外海孤岛作业、边通航边施工作业等；

（七）水下工程中的水下焊接、混凝土浇注、爆破工程等；

（八）爆破工程；

（九）大型临时工程中的大型支架、模板、便桥的架设与拆除；桥梁、码头的加固与拆除；

（十）其他危险性较大的工程。

必要时，施工单位对前款所列工程的专项施工方案，还应当组织专家进行论证、审查。

第二十四条 施工单位应当在施工现场出入口或者沿线各交叉口、施工起重机械、拌合场、临时用电设施、爆破物及有害危险气体和液体存放处以及孔洞口、隧道口、基坑边沿、脚手架、码头边沿、桥梁边沿等危险部位，设置明显的安全警示标志或者必要的安全防护设施。

施工单位应当根据不同施工阶段和周围环境及季节、气候的变化，在施工现场采取相应的安全施工措施。施工现场暂时停止施工的，施工单位应当做好现场防护。因施工单位安全生产隐患原因造成工程停工的，所需费用由施工单位承担，其他原因按照合同约定执行。

第二十五条 施工单位应当将施工现场的办公、生活区与作业区分开设置，并保持安全距离；办公、生活区的选址应当符合安全性要求。职工的膳食、饮水、休息场所、医疗救助设施等应当符合卫生标准。

施工现场临时搭建的建筑物应当符合安全使用要求。施工现场使用的装配式活动房屋应当具有生产（制造）许可证、产品合格证。

第二十六条 施工单位应当在施工现场建立消防安全责任制度，确定消防安全责任人，制定用火、用电、使用易燃易爆材料等各项消防管理制度和操作规程，设置消防通道，配备相应的消防设施和灭火器材。

第二十七条 施工单位应当向作业人员提供必需的安全防护用具和安全防护服装，书面告知危险岗位的操作规程并确保其熟悉和掌握有关内容和违章操作的危害。

作业人员有权对施工现场的作业条件、作业程序和作业方式中存在的安全问题提出批评、检举和控告，有权拒绝违章指挥和强令冒险作业。

在施工中发生可能危及人身安全的紧急情况时，作业人员有权立即停止作业或者在采取必要的应急措施后撤离危险区域。

第二十八条 作业人员应当遵守安全施工的工程建设强制性标准、规章制度，正确使用安全防护用具、机械设备等。

第二十九条 施工单位采购、租赁的安全防护用具、机械设备、施工机具及配件，应当具有生产（制造）许可证、产品合格证，并在进入施工现场前由专职安全管理人员进行查验。

施工现场的安全防护用具、机械设备、施工机具及配件必须由专人管理，定期进行检查、维修和保养，建立相应的资料档案，并按照国家有关规定及时报废。

第三十条 施工单位应当对管理人员和作业人员进行每年不少于两次的安全生产教育培训，其教育培训情况记入个人工作档案。

施工单位在采用新技术、新工艺、新设备、新材料时，应当对作业人员进行相应的安全生产教育培训。

新进人员和作业人员进入新的施工现场或者转入新的岗位前，施工单位应当对其进行安全生产培训考核。

未经安全生产教育培训考核或者培训考核不合格的人员，不得上岗作业。

第三十一条 施工单位应当为施工现场的人员办理意外伤害保险，意外伤害保险费应由施工单位支付。实行施工总承包的，由总承包单位支付意外伤害保险费。

第三十二条 建设工程实行施工总承包的，由总承包单位对施工现场的安全生产负总责。总承包单位依法将建设工程分包给其他单位的，分包合同中应当明确各自的安全生产方面的权利、义务。总承包单位对分包工程的安全生产承担连带责任。

分包单位应当服从总承包单位的安全生产管理，分包单位不服从管理导致生产安全事故的，由分包单位承担主要责任。

第三十三条 建设单位、施工单位应当针对本工程项目特点制定生产安全事故应急预案，定期组织演练。发生生产安全事故，施工单位应当立即向建设单位、监理单位和事故发生地的公路水运工程安全生产监督部门以及地方安全监督部门报告。建设单位、施工单位应当立即启动事故应急预案，组织力量抢救，保护好事故现场。

5.4 《公路建设市场有关企业信用管理办法》要点解读

5.4.1 公路建设市场有关企业信用管理办法出台的背景

为推进公路建设市场信用体系建设，进一步营造公平、公正、诚实、守信的市场环境，2009年年底，交通运输部颁布了《公路建设市场信用信息管理办法》（交公路发〔2009〕731号）和《公路施工企业信用评价规则》（交公路发〔2009〕733号）。

交通运输部一直注重信用建设的推动和政策引导，从2003年即开始探索把信用管理作为市场管理的手段，开发了“施工企业信息系统”，应用于项目招投标和资质管理。同时，在相关法规中对信用管理工作提出要求，如《公路建设市场管理办法》（部令2004第14号）要求“交通部门建立公路建设从业单位和从业人员信用记录，作为项目招标资格审查和评标工作依据”。此后，根据公路建设市场管理的新形势、新任务和新要求，稳步推进全国公路建设市场信用体系建设工作，指导发达省份率先试点，并制定发布了《关于建立公路建设市场信用体系的指导意见》，确定了公路建设市场信用体系建设的总体框架。各省份交通运输主管部门按照部的总体部署，深入推进市场信用体系建设工作，公路建设信用体系建设由探索和启动阶段转入实施和应用阶段。

交通运输部从2008年开始，陆续开展了公路建设市场信用体系建设的调研，并着手制定全国统一的信用体系建设评价标准、统一的信用信息发布平台、统一的信用信息共享互用平台，为建设统一的信用评价体系提供法规支撑，持续推进信用体系建设评价体系。2009年3月，交通运输部邀请信用评价工作开展早、基础好的省级交通主管部门，就实施信用评价的成熟做法和存在的问题进行座谈、讨论，之后在多次现场调研、座谈、征求意见的基础上，制定了信用体系建设两个文件，《公路建设市场信用信息管理办法》（交公路发〔2009〕731号）和《公路施工企业信用评价规则》（交公路发〔2009〕733号），建立健全了公路建设市场企业信用评价管理体系。

公路市场信用体系的建设是按照统一评价标准、统一评价周期、统一信息发布平台、整体推进的原则，全面开展信用体系的建设工作。各地根据交通通运输部公路建设市场企业信用评价管理要求，制定实施细则，并按照部制定的全国信用信息管理系统接口标准，开发和完善本省信用信息系统，以便与部信用信息管理系统对接联网，实现信息共享和互通，使市场监管对失信行为的约束落到实处。

公路建设市场信用体系建设的总体思路是：以信用建设服务建设市场，以信用管理为市场监管的重要抓手，健全信用管理的规章制度，尽快形成规则统一、管理规范、机制健全、功能完善的市场信用体系。交通运输部计划用3年的时间，建立涵盖勘察设计、施工、监理、试验检测等从业单位的评价标准体系，构建相对完备的信用监管、征集、发布和奖罚机制，形成信息全国共享、互通的信用信息平台，实现动态发布从业单位基本信息、在建项目基本情况、企业信用评价结果、违法违规单位“黑名单”和评标专家网上抽取等功能；通过从业单位基本信息中在建项目及投入人员情况，核定投标单位的生产能力；减少投标文件的相应内容和工作量，如业绩和人员资料，使信用体系和平台为市场各方服务。

5.4.2 公路建设市场有关企业信用管理办法的主要内容

交通运输部发布的《公路建设市场信用信息管理办法》（交公路发〔2009〕731号）和《公路施工企业信用评价规则》（交公路发〔2009〕733号）是公路建设市场有关企业信用管理办法的行业法规。

《公路建设市场信用信息管理办法》是规范公路建设市场信用信息管理的基础，适用于设计、施工、监理、试验检测等公路建设市场从业单位及从业人员信用信息的征集、更新、发布、管理，共六章32条。第一章总则，主要明确信用信息的定义和信用信息管理应遵循的原则。第二章管理职责，明确了信用信息分级管理的职责、内容，提出建立部省两级信用信息管理系统的要求。第三章信用信息内容，主要明确信用信息的组成内容，包括从业单位基本信息、表彰奖励类良好信息、不良行为信息和信用评价信息。第四章信用信息征集与更新，主要明确信用信息征集方式、信息真实性审核及信息更新要求。第五章信用信息发布与管理，主要明确信用信息发布期限、变更及管理要求。第六章附则，提出对从业人员信用信息管理的方式。《公路建设市场信用信息管理办法》的核心是建立部省两级信用信息管理平台，通过该平台发布信息，促进信息公开透明，构筑全覆盖的市场无缝隙监管体系。《公路施工企业信用评价规则》共25条，主要包括了评价原则、管理职责、评价周期、评价内容、评价主体、评价程序、等级标准、结果应用、监督管理等内容，及两个附件《公路施工企业信用行为评价标准》和《公路施工企业信用行为评价计算公式》。《公路施工企业信用评价规则》包含了施工企业基本所有的建设行为，并首次提出施工企业的行为代码，管理者可依据行为代码按图索骥进行扣分处理，使管理线条更加清晰。该规则与已颁布实施的监理、试验检测企业信用评价办法，以及即将起草的设计企业评价规则，共同构成公路建设市场主要从业单位的信用评价体系，基本涵盖了目前公路建设市场的主要从业单位。

交通运输部发布的《公路建设市场信用信息管理办法》（交公路发〔2009〕731号）和《公路施工企业信用评价规则》（交公路发〔2009〕733号）有以下特点和创新点如下：

一是体现统一。统一的评价规则和标准，保证了评价结果能够在全国范围互认和通用；统一的信息发布平台，使设计、施工、监理和试验检测等市场从业单位，在部的同一平台上面向社会，保证信息共享，使市场监管对失信行为的约束落到实处。

二是分级管理。在信用信息收集、发布、应用和管理，以及信用评价等方面，按照分级管理的原则，充分发挥各省级交通运输主管部门的作用，使得责任和权力明确，同时也具有灵活性。如，《公路施工企业信用评价规则》规定省级交通运输主管部门在应用企业信用评价结果时，可使用本省评定的信用等级，也可使用全国综合评价的信用等级，具体由省级交通运输主管部门决定。企业初次进入某省份时，其等级按照全国综合评价结果确定。该部分内容主要考虑目前尚处于信用评价的起步阶段，若直接应用全国评价结果，可能挫伤地方交通部门的积极性和能动性，因而根据地方要求，给予其选择的权利。

三是突出服务。建立和维护诚实守信的公路建设市场，为公路建设行业的健康发展服务；强化监管手段，为各级交通运输主管部门服务；规范招标投标和履约行为，为项目法人服务；简化投标文件，节约投标成本，为从业企业服务。如，《公路建设市场信用信息管理办法》规定，"企业参与公路工程招标资格审查和投标，文件中可不再提交有关业绩、主要人员资历证明材料的复印件，招标人可参考全国公路建设市场信用信息管理系统中的相关信息。未在全国公路建设市场信用信息管理系统中的从业单位、业绩和主要工程技术人员，参与公路建设项目投标时可不予认定。"另外，信用信息平台还具备网上抽取评标专家功能，进一步增强了平台的实用性。

四是鼓励诚信。《公路建设市场信用信息管理办法》规定，各级交通运输主管部门应在市场准入和招标投标监管工作中充分利用公路建设市场信用信息管理系统，加强对从业单位的动态管理；建立激励机制，对信用好的从业单位在参与投标和中标数量、资格审查、履约担保金额、质量保证金额等方面给予优惠，对信用等级低和不良行为较多的从业单位要重点监管，根据不同情节可相应限制其市场行为。

五是动态监管。《公路建设市场信用信息管理办法》增加了一些行业监管手段。一是通过信用信息平台，可以杜绝或减少虚假投标、出借资质、挂靠、中标后非法转包等行为，同时能够核定企业生产能力，防止企业超规模承揽业务后转包、分包。二是结合信用信息系统对企业资质进行动态管理，当企业实际条件不符合资质标准时，对企业提出整改预警，整改仍不符合要求的，屏蔽其在信用信息系统的名单使其无法参与投标，以此建立市场清出机制。

5.4.3 完善公路建设市场有关企业信用管理办法的主要工作

公路建设市场信用体系是一个系统工程，既涉及项目法人，又涉及设计、施工、监理、试验检测、材料和设备供应商等所有从业单位和人员，要逐步建立全面的从业单位和人员信用评价体系，使市场信用管理形成一种制度，成为市场管理重要及管用的手段。

一些较早开展信用评价工作的省份，已经建立了具有各自特点的信用管理体系和机制，但交通运输部信用体系建立从公路行业出发，做出了一些新的规定和要求，特别是《公路施工企业信用评价规则》的评价内容、具体做法可能与这些省市的做法有差异，各省市应顾全大局，完善和补充修改本省的规定、规则，以便全国信用信息互通和联网。建立省级信用信息管理平台，统一进度，形成全国统一的信用信息平台。交通运输部将开发的"全国公路建设市场信用信息管理系统"，该系统具有发布全国所有一级及以上企业的基本信息，包括企业主要工程人员、执业资格人员、主要业绩及在建项目情况的功能。通过基本信息，可以核定企业生产能力，防止超能力承揽业务；可以查询企业投标时的技术人员和业绩信息，防止弄虚作假及出借资质、非法转包；可以对企业资质进行动态管理，对实际条件不符合资质标准的企业提出整改预警；可以发布在建重点项目信息，及时掌握建设动态；可以发布对企业的信用评价结果，形成统一发布平台；可以发布违法违规企业"黑名单"，增加威慑力；可以实现评标专家网上抽取、评标记录自动生成、工作评价、不良行为记录。

5.4.4 公路施工企业信用评价规则

（1）信用评价管理工作实行统一管理、分级负责。

国务院交通运输主管部门负责全国公路施工企业信用评价的监督管理工作。主要职责是：

（一）制定全国公路施工企业信用行为评价标准；

（二）指导省级交通运输主管部门的信用评价管理工作；

（三）对国务院有关部门许可资质的公路施工企业进行全国综合评价。

省级交通运输主管部门负责本行政区域内公路施工企业的信用评价管理工作。主要职责是：

（一）制定本行政区域公路施工企业信用评价实施细则并组织实施；

（二）对在本行政区域内从业的公路施工企业进行省级综合评价。

（2）公路施工企业信用评价工作实行定期评价和动态评价相结合的方式。

定期评价工作每年开展一次，对公路施工企业上一年度（1月1日至12月31日期间）的信用行为进行评价。

省级交通运输主管部门应在2月底前组织完成对上年度本行政区域公路施工企业的综合评价，并于3月底前将由国务院交通运输主管部门评价的施工企业的评价结果上报。

国务院交通运输主管部门应当在4月底前完成由国务院有关部门许可资质的公路施工企业的全国综合评价。

（3）公路施工企业信用评价等级分为AA、A、B、C、D五个等级，各信用等级对应的企业评分X分别为：

AA级：95分≤X≤100分，信用好；

A级：85分≤X<95分，信用较好；

B级：75分≤X<85分，信用一般；

C级：60分≤X<75分，信用较差；

D级：X<60分，信用差。

评价内容由公路施工企业投标行为、履约行为和其他行为构成，投标行为以公路施工企业单次投标为评价单元，履约行为以单个施工合同段为评价单元。

投标行为和履约行为初始分值为100分，实行累计扣分制。若有其他行为的，从企业信用评价总得分中扣除。

（4）公路施工企业投标行为由招标人负责评价，履约行为由项目法人负责评价，其他行为由负责项目监管的相应地方人民政府交通运输主管部门负责评价。

招标人、项目法人、负责项目监管的相应地方人民政府交通运输主管部门等评价人对评价结果签认负责。

（5）公路施工企业信用评价的依据为：

（一）交通运输主管部门及其公路管理机构、质量监督机构、造价管理机构督查、检查结果或奖罚通报、决定；

（二）招标人、项目法人管理工作中的正式文件；

（三）举报、投诉或质量、安全事故调查处理结果；

（四）司法机关做出的司法认定及审计部门的审计意见；

（五）其他可以认定不良行为的有关资料。

（6）公路施工企业的信用评价程序为：

（一）投标行为评价。招标人完成每次招标工作后，仅对存在不良投标行为的公路施工企业进行投标行为评价。联合体有不良投标行为的，其各方均按相应标准扣分。

（二）履约行为评价。结合日常建设管理情况，项目法人对参与项目建设的公路施工企业当年度的履约行为实时记录并进行评价。对当年组织交工验收的工程项目，项目法人应在交工验收时完成有关公路施工企业本年度的履约行为评价。

联合体有不良履约行为的，其各方均按相应标准扣分。

（三）其他行为评价。负责项目监管的相应地方人民政府交通运输主管部门对公路施工企业其他行为进行评价。

（四）省级综合评价。省级交通运输主管部门或其委托机构对本行政区域公路施工企业信用行为进行评价，确定其得分及信用等级，并公示、公告信用评价结果。公示期不少于 10 个工作日。

（五）全国综合评价。国务院交通运输主管部门根据各省级交通运输主管部门上报的公路施工企业信用评价结果，在汇总分析的基础上，对施工企业的信用行为进行综合评价并公示、公告。

公路施工企业对信用评价结果有异议的，可在公示期限内向公示部门提出申诉。

(7) 对信用行为直接定为 D 级的施工企业实行动态评价，自省级交通运输主管部门认定之日起，企业在该省一年内信用评价等级为 D 级。对实施行政处罚的施工企业，评价为 D 级的时间不低于行政处罚期限。

被 1 个省级交通运输主管部门直接认定为 D 级的企业，其全国综合评价直接定为 C 级；被 2 个及以上省级交通运输主管部门直接认定为 D 级以及被国务院交通运输主管部门行政处罚的公路施工企业，其全国综合评价直接定为 D 级。

(8) 公路施工企业信用评价结果按以下原则应用：

（一）公路施工企业的省级综合评价结果应用于本行政区域。

（二）国务院有关部门许可资质的公路施工企业初次进入某省级行政区域时，其等级按照全国综合评价结果确定。尚无全国综合评价的企业，若无不良信用记录，可按 A 级对待。若有不良信用记录，视其严重程度按 B 级及以下对待。

（三）其他施工企业（国务院有关部门许可资质的除外）初次进入某省级行政区域时，其等级参照注册地省级综合评价结果确定。

（四）联合体参与投标的，其信用等级按照联合体中最低等级方认定。

(9) 公路施工企业信用评价结果有效期 1 年，下一年度公路施工企业在该省份无信用评价结果的，其在该省份信用评价等级可延续 1 年。延续 1 年后仍无信用评价结果的，按照初次进入该省份确定，但不得高于其在该省份原评价等级的上一等级。

5.4.5　公路施工企业信用行为评定标准（表 5.4-1）

公路施工企业信用行为评定标准　　**表 5.4-1**

评定内容	行为代码	不良行为	行为等级和扣分标准	条文说明
投标行为（满分 100，扣完为止，行为代码 GLSG1）	GLSG1-1	超越资质等级承揽工程	直接定为 D 级	
	GLSG1-2	出借资质，允许其他单位或个人以本单位名义承揽工程	直接定为 D 级	

续表

<table>
<tr><th colspan="2">评定内容</th><th>行为代码</th><th>不良行为</th><th>行为等级和扣分标准</th><th>条文说明</th></tr>
<tr><td colspan="2" rowspan="14">投标行为（满分100，扣完为止，行为代码GLSG1）</td><td>GLSG1-3</td><td>借用他人资质证书承揽工程</td><td>直接定为D级</td><td></td></tr>
<tr><td>GLSG1-4</td><td>与招标人或与其他投标人串通投标</td><td>直接定为D级</td><td></td></tr>
<tr><td>GLSG1-5</td><td>投标中有行贿行为</td><td>直接定为D级</td><td></td></tr>
<tr><td>GLSG1-6</td><td>因违反法律、法规、规章被禁止投标后，在禁止期内仍参与投标</td><td>D级延期半年/次</td><td></td></tr>
<tr><td>GLSG1-7</td><td>资审材料或投标文件虚假骗取中标</td><td>40分/次</td><td></td></tr>
<tr><td>GLSG1-8</td><td>资审材料或投标文件虚假未中标</td><td>30分/次</td><td></td></tr>
<tr><td>GLSG1-9</td><td>虚假投诉举报</td><td>20分/次</td><td></td></tr>
<tr><td>GLSG1-10</td><td>中标后无正当理由放弃中标</td><td>20分/次</td><td>因评标时间过长，材料价格上涨过快造成成本价发生较大变化的除外</td></tr>
<tr><td>GLSG1-11</td><td>对同一合同段递交多份资格预审申请文件或投标文件</td><td>5分/次</td><td></td></tr>
<tr><td>GLSG1-12</td><td>非招标人或招标文件原因放弃投标，未提前书面告知招标人</td><td>6分/次</td><td></td></tr>
<tr><td>GLSG1-13</td><td>未按时确认补遗书等招标人发出的通知</td><td>1分/次</td><td></td></tr>
<tr><td>GLSG1-14</td><td>不及时反馈评标澄清</td><td>1分/次</td><td></td></tr>
<tr><td>GLSG1-15</td><td>无正当理由拖延合同签订时间</td><td>2分/次</td><td>因合同谈判原因的除外</td></tr>
<tr><td>GLSG1-</td><td>其他被认为失信的投标行为</td><td>1～10分</td><td>由省级交通运输主管部门根据本地实际情况在实施细则中增加</td></tr>
<tr><td rowspan="3">履约行为（满分100，扣完为止，行为代码GLSG2）</td><td rowspan="3">严重不良行为（行为代码GLSG2-1）</td><td>GLSG2-1-1</td><td>将中标合同转让</td><td>直接定为D级</td><td></td></tr>
<tr><td>GLSG2-1-2</td><td>将合同段全部工作内容肢解后分别分包</td><td>直接定为D级</td><td></td></tr>
<tr><td>GLSG2-1-3</td><td>发生重大质量或重大及以上安全生产责任事故</td><td>直接定为D级</td><td></td></tr>
</table>

续表

评定内容		行为代码	不良行为	行为等级和扣分标准	条文说明
履约行为（满分100，扣完为止，行为代码GLSG2）	严重不良行为（行为代码GLSG2-1）	GLSG2-1-4	经质监机构签订合同段工程质量不合格，或施工管理综合评价为差	直接定为D级	
		GLSG2-1-5	造成生态环境破坏或乱占土地，造成较大影响	20分/次	
		GLSG2-1-6	发生较大安全生产责任事故	20分/次	
		GLSG2-1-7	将承包工程违法分包	30分/次	
		GLSG2-1-8	承包人疏于管理，分包工程再次分包	20分/次	不含劳务分包
		GLSG2-1-9	违反公路工程建设强制性标准	30分/次	
	人员、设备到位（满分10，扣完为止，行为代码GLSG2-2）	GLSG2-2-1	签订合同后无正当理由不按投标文件承诺时间进场	2分/延迟十日	
		GLSG2-2-2	项目经理未按投标承诺到位，或在施工期间所更换项目经理资格降低，或未经批准擅自更换	4分/人次	
		GLSG2-2-3	项目经理在施工期间不低于原资格更换	0.5分/人次	项目法人要求更换的除外
		GLSG2-2-4	技术负责人未按投标承诺到位，或在施工期间更换人员资格降低，或未经批准擅自更换	3分/人次	
		GLSG2-2-5	技术负责人在施工期间不低于原人员资格更换	0.3分/人次	项目法人要求更换的除外
		GLSG2-2-6	安全员或其他注册执业人员未按投标承诺到位，或无正当理由更换	0.5分/人次	项目法人要求更换的除外
		GLSG2-2-7	主要工程管理、技术人员未按投标承诺到位	0.2分/人次	
		GLSG2-2-8	主要施工机械、试验检测设备未按投标承诺或工程需要到位	0.5～1分/台套	
		GLSG2-2-9	有关人员未按要求持证上岗	1分/人次	按照有关管理文件、招标文件要求检查
		GLSG2-2-10	未按规定签订劳务用工合同	2分/次	

续表

评定内容		行为代码	不良行为	行为等级和扣分标准	条文说明
履约行为（满分100，扣完为止，行为代码GLSG2）	质量管理、进度管理（满分50，扣完为止，行为代码GLSG2-3）	GLSG2-3-1	拒绝或阻碍依法进行公路建设监督检查工作	8分/次	
		GLSG2-3-2	未对职工进行专项教育和培训	0.5分/人次	
		GLSG2-3-3	质量保证体系或质量保证措施不健全	3分	
		GLSG2-3-4	特殊季节施工预防措施不健全	2分/次	对季节性施工有特殊预防要求的，如雨季、冬季施工，应有相应预防措施
		GLSG2-3-5	未建立工程质量责任登记制度	8分	
		GLSG2-3-6	使用不合格的建筑材料、建筑构配件和设备	10分/次	
		GLSG2-3-7	不按设计图纸施工	8分/次	
		GLSG2-3-8	不按施工技术标准、规范施工	5分/次	
		GLSG2-3-9	未经监理签认进入下道工序或分项工程	3分/次	
		GLSG2-3-10	未经监理签认将建筑材料、建筑构配件和设备在工程上使用或安装	3分/次	
		GLSG2-3-11	监理下达停工指令拒不执行	5分/次	
		GLSG2-3-12	未对建筑材料、建筑构配件、设备和商品混凝土进行检验，或者未对涉及结构安全的试块、试件以及有关材料取样检测直接使用	5分/次	
		GLSG2-3-13	施工过程中偷工减料	5分/次	
		GLSG2-3-14	原材料堆放混乱，对使用质量造成影响	3分/次	如砂石材料堆放未分界、场地未硬化、未采取防雨防潮措施等
		GLSG2-3-15	工程检查中抽测实体质量不合格	6分/次	指交通主管部门组织的督查或项目法人组织的正式检查

续表

评定内容		行为代码	不良行为	行为等级和扣分标准	条文说明
履约行为（满分100，扣完为止，行为代码GLSG2）	质量管理、进度管理（满分50，扣完为止，行为代码GLSG2-3）	GLSG2-3-16	因施工原因出现质量问题，对工程实体质量影响不大	2分/次	如水泥混凝土表面蜂窝麻面、砌筑砂浆不饱满、钢筋混凝土保护层不够等
		GLSG2-3-17	因施工原因发生一般质量责任事故	15分/次	
		GLSG2-3-18	出现质量问题经整改仍达不到要求的	5分/次	被项目法人或交通主管部门发现有质量问题并要求整改，整改不合格的
		GLSG2-3-19	施工现场管理混乱	2分/次	
		GLSG2-3-20	内业资料不全或不规范	1～2分	
		GLSG2-3-21	工地试验室不符合要求	1～3分	
		GLSG2-3-22	试验检测数据或内业资料虚假	5分/次	
		GLSG2-3-23	因施工单位原因造成工程进度滞后计划工期或合同工期	1分/延迟十日	
		GLSG2-3-24	未达到合同约定的质量标准	10分	
		GLSG2-3-25	不配合业主进行交工验收	3分/次	
		GLSG2-3-26	不履行保修义务或者拖延履行保修义务	10分	
	财务管理（满分10，扣完为止，行为代码GLSG2-4）	GLSG2-4-1	财务管理制度不健全	5分/次	
		GLSG2-4-2	财务管理混乱，管理台账不完备	5分/次	
		GLSG2-4-3	工程变更弄虚作假	6分/次	
		GLSG2-4-4	虚假计量	5分/次	
		GLSG2-4-5	流动资金不能满足工程建设	5分/次	
		GLSG2-4-6	挪用工程款，造成管理混乱、进度滞后等不良影响	10分/次	
		GLSG2-4-7	因施工企业原因拖欠工程款、农民工工资、材料款，尚未造成影响	0.5分/次	

续表

评定内容		行为代码	不良行为	行为等级和扣分标准	条文说明
履约行为（满分100，扣完为止，行为代码GLSG2）	安全生产（满分20，扣完为止。行为代码GLSG2-5）	GLSG2-5-1	因施工企业原因未签订安全生产合同	3分	
		GLSG2-5-2	未建立健全安全生产规章制度、操作规程或安全生产保证体系	1～3分	
		GLSG2-5-3	项目负责人、专职安全生产管理人员、作业人员或者特种作业人员，未经安全教育培训或考核不合格即从事相关工作	3分/次	
		GLSG2-5-4	未对职工进行安全生产教育和培训，或者未如实告知有关安全生产事项	2分/次	
		GLSG2-5-5	未在施工现场的危险部位设置明显的安全警示标志和安全防护，或者未按照国家有关规定在施工现场设置消防通道、消防水源、配备消防设施和灭火器材	2分/次	
		GLSG2-5-6	未向作业人员提供安全防护用具和安全防护服装	1分/次	
		GLSG2-5-7	特种设备未经具有专业资质的机构检测、检验合格，取得安全使用证或者安全标志，投入使用。或使用未经验收或者验收不合格的施工起重机械和整体提升脚手架、模板等自升式架设设施	5分/次	
		GLSG2-5-8	使用国家明令淘汰、禁止使用的危及生产安全的工艺、设备	6分/次	
		GLSG2-5-9	储存、使用危险物品，未建立专门安全管理制度、未采取可靠的安全措施或者不接受有关主管部门依法实施的监督管理	4分/次	
		GLSG2-5-10	对重大危险源未登记建档，或者未进行评估、监控，或者未制订应急预案	4分/次	

续表

评定内容		行为代码	不良行为	行为等级和扣分标准	条文说明
履约行为（满分100，扣完为止，行为代码GLSG2）	安全生产（满分20，扣完为止。行为代码GLSG2-5）	GLSG2-5-11	进行爆破、吊装等危险作业，未安排专门管理人员进行现场安全管理	3分/次	
		GLSG2-5-12	两个以上单位在同一作业区域内进行可能危及对方安全生产的生产经营活动，因自身原因未签订安全生产管理协议或者未指定专职安全生产管理人员进行安全检查与协调	3分/次	
		GLSG2-5-13	储存、使用危险物品的车间、仓库与员工宿舍在同一座建筑内，或者与员工宿舍的距离不符合安全要求；施工现场和员工宿舍未设有符合紧急疏散需要、标志明显、保持畅通的出口，或者封闭、堵塞施工现场或者员工宿舍出口	3分/次	
		GLSG2-5-14	从业人员不服从管理，违反安全生产规章制度或者操作规程	2分/次	
		GLSG2-5-15	未及时、如实报告生产安全事故	5分/次	
		GLSG2-5-16	主要负责人在本单位发生重大生产安全事故时，未立即组织抢救或者在事故调查处理期间擅离职守或者逃匿	15分/次	
		GLSG2-5-17	挪用列入建设工程概算的安全生产作业环境及安全施工措施所需费用	2分/次	
		GLSG2-5-18	每项工程实施前，未进行安全生产技术交底	2分/次	
		GLSG2-5-19	未根据不同施工阶段和周围环境及季节、气候的变化，在施工现场采取相应的安全施工措施	1分/次	
		GLSG2-5-20	施工现场临时搭建的建筑物不符合安全使用要求	3分/次	

续表

评定内容		行为代码	不良行为	行为等级和扣分标准	条文说明
履约行为（满分100，扣完为止，行为代码GLSG2）	安全生产（满分20，扣完为止。行为代码GLSG2-5）	GLSG2-5-21	对危险性较大的工程未编制专项施工方案并附安全验算结果	2分/次	
		GLSG2-5-22	未对因建设工程施工可能造成损害的毗邻建筑物、构筑物和地下管线等采取专项防护措施	2分/次	
		GLSG2-5-23	安全防护用具、机械设备、施工机具及配件在进入施工现场前未经查验或者查验不合格即投入使用	2分/次	
		GLSG2-5-24	委托不具有相应资质的单位承担施工现场安装、拆卸施工起重机械和整体提升脚手架、模板等自升式架设设施	10分/次	
		GLSG2-5-25	未取得安全生产许可证擅自进行生产，安全生产许可证有效期满未办理延期手续，继续进行生产；逾期仍不办理延期手续，继续进行生产	15分/次	
		GLSG2-5-26	使用伪造的安全生产许可证	15分/次	
		GLSG2-5-27	多次整改仍然存在安全问题；对存在重大安全事故隐患但拒绝整改或者整改效果不明显	10分/次	被项目法人或交通主管部门发现有安全生产问题并要求整改，整改不合格的
		GLSG2-5-28	在沿海水域进行水上水下施工以及划定相应的安全作业区，未报经主管机关核准公告；施工单位擅自扩大安全作业区范围	4分/次	
		GLSG2-5-29	施工现场防护不到位，存在安全隐患	1分/次	
		GLSG2-5-30	未编制安全生产应急预案并落实人员、器材，组织演练	2分	
		GLSG2-5-31	发生一般安全生产责任事故	10分/次	
		GLSG2-5-32	未办理施工现场人员人身意外伤害保险	5分/次	

续表

评定内容		行为代码	不良行为	行为等级和扣分标准	条文说明
履约行为（满分100，扣完为止，行为代码GLSG2）	社会责任（满分10，扣完为止，行为代码GLSG2-6）	GLSG2-6-1	在崩塌滑坡危险区、泥石流易发区范围内取土、挖砂或者采石	8分/次	
		GLSG2-6-2	施工产生的废渣随意堆放或丢弃，废水随意排放	2分/次	
		GLSG2-6-3	施工中破坏生态环境	3分/次	
		GLSG2-6-4	施工过程中造成水土流失，不进行治理	4分/次	
		GLSG2-6-5	生活区、办公区设置杂乱，卫生环境差	3分/次	
		GLSG2-6-6	建设项目出现突发事件，拒不执行应急或救援任务	10分/次	
		GLSG2-6-7	乱占土地、草场	3分/次	
		GLSG2-6-8	临时占用农田、林地等未及时复垦或恢复原状	5分/次	
		GLSG2-6-9	未按要求签订廉政合同	5分/次	
		GLSG2-6-10	违反廉政合同	5分/人次	
		GLSG2-6	其他被认为失信的履约行为	1～10分	由省级交通运输主管部门根据本地实际情况在实施细则中增加
其他行为（行为代码GLSG3）		GLSG3-1	被司法机关认定有行贿、受贿行为，并构成犯罪	直接定为D级	
		GLSG3-2	省级及以上交通运输主管部门要求企业填报向社会公布的信息，存在虚假的	3分/次（在企业总分中扣除）	
		GLSG3-3	信用评价弄虚作假或以不正当手段骗取较高信用等级	4分/次（在企业总分中扣除）	
		GLSG3-4	恶意拖欠工程款、农民工工资、材料款被司法机关强制执行，或因拖欠问题造成群体事件或不良社会影响	5分/次（在企业总分中扣除）	
		GLSG3-5	拒绝参与交通运输主管部门组织的应急抢险任务	2分/次（在企业总分中扣除）	

续表

评定内容	行为代码	不良行为	行为等级和扣分标准	条文说明
其他行为（行为代码GLSG3）	GLSG3-6	被设区的市级交通运输主管部门通报批评	2分/次（在企业总分扣除）	
	GLSG3-7	被省级交通运输主管部门通报批评	3分/次（在企业总分扣除）	
	GLSG3-8	被国务院交通运输主管部门通报批评	5分/次（在企业总分扣除）	
	GLSG3-9	其他被认为失信的行为	1～10分	由省级交通运输主管部门根据本地实际情况在实施细则中增加

注：履约行为检查一般每半年开展一次，一种行为在同次检查中原则上不重复扣分。检查结果以正式书面文件为准。

5.4.6 公路施工企业信用行为评价计算公式

1. 单项评价：

企业投标行为评价得分：$T=100\sum_{i=1}^{n}A_i$，其中，i 为不良投标行为数量，A_i 为不良投标行为对应的扣分标准。

企业履约行为信用评价得分：$L=100\sum_{i=1}^{n}B_i$，其中，i 为不良履约行为数量，B_i 为不良履约行为对应的扣分标准。

2. 省级综合评价：

企业在某省份投标行为评价得分和履约行为评价得分计算公式（倒权重计分法）为：

投标行为评价得分：$T=\sum_{i=1}^{n}iT_i\Big/\sum_{i=1}^{n}i$

（i 为企业在不同合同段投标行为信用评价得分名次，i=1、2、…n，T_i 为施工企业在某合同段投标行为信用评价得分，且 $T_1\geqslant T_2\geqslant\cdots\geqslant T_n$）

算例：企业6次投标行为评价分为90、90、95、85、98、99，则：企业投标行为分 $T=(1\times99+2\times98+3\times95+4\times90+5\times90+6\times85)/(1+2+3+4+5+6)=90.5$。

履约行为评价得分：$L=\sum_{i=1}^{n}iL_i\Big/\sum_{i=1}^{n}i$

（L_i 为施工企业在某合同段履约行为信用评价得分值，i 为企业在不同合同段履约行为信用评价得分名次，i=1、2、…n，且 $L_1\geqslant L_2\geqslant\cdots\geqslant L_n$）

算例：企业共有4个合同项目，履约行为分分别为100、90、100、80，则：企业履约评价分 $L=(1\times100+2\times100+3\times90+4\times80)/(1+2+3+4)=89.00$

施工企业在从业省份综合评分：

$$X=aT+bL-\sum_{i=1}^{n}Q_i$$

（企业投标行为评价得分为 T，企业履约行为评价得分为 L，Q_i 为其他行为对应扣分标准。a、b 为评分系数，当评价周期内企业在某省只存在投标行为评价时，$a=1$，$b=0$；当企业在某省只存在履约行为评价时，$a=0$，$b=1$；当企业在某省同时存在投标行为评价和履约行为评价时，$a=0.2$，$b=0.8$）。

3. 全国综合评价：

$$X = a\sum_{i=1}^{m} T_i/m + b\sum_{j=1}^{n} L_j F_j / \sum_{j=1}^{n} F_j - \sum_{k=1}^{p} Q_k/G$$

（T_i 为施工企业在某省份投标行为评分。L_j 为施工企业在某省份履约行为评分，且 $L_1 \geqslant L_2 \geqslant \cdots \geqslant L_j$。$Q_k$ 为企业在某省其他行为评价的扣分分值。F_j 为企业在该省份参与履约行为评价的项目数量。i、j、k 分别为对企业进行投标信用评价、履约信用评价和其他行为评价的省份数量，G 为对企业进行信用评价的全部省份数量。a、b 为评分系数，当评价周期内企业只存在投标行为评价时，$a=1$，$b=0$；当企业只存在履约行为评价时，$a=0$，$b=1$；当企业同时存在投标行为评价和履约行为评价时，$a=0.2$，$b=0.8$）。

各省级交通运输主管部门上报本区企业评价结果时，应同时上报 T_i、L_j、Q_k、F_j 等。

5.5 《公路工程标准体系》要点解读

5.5.1 《公路工程标准体系》JTG A01-2002 实施时间

该体系由交通部于 2007 年 7 月 10 日发布，2007 年 7 月 10 日实施。

5.5.2 《公路工程标准体系》的相关背景与特点

我国自 1981 年起正式建立公路工程行业标准体系，标准有了系统的编号，此体系一直沿用至今。从标准发展过程看，具有几方面特点：分工越来越细、周期越来越短、内容越来越丰富、覆盖面越来越宽、理论不断完善、技术不断更新、与国际接轨的趋势越来越明显。对原有的标准体系进行修订，制定《公路工程标准体系》，是公路工程标准化工作的一项基础性工作。

本体系依据《公路法》、《标准化法》，参照《标准体系表编制原则和要求》（GB/T 13016），结合我国公路工程标准化工作的实践制定。包括公路工程从规划到养护管理全过程所需要制定的技术、管理与服务标准，也包括相关的安全、环保和经济等方面的评价标准。

本体系弱化国标与行标的区别，只列出需要由行政机关发布的标准，其余标准由协会组织审批发布；此外体系表中所列标准是目前预见所需的。对于未来需要的标准，在编号时考虑了增加所需的空间，扩大了新增的标准容纳空间。

今后公路工程标准的制订与管理，将遵照该体系执行。现行公路工程标准未列入体系表中的，现阶段仍然适用，今后视具体情况逐步予以废止或转为协会标准。

5.5.3 《公路工程标准体系》主要条款内容

1. 术语

（1）标准：对材料、产品、行为、概念或方法所做的分类或划分，并对这些分类或划分所要满足的一系列指标和要求做出的陈述和规定，也可以是标准、规范、导则、规程等名称的统称。

（2）规范：对某一阶段或某种结构的某项任务的目的、技术内容、方法、质量要求等做出的系列规定。

（3）导则：对完成某项任务的方法、内容及形式等的要求。

（4）规程：对材料、产品的某种特性的测定方法或完成某项任务的操作过程或程序所做出的统一规定，包括对其仪器、试验、工艺或计算等操作步骤等的规定。

（5）行政标准：由行政主管部门发布的标准。

（6）协会标准：由协会发布并自愿采用的标准。

2. 体系的结构

（1）体系的组成单元是标准。内容最单一的标准是某一门类下的某专项标准。

（2）由行政部门发布的标准的体系结构层次为两层，一层为门类，包括综合、基础、勘测、设计、检测、施工、监理、养护管理等规范；另一层为专项内容，如设计类中桥涵部分的公路砖石与混凝土桥涵设计规范、公路钢筋混凝土与预应力混凝土桥涵设计规范、公路桥涵地基与基础设计规范等专项规范。

（3）尽量扩大标准适用范围，在保持相对全面的前提下，合理控制标准的数量，行政标准立足于政府需要管的标准；

（4）在本体系中未涵盖，或某标准不够具体，需要制定协会标准的，其体系与编号应符合本标准的制定原则。

3. 体系编号定义

（1）在本体系中未涵盖，或某标准不够具体，需要制定协会标准的，其体系与编号应符合本标准的制定原则。

（2）由交通部发布的标准编号为 JTG ×××—××××。JTG-是交、通、公三字汉语拼音的第一个字母，后面的第一个字母为标准的分类，A、B 类标准后的数字为序号。C-H 类标准后的第一个数字为种类序号，第二个数字为该种标准的序号，破折号后是发布年。如《公路圬工桥涵设计规范》JTG D61—2005，表示交通部公路工程标准 D 类第 6 种的第 1 项标准，2005 年发布。

（3）由“中国工程建设标准化协会公路工程委员会”发布的标准编号应为该委员会英文简称加空格加字母加数字如 SHC D50—××××，表示属于交通部发布的 JTG D50 标准的细化或补充，破折号后是发布年。

（4）由各省交通厅发布的标准可参照上述规则编号，即用各省的简称代表该省，G 代表公路，其后字母和数字的定义同协会标准，破折号后是发布年。

（5）公路工程标准体系表（截至 2007 年 3 月 6 日），见表 5.5-1。

公路工程标准体系表 表 5.5-1

序号	类别	体系编号	原标准号	名称
1	综合	JTG A01—2002		公路工程标准体系
2		JTG A02		公路工程标准编写导则
3	基础	JTG B01—2003	JTJ001—97	公路工程技术标准
4		JTG B02	JTJ004—89	公路工程抗震规范
5		JTG B03—2006	JTJ005—96	公路建设环境影响评价规范

续表

序号	类别	体系编号	原标准号	名称
6	基础	JTG B04	JTJ/T0065—96	公路环境保护规范
7		JTG B05—2004		公路项目安全性评价指南
8		JTG B06—2007		公路工程基本建设项目概算预算编制办法
9		JTG/T B06—01—2007		公路工程概算定额
10		JTG/T B06—02—2007		公路工程预算定额
11		JTG/T B06—03—2007		公路工程机械台班费用定额
12		JTG/T B07—01—2006		公路工程混凝土结构防腐蚀技术规范
13	勘测	JTG C10—2007	JTJ061—99	公路勘测规范
14		JTG/T C10—2007		公路勘测细则
15		JTG C20	JTJ064—98	公路工程地质勘察规范
16		JTG C30	JTJ062—91	公路工程水文勘测设计规范
17	设计	JTG D10	GB/T50283—99	公路工程结构可靠度设计统一标准
18		JTG D20—2006	JTJ011—94	公路路线设计规范
19		JTG D30—2004	JTJ013—95	公路路基设计规范
20		JTG D40—2002	JTJ012—94	公路水泥混凝土路面设计规范
21		JTG D50	JTJ014—97	公路沥青路面设计规范
22		JTG D60—2004	JTJ021—89	公路桥涵设计通用规范
23		JTG D61—2005	JTJ022—85	公路圬工桥涵设计规范
24		JTG D62—2004	JTJ023—85	公路钢筋混凝土与预应力混凝土桥涵设计规范
25		JTG D63	JTJ024—85	公路桥涵地基与基础设计规范
26		JTG D64	JTJ025—86	公路钢结构桥涵设计规范
27		JTG/T D65—04—2007		公路涵洞设计细则
28		JTG D70—2004	JTJ026—90	公路隧道设计规范
29		JTG D80—2006		高速公路交通工程及沿线设施设计通用规范
30		JTG D81 —2006	JTJ074—94	公路交通安全设施设计技术规范
31		JTG/T D81—2006		公路交通安全设施设计技术细则
32	检测	JTG E10		公路工程试验检测导则
33		JTG E30—2005		公路工程水泥及水泥混凝土试验规程
34		JTG E40—2007		公路土工试验规程
35		JTG E50—2006		公路工程土工合成材料试验规程
36	施工	JTG F10—2006	JTJ033—95	公路路基施工技术规范
37		JTG F20	JTJ034—2000	公路基层施工技术规范
38		JTG F30—2003		公路水泥混凝土路面施工技术规范
39		JTG F40—2004	JTJ032—94	公路沥青路面施工技术规范
40		JTG F50	JTJ041—2000	公路桥涵施工技术规范
41		JTG F60	JTJ042—94	公路隧道施工技术规范

续表

序号	类别	体系编号	原标准号	名称
42	施工	JTG F70		公路附属设施安装规范
43		JTG F80/1—2004	JTJ071—98	公路工程质量检验评定标准（土建工程）
44		JTG F80/2—2004	JTJ071—98	公路工程质量检验评定标准（机电工程）
45		JTG/T F81—01—2004		公路工程基桩动测技术规程
46	监理	JTG G10—2006	JTJ077—94	公路工程施工监理规范
47	养护与管理	JTG H10	JTJ073—96	公路养护工程通用规范
48		JTG H11—2004		公路桥梁养护规范
49		JTG H12—2003		公路隧道养护技术规范
50		JTG H20—2007	JTJ075—94	公路技术状况评定标准
51		JTG H30		公路养护安全作业规程
52		JTG H40		公路养护概预算编制导则
53		JTG H50		公路工程数据采集规范

5.6 《公路路基施工技术规范》要点解读

5.6.1 《公路路基施工技术规范》实施时间

2006年9月8日，交通部以2006年第35号公告的形式，发布了《公路路基施工技术规范》（JTG F10—2006），自2007年1月1日起施行。原《公路路基施工技术规范》（JTJ 033—95）、《公路软土地基路堤设计与施工技术规范》（JTJ 017—96）、《公路粉煤灰路堤设计与施工技术规范》（JTJ 016—93）、《公路加筋土工程设计规范》（JTJ 015—91）、《公路加筋土工程施工技术规范》（JTJ 035—91）同时废止。

该规范的管理权和解释权归交通部，日常解释和管理工作由主编单位中交第一公路工程局有限公司负责。

5.6.2 《公路路基施工技术规范》修订相关背景

《公路路基施工技术规范》（JTJ033—95）自1995年颁布实施以来，在促进公路路基施工技术进步，提高公路路基施工质量等方面发挥了重要的作用。但随着我国公路建设的快速发展，公路施工新技术、新工艺、新设备、新材料不断涌现且被广泛采用，原规范中部分条款已难以满足实际需要。同时，与路基施工有关的单项规范，如《公路软土地基路堤设计与施工技术规范》（JTJ017—96）、《公路粉煤灰路堤设计与施工技术规范》（JTJ016—93）等，也未包含在原规范中，造成实际使用中的不方便。《公路工程行业标准管理导则》要求，规范条文的主要内容应为对施工各工序、各环节提出技术质量要求，并尽量精简工艺过程的叙述。另外，施工安全和环保方面的内容也需要补充完善。原规范的修订工作遂为各方所关注。

2003年8月，交通部下发“关于下达2003年度公路工程标准修订项目计划的通知”（交公路发［2003］297号），正式启动《公路路基施工技术规范》（JTJ033—95）的修订工作，中交第一公路工程局有限公司为主编单位。

本次《公路路基施工技术规范》的修订工作是在全面总结了近年来公路路基施工经验

的基础上，通过广泛调研、专题论证和广泛征求意见而完成的。修订后的规范较全面地吸纳了新技术、新工艺、新设备、新材料等成熟应用成果，借鉴了国外相关规范、标准，体现了安全、经济、环保、可持续发展的理念，重点突出了路基施工中应遵守的准则，强调施工关键工序的控制，在成熟可靠的基础上，尽可能反映先进技术，与国际标准接轨。

5.6.3 《公路路基施工技术规范》主要修改内容介绍

1. 新旧规范章节对比

新旧规范章节对比如表 5.6-1 所示。

新旧规范章节对比 **表 5.6-1**

新 规 范	原 规 范
1 总则	1 总则
2 术语、符号 2.1 术语 2.2 符号	2 术语、符号 2.1 术语 2.2 符号
3 施工准备 3.1 一般规定 3.2 测量 3.3 试验 3.4 场地清理 3.5 试验路段	3 施工前的准备 3.1 施工准备 3.2 施工测量 3.3 施工前的复查和试验 3.4 场地清理 3.5 试验路段
4 一般路基施工 4.1 一般规定 4.2 路堤施工 4.3 挖方路基施工 4.4 轻质填料路堤施工 4.5 路基拓宽改建施工	4 路基施工的一般规定 4.1 基本要求 4.2 路基施工排水 4.3 路基施工取土和弃土 4.4 土方机械化施工 5 填方路堤的施工 5.1 一般规定 5.2 土方路堤的填筑 5.3 桥涵及其构造物处的填筑 5.4 填石路堤 5.5 土石路堤 5.6 高填方路堤 6 挖方路堑的施工 6.1 一般规定 6.2 土方路堑的开挖 6.3 石方的开挖 6.4 深挖路堑的施工 7 路基压实 7.1 一般规定 7.2 填方路段基底的压实 7.3 压实机械的要求与选择 7.4 填方路堤的压实 7.5 路堑路基的压实 7.6 桥涵及其他构造物处填土的压实 7.7 填石路堤的压实 7.8 土石路堤的压实 7.9 高填方路堤的压实

续表

新 规 范	原 规 范
5 路基排水 5.1 一般规定 5.2 地表排水 5.3 地下排水 5.4 路基排水工程质量标准	8 路基排水 8.1 一般规定 8.2 地面水的排除 8.3 地下水的排除 8.4 高速公路、一级公路的路基排水
6 特殊路基施工 6.1 一般规定 6.2 湿黏土路基施工 6.3 软土地区路基施工 6.4 红黏土地区路基施工 6.5 膨胀土地区路基施工 6.6 黄土地区路基施工 6.7 盐渍土地区路基施工 6.8 风积沙及沙漠地区路基施工 6.9 季节性冻土地区路基施工 6.10 多年冻土地区路基施工 6.11 涎流冰地区路基施工 6.12 雪害地区路基施工 6.13 滑坡地段路基施工 6.14 崩塌与岩堆地段路基施工 6.15 泥石流地区路基施工 6.16 岩溶地区路基施工 6.17 采空区路基施工 6.18 沿河、沿溪地区路基施工 6.19 水库地区路基施工 6.20 滨海地区路基施工	9 特殊地区的路基施工 9.1 水稻田地区路基施工 9.2 河、塘、湖、海地区路基施工 9.3 软土、沼泽地区路基施工 9.4 盐渍土地区路基施工 9.5 风沙地区路基施工 9.6 黄土地区路基施工 9.7 多雨潮湿地区路基施工 9.8 季节性冻融翻浆地区路基施工 9.9 多年冻土地区路基施工 9.10 岩溶地区路基施工 9.11 滑坡地段路基施工 9.12 崩坍岩堆地段路基施工 9.13 膨胀土地区路基施工
7 冬、雨季路基施工 7.1 一般规定 7.2 冬季施工 7.3 雨季施工	10 季节性路基施工 10.1 路基的冬季施工 10.2 路基的雨季施工
8 路基防护与支挡 8.1 一般规定 8.2 坡面防护 8.3 沿河路基防护 8.4 挡土墙 8.5 边坡锚固防护 8.6 土钉支护 8.7 抗滑桩	11 路基防护与加固 11.1 一般规定 11.2 坡面防护 11.3 路基冲刷防护 11.4 其他加固工程
9 路基安全施工与环境保护 9.1 一般规定 9.2 安全施工 9.3 环境保护 9.4 生物保护 9.5 文物保护	12 公路绿化工程与环境保护 12.1 公路绿化工程 12.2 空气污染的防治 12.3 防止水、土污染和流失

续表

新 规 范	原 规 范
10 路基整修与交工验收 10.1 路基整修 10.2 交工验收	13 路基整修、检查验收及维修 13.1 路基整修 13.2 检查及验收 13.3 路基整修 13.4 质量标准
附录A 本规范用词说明 附件《公路路基施工技术规范》 (JTG F10—2006) 条文说明	附录A 本规范用词说明 附加说明 附件：公路路基施工技术规范条文说明

2. 改变较大的主要内容

(1) 将原规范4、5、6、7章合并为第4章，压实标准制定了新的规定。原规范中“4 路基施工的一般规定”、“5 填方路堤的施工”、“6 挖方路堑的施工”、“7 路基压实”这四章的内容交织在一起，不便于使用，现将相关内容合并为“4 一般路基施工 ”一章，制定了土质路堤、填石路堤压实标准新规定。

(2) 路堤基底的要求提高。

“高速公路、一级公路和二级公路路堤基底的压实度不应小于85%；当路堤填土高度小于路床厚度（80cm）时，基底的压实度不宜小于路床的压实度标准”修改为“二级及二级以上公路路堤基底的压实度不小于90%；三、四级公路不小于85% 。路基填土高度小于路面或路床总厚度时，应按设计要求处理”。

(3) 填石路堤和土石路堤。

1) 填石路堤和土石路堤均明确了质量检验方法。

2) 增加“填石路堤与土质填筑层之间应设过渡层”。

3) 填料要求更加明确，加入“不均匀系数”。

4) 强调通过试验路提出过程质量控制方法及标准，如松铺厚度、沉降率。

5) 删减了具体的填筑工艺。

6) 二级公路填石路堤不能采用“倾填”的方式。

7) 对石料以强度分类提出质量标准。

(4) 对符合要求的湿黏土制定了压实标准新规定。

根据相关科研成果和工程实践经验，在保证路基强度、稳定性、耐久性的前提下，为充分利用湿黏土、红黏土与高液限土中符合一定条件的土作为路基填料，制定了压实标准新规定。

(5) 高填方路堤。

1) 填料和基底处理要求更加明确。

2) 应进行动态监控及动态调整。

3) 高填方路堤宜优先安排施工，并至少要经过一个雨季。

3. 新增加内容。

(1) 轻质路堤。

1) 粉煤灰路堤。

2) EPS路堤。

（2）路基拓宽改建施工。

1）根据国内高速公路路基拓宽改建的工程实践经验总结。

2）交通部西部课题科研成果。

（3）泥石流路基。

1）施工安全技术措施方面的规定。

2）泥石流处治结构物涉及结构强度、耐久性、材料方面的规定。

（4）软土地基的处理。

1）主要是根据《公路软土地基设计与施工技术规范》（JTJ017—96）中施工部分的内容。

2）整体上分为地基处理、路堤填筑、路堤施工监控三个方面。

3）地基处理方面，增加了浅层处治、砂（砾）垫层、土工合成材料、袋装砂井、塑料排水板、真空预压、真空堆载联合预压施工、砂桩、碎石桩、加固土桩、水泥粉煤灰碎石桩（简称 CFG 桩）、Y 型沉管灌注桩、薄壁筒型沉管灌注桩、静压管桩、强夯、强夯置换等处治施工等方面的规定。

（5）红黏土与高液限土地区路基施工。

1）对可用填料、可用部位进行了规定。

2）对包芯法施工做出了规定。

3）对防止压实层含水量变化导致质量问题做出了规定。

（6）雪害地区路基施工。

1）强调施工安全措施、注意生态自然系统的协调。

2）充分考虑雨、雪的不利作用。

3）雪崩地段路基施工中，应注意的问题。

（7）涎流冰地区路基施工

针对该地区的特点重点对应采取的临时排水措施进行了规定。

（8）采空区路基施工。

根据有关资料，对渗水、处理后地基、干砌片石回填等提出要求。

（9）路基防护。

1）坡面防护：补充植被防护、骨架植物防护、圬工防护、抹面捶面防护、膨胀土、路堑边坡防护方面的内容。

2）沿河路基防护：增土工膜袋、丁坝防护、顺坝施工、改移河道等内容。

3）挡土墙：新增了重力式挡土墙、悬臂式和扶壁式挡土墙、锚杆挡土墙、锚定板挡土墙等的规定。

4）边坡锚固：新增锚杆施工、预应力锚索施工规定，尤其对预应力锚索工程提出比较系统的规定。

5）土钉支护：新增了施工监控、排水系统、支护开挖、喷射混凝土、地梁、网格梁施工等要求。

6）抗滑桩：新增了地质核对、施工准备、开挖及支护、灌注桩身混凝土、桩板式抗滑挡墙等方面的规定。

（10）路基安全施工。

按场地清理、填方路堤、挖方路基、爆破作业、路基排水和防护等几个方面分类对施工过程的安全施工提出了要求。

5.6.4 《公路路基施工技术规范》JTG F10—2006 的主要条款

《公路路基施工技术规范》JTG F10—2006 的主要条款摘录，保留了原规范中的章节条目编号，便于阅读对照。为避免规范条款编号本书内容章节编号混淆，将《公路路基施工技术规范》JTG F10—2006 的主要条款摘录于表 5.6-2 中。

公路路基施工技术规范主要条款摘录表 **表 5.6-2**

公路路基施工技术规范主要条款摘录

1 总则

1.0.5 公路路基施工，必须遵守国家职业健康安全法律法规，健全施工人员健康安全保障体系，改善职业健康安全条件。

1.0.7 公路路基施工，必须遵守国家文物保护的法律法规，遇有文物时，应立即停止施工，并保护好现场，会同有关单位妥善处理。

4 一般路基施工

4.1.2 路基填料应符合下列规定：

1 含草皮、生活垃圾、树根、腐殖质的土严禁作为填料。

2 泥炭、淤泥、冻土、强膨胀土、有机质土及易溶盐超过允许含量的土，不得直接用于填筑路基；确需使用时，必须采取技术措施进行处理，经检验满足设计要求后方可使用。

3 液限大于 50%、塑性指数大于 26、含水量不适宜直接压实的细粒土，不得直接作为路堤填料；需要使用时，必须采取技术措施进行处理，经检验满足设计要求后方可使用。

4 粉质土不宜直接填筑于路床，不得直接填筑于浸水部分的路堤及冻土地区的路床。

5 填料强度和粒径，应符合表 4.1.2 的规定。

表 4.1.2 路基填料最小强度和最大粒径要求

填料应用部位（路面底标高以下深度 m）		填料最小强度（CBR）（%）			填料最大粒径（mm）
		高速公路一级公路	二级公路	三、四级公路	
路堤	上路床（0～0.30）	8	6	5	100
路堤	下路床（0.30～0.80）	5	4	3	100
路堤	上路堤（0.80～1.50）	4	3	3	150
路堤	下路堤（>1.50）	3	2	2	150
零填及挖方路基	（0～0.30）	8	6	5	100
零填及挖方路基	（0.30～0.80）	5	4	3	100

注：① 表列强度按《公路土工试验规程》（JTJ 051）规定的浸水 96h 的 CBR 试验方法测定。

② 三、四级公路铺筑沥青混凝土和水泥混凝土路面时，应采用二级公路的规定。

③ 表中上、下路堤填料最大粒径 150mm 的规定不适用于填石路堤和土石路堤。

4.2 路堤施工

4.2.2 土质路堤

2 路堤填筑应符合下列规定：

4）每种填料的松铺厚度应通过试验确定。

4 土质路基压实度应符合表 4.2.2-1 的规定。

续表

公路路基施工技术规范主要条款摘录

表 4.2.2-1 土质路基压实度标准

填挖类型		路床顶面以下深度（m）	压实度（%）		
			高速公路一级公路	二级公路	三、四级公路
填方路堤	上路床	0～0.30	≥96	≥95	≥94
	下路床	0.30～0.80	≥96	≥95	≥94
	上路堤	0.80～1.50	≥94	≥94	≥93
	下路堤	＞1.50	≥93	≥92	≥90
零填及挖方路基		0～0.30	≥96	≥95	≥94
		0.30～0.80	≥96	≥95	—

注：① 表列压实度以《公路土工试验规程》（JTJ 051）重型击实试验法为准。

② 三、四级公路铺筑水泥混凝土路面或沥青混凝土路面时，其压实度应采用二级公路的规定值。

③ 路堤采用特殊填料或处于特殊气候地区时，压实度标准根据试验路在保证路基强度要求的前提下可适当降低。

④ 特别干旱地区的压实度标准可降低 2%～3%。

5 压实度检测应符合以下规定

2）施工过程中，每一压实层均应检验压实度，检测频率为每 1000m^2 至少检验 2 点，不足 1000m^2 时检验 2 点，必要时可根据需要增加检验点。

4.2.3 填石路堤

1 填料应符合以下规定：

1）膨胀岩石、易溶性岩石不宜直接用于路堤填筑，强风化石料、崩解性岩石和盐化岩石不得直接用于路堤填筑。

2）路堤填料粒径应不大于 500mm，并不宜超过层厚的 2/3，不均匀系数宜为 15～20。路床底面以下 400mm 范围内，填料粒径应小于 150mm。

3）路床填料粒径应小于 100mm。

2 基底处理应符合以下规定：

1）除满足 4.2.2 条第 1 款的规定外，承载力应满足设计要求。

2）在非岩石地基上，填筑填石路堤前，应按设计要求设过渡层。

3 填筑应符合以下规定：

1）路堤施工前，应先修筑试验路段，确定满足表 4.2.3-1 中孔隙率标准的松铺厚度、压实机械型号及组合、压实速度及压实遍数、沉降差等参数。

2）路床施工前，应先修筑试验路段，确定能达到最大压实干密度的松铺厚度、压实机械型号及组合、压实速度及压实遍数、沉降差等参数。

3）二级及二级以上公路的填石路堤应分层填筑压实。二级以下砂石路面公路在陡峻山坡地段施工特别困难时，可采用倾填的方式将石料填筑于路堤下部，但在路床底面以下不小于 1.0m 范围内仍应分层填筑压实。

4）岩性相差较大的填料应分层或分段填筑。严禁将软质石料与硬质石料混合使用。

5）中硬、硬质石料填筑路堤时，应进行边坡码砌，码砌边坡的石料强度、尺寸及码砌厚度应符合设计要求。边坡码砌与路基填筑宜基本同步进行。

6）压实机械宜选用自重不小于 18t 的振动压路机。

7）在填石路堤顶面与细粒土填土层之间应按设计要求设过渡层。

续表

公路路基施工技术规范主要条款摘录

4 填石路堤施工质量应符合以下规定：

1）上下路堤的压实质量标准见表 4.2.3-1。

表 4.2.3-1 填石路堤上、下路堤压实质量标准

分区	路面底面以下深度（m）	硬质石料孔隙率（%）	中硬石料孔隙率（%）	软质石料孔隙率（%）
上路堤	0.8～1.50	≤23	≤22	≤20
下路堤	>1.50	≤25	≤24	≤22

2）填石路堤施工过程中的每一压实层，可用试验路段确定的工艺流程和工艺参数，控制压实过程；用试验路段确定的沉降差指标检测压实质量。

4.2.5 高填方路堤

1 高填方路堤填料宜优先采用强度高、水稳性好的材料，或采用轻质材料。受水淹、浸的部分，应采用水稳性和透水性好的材料。

2 基底处理应符合下列规定：

1）基底承载力应满足设计要求。特殊地段或承载力不足的地基应按设计要求进行处理。

2）覆盖层较浅的岩石地基，宜清除覆盖层。

3 高填方路堤填筑应符合下列规定

1）施工中应按设计要求预留路堤高度与宽度，并进行动态监控。

2）施工过程中宜进行沉降观测，按照设计要求控制填筑速率。

3）高填方路堤宜优先安排施工。

4.2.7 半填半挖路基、路堤与路堑过渡段

1 基底处理应符合下列规定：

1）应从填方坡脚起向上设置向内侧倾斜的台阶，台阶宽度不小于 2m，在挖方一侧，台阶应与每个行车道宽度一致、位置重合。

2）石质山坡，应清除原地面松散风化层，按设计开凿台阶。

3）孤石、石笋应清除。

4）纵向填挖结合段，应合理设置台阶。

5）有地下水或地面水汇流的路段，应采用合理措施导排水流。

2 施工应符合下列规定

1）路基应从最低标高处的台阶开始分层填筑，分层压实。

2）填筑时，应严格处理横向、纵向、原地面等结合界面，确保路基的整体性。

3）路基填筑过程中，应及时清理设计边坡外的松土、弃土。

4）高度小于 800mm 的路堤、零填及挖方路床的加固换填宜选用水稳性较好的材料。

4.4 轻质填料路堤施工

4.4.2 EPS 路堤

1 EPS 块体在工地堆放时，应采取防火、防风、防雨水滞留、防有机溶剂及石油类油剂的侵蚀等保护措施，采取措施避免强阳光直接照射。

2 垫层应厚度均匀、密实，垫层宽度宜超过路基边缘 0.5～1m。

3 PS 块体铺筑应符合下列规定：

1）非标准尺寸 EPS 块体宜在生产车间加工。现场加工时，宜用电热丝进行切割。

2）施工基面必须保持干燥。EPS 块体应逐层错缝铺设。允许偏差范围之内的缝隙或高差，可用砂或无收缩水泥砂浆找平。

续表

公路路基施工技术规范主要条款摘录

3）严禁重型机械直接在EPS块体上行驶。

4）与其他填料路堤或旧路基的接头处，EPS块体应呈台阶铺设。

5）最底层块体与垫层之间、同一层块体侧面联结、不同层的块体之间的联结应牢固，联结件应进行防锈处理。

6）EPS块体顶面的钢筋混凝土薄板、土工膜或土工织物等，应覆盖全部EPS块体，并向土质护坡延伸0.5～1.0m。

7）EPS路堤两边的土质护坡，坡面法向厚度应不小于0.25m，分层碾压夯实，防渗土工膜宜分级回包。

4 EPS路堤质量应符合表4.4.2的规定。

表4.4.2 EPS路堤质量标准

序号	检测项目		允许偏差	检查方法及频率
1	EPS块体尺寸	长度	1/100	卷尺丈量，抽样频率：<2000m^{3}抽检2块，2000～5000m^{3}抽检3块，5000～10000m^{3}抽检4块，≥10000m^{3}每2000m^{3}抽检1块
		宽度	1/100	
		厚度	1/100	
2	EPS块体密度		≥设计值	天平，抽样频率同序号1
3	基底压实度		≥设计值	环刀法或灌砂法，每1000m^{2}检测2点
4	垫层平整度（mm）		10	3m直尺，每20m检查3点
5	EPS块体之间平整度（mm）		20	3m直尺，每20m检查3点
6	EPS块体之间缝隙、错台（mm）		10	卷尺丈量，每20m检查1点
7	EPS块体路堤顶面横坡（%）		±0.5	水准仪，每20m检查6点
8	护坡宽度		≥设计值	卷尺丈量，每40m检查1点
9	钢筋混凝土板厚度（mm）		+10，－5	卷尺丈量，量板边，每块2点
10	钢筋混凝土板宽度（mm）		20	卷尺丈量，每100m检查2点
11	钢筋混凝土板强度		符合设计要求	抗压试验，每工作台班留2组试件
12	钢筋网间距（mm）		±10	卷尺丈量

注：路线曲线部分的EPS块体缝隙不得大于50mm。

4.5 路基拓宽改建施工

4.5.1 路堤拓宽施工

1 应按设计拆除老路路缘石、旧路肩、边坡防护、边沟及原有构造物的翼墙或护墙等。

2 施工前应截断流向拓宽作业区的水源，开挖临时排水沟，保证施工期间排水通畅。

3 拓宽部分路堤的地基处理应按设计和本规范有关条款处理。

4 老路堤与新路堤交界的坡面挖除清理的法向厚度不宜小于0.3m，然后从老路堤坡脚向上按设计要求挖设台阶；老路堤高度小于2m时，老路堤坡面处理后，可直接填筑新路堤。严禁将边坡清挖物作为新路堤填料。

5 拓宽部分的路堤采用非透水性填料时，应在地基表面按设计铺设垫层，垫层材料一般为砂砾或碎石，含泥量不大于5%。

6 拓宽路堤的填料宜选用与老路堤相同的填料，或者选用水稳性较好的砂砾、碎石等填料。

4.5.2 拓宽施工中的挖方路基按4.3节相关规定执行。

4.5.3 拓宽施工中的半填半挖路基按4.2.7条的相关规定执行。

4.5.4 边通车边拓宽时，应有交通管制和安全防护措施。

4.5.5 拓宽施工不得污染环境，破坏或污染原有水系。

续表

公路路基施工技术规范主要条款摘录
6　特殊路基施工 6.1　一般规定 6.1.1　特殊路基施工，应进行必要的基础试验，编制专项施工组织设计，批准后实施。 6.1.2　施工中，如实际地质情况与设计不符或设计处治方案因故不能实施，应按有关规定办理。 6.1.3　采用新技术、新工艺、新设备、新材料时，必须制定相应的工艺、质量标准。 6.1.4　用湿黏土、红黏土和中、弱膨胀土作为填料直接填筑时，应符合下列规定： 1　填料液限在40%～70%之间且CBR值满足表4.1.2的规定。 2　碾压时稠度应控制在1.1～1.3之间。 3　压实度标准可比表4.2.2-1的规定值降低1%～5%。 4　不得作为二级及二级以上公路路床、零填及挖方路基0～0.80m范围内的填料；不得作为三、四级公路上路床、零填及挖方路基0～0.30m范围内的填料。 6.1.5　特殊地区路基施工除符合本章规定外，还应遵守第4章的规定。

5.7 《公路交通安全设施施工技术规范》要点解读

5.7.1 《公路交通安全设施施工技术规范》(JTG F71—2006) 实施日期

交通部2006年7月7日以2006年第16号部公告形式，发布《公路交通安全设施施工技术规范》(JTG F71—2006)（以下简称《2006版规范》)，自2006年9月1日起施行。该《2006版规范》的管理权和解释权归交通部，日常解释及管理工作由编制单位交通部公路科学研究院负责。

5.7.2 《2006版规范》修订背景

交通行业标准《高速公路交通安全设施设计及施工技术规范》(JTJ 074—94，以下简称《94版规范》) 自交通部1994年1月发布，1994年6月实施以来，使用已超过十年。这十多年来，是我国高速公路建设飞速发展期，交通安全设施的建设取得了很大成绩。《94版规范》对我国高速公路交通安全设施的建设起到了积极的指导和推动作用，深受公路界的好评。但与国外交通安全实施先进水平相比，与广大公路出行者对交通安全、交通服务的期望和需求相比，《94版规范》还存在着很多不适应之处。

由于《94版规范》是在1988～1992年期间制定的，属于我国高速公路早期建设的成果体现，限于当时的经济条件和高速公路建设的有限经验，交通安全设施的建设以经济、实用为原则。随着我国公路建设的迅猛的发展，各地在使用《94版规范》的过程中，积累了不少设计、施工的宝贵经验和教训，涌现了一批新的研究成果和结构形式，新材料、新工艺得到了广泛的应用，如新型三波形梁护栏、新型混凝土护栏结构、新型标线材料、新材料的防眩板、新型突起路标和轮廓标等。这些成果反应在以下一批标准中：《道路交通标志和标线》(GB 5768—1999)、《公路三波型梁钢护栏》(JT/T 457—2007)、《隔离栅技术条件》(JT/T 374—1998)、《公路防眩设施技术条件》(JT/T 33—1997)、《塑料防眩板》(JT/T 598—2004)、《公路用玻璃纤维增强塑料产品 第四部分：防眩板》(JT/T 599.4—2004)、《突起路标》(JT/T 390—1999)、《轮廓标技术条件》(JT/T 388—1999)等，需要对《94版规范》进行修订，以便与上述标准相匹配。

此次修订工作坚持“安全、环保、舒适、和谐”的公路建设理念；在全面总结1994

年以来我国公路交通安全设施的使用经验，借鉴和吸收国外的相关标准和先进技术的基础上进行；充分体现了："以人为本、安全至上"的指导思想。实事求是的对材料的选用、施工中的关键工序、验收标准做出规定，以提高公路交通安全设施的使用效果，确保公路交通安全设施的施工质量。

5.7.3 修订的主要内容

《2006版规范》修订后分为十章，分别是：1总则；2施工准备；3路基护栏；4桥梁护栏；5交通标志；6交通标线；7隔离栅和桥梁护网；8防眩设施；9轮廓标；10活动护栏。与《94版规范》相比，《2006版规范》扩大了适用范围，由高速公路、一级公路扩大到新建和改建的各等级公路，以适应《公路工程技术标准》(JTG B01—2003)重新划分了等级的各等级公路；对《公路交通安全设施设计规范》中各防撞等级护栏的施工方法进行了规定；新增加了交通标志、交通标线和活动护栏的内容；吸收、借鉴了近年来交通标志、交通标线、隔离栅、防眩设施、轮廓标、活动护栏等领域涌现出来的成熟的新材料、新工艺，并在许多规定上与国家及行业现行的最新标准相衔接，使本规定具有一定的先进性；新增加了验收规定。并强调涉及公共安全的公路交通设施的"四新技术"，应经"主管部门批准"。

5.7.4 修行后的主要条款

4 桥梁护栏

4.2 材料

4.2.1 除设计文件另行规定外，桥梁护栏用各种材料应符合下列规定：

(1) 钢材应符合现行《碳素结构钢》(GB/T 700)的规定。

(2) 铝合金材料应符合现行《工业用铝及铝合金热挤压型材》(GB/T 6892)、《铝及铝合金拉(轧)制无缝管》(GB/T 6893)、《铝及铝合金轧制板材》(GB/T 3880)等的规定。

(4) 拼接螺栓应采用高强螺栓，并符合现行《钢结构用高强度大六角头螺栓》(GB/T 1228)、《钢结构用高强度大六角头螺母》(GB/T 1229)和《钢结构用高强度垫圈》(GB/T 1230)的有关规定。连接螺栓宜选用普通螺栓，并符合现行《六角头螺栓》(GB/T 5782)、《1型六角螺母》(GB/T 6170)和《平垫圈—A级》(GB/T 97.1)等的规定。

4.2.2 桥梁护栏的防腐处理应符合下列规定：

(1) 所有钢构件应进行防腐处理。除设计文件另行规定外，防腐处理均应满足现行《高速公路交通工程构件防腐技术条件》(GB/T 1826)的规定。螺栓、螺母等紧固件和连接件在防腐处理后，必须清理螺纹或进行离心分离处理。

4.6 验收

4.6.2 护栏伸缩缝的宽度应与桥梁主体相一致。

4.6.3 钢构件应连接牢固，符合设计规范和设计文件的要求。防腐处理表面应光洁，焊缝处不应有毛刺、滴溜和多余结块，防腐应均匀。

5 交通标志

5.2 材料

5.2.1 除设计文件另行规定外，交通标志所用的材料应符合下列规定：

（1）标志板用材料应符合现行《公路交通标志板》（JT/T 279）的规定，《热轧钢板和钢带的外形、重量及允许偏差》（GB/T 709）、《热轧 H 型钢和剖分 T 型钢》（GB/T 11263）等的规定。

5.4 验收

5.4.3 标志面在夜间车灯照射下，底色和字符应清晰明亮、颜色均匀，不应出现明暗不均和影响认读的现象

5.4.4 标志板外形尺寸、底板厚度、文字高度、标志面的逆反射性能等应符合设计文件的规定。

5.4.5 标志板下缘至路面的净空高度及标志板内缘距公路边缘线的距离应满足设计文件的要求。

6 交通标线

6.2 材料

6.2.1 除设计文件另行规定外，路面标线涂料的性能、质量应符合现行《路面标线涂料》（JT/T 280）、《道路交通标线质量要求和检测方法》（GB/T 16311）的规定。

6.2.2 除设计文件另行规定外，突起路标的性能应符合现行《突起路标》（JT/T 390）的规定，底胶可采用耐候性专用沥青胶或环氧树脂。

6.4 验收

6.4.4 反光标线玻璃珠应撒布均匀，附着牢固，反光均匀。

6.4.5 表现涂料表面不应出现网状裂缝、断裂裂缝、起泡、变色、剥落、纵向有长的起筋或拉槽等现象。

7 隔离栅和桥梁护网

7.2 材料

7.2.1 除设计文件另行规定外，隔离栅和桥梁护网所用的金属材料应符合现行《隔离栅技术条件》（JT/T 374）的规定，混凝土立柱和基础所用的钢筋、水泥、细集料、粗集料、拌合用水、外加剂等材料应符合现行《公路桥涵施工设计规范》（JT/T 041）的规定。

7.4 验收

7.4.3 混凝土基础尺寸和埋深、立柱的垂直度和间距、网面高度以及混凝土立柱和基础的强度等级应符合设计文件的规定。

7.4.5 镀锌层表面应均匀完整、颜色一致，不得有气泡、裂纹、疤痕、折叠等缺陷。

7.4.7 桥梁护网的防雷接地处理应符合设计文件的规定。

网上增值服务说明

为了给注册建造师继续教育人员提供更优质、持续的服务，应广大读者要求，我社提供网上免费增值服务。

增值服务主要包括三方面内容：①答疑解惑；②我社相关专业案例方面图书的摘要；③相关专业的最新法律法规等。

使用方法如下：

1. 请读者登录我社网站（www. cabp. com. cn）“图书网上增值服务”板块，或直接登录（http：//www. cabp. com. cn/zzfw. jsp），点击进入“建造师继续教育网上增值服务平台”。

2. 刮开封底的防伪码，根据防伪码上的 ID 及 SN 号，上网通过验证后下载相关内容。

3. 如果输入 ID 及 SN 号后无法通过验证，请及时与我社联系：

E-mail：jzs _ bjb@163. com

联系电话：4008-188-688；010-58934837（周一至周五）

防盗版举报电话：010-58337026

网上增值服务如有不完善之处，敬请广大读者谅解并欢迎提出宝贵意见和建议，谢谢！